Wissenschaftliche Taschenbücher WTB

Biologie

Pflanzengeographie

Akademie-Verlag · Berlin

WTB Wissenschaftliche Taschenbücher

Eine Auswahl lieferbarer Bände:

HEINRICH ARNOLD
Physikalische Chemie der Halbleiter

JOACHIM AUTH / DIETMAR GENZOW
KLAUS H. HERRMANN
Photoelektrische Erscheinungen

HANS BANDEMER
ANDREAS BELLMANN
WOLFHART JUNG / KLAUS RICHTER
Optimale Versuchsplanung

FRANK BEICHELT
Prophylaktische Erneuerung von Systemen

JOACHIM BELLACH / PETER FRANKEN
ELKE WARMUTH / WALTER WARMUTH
Maß, Integral und bedingter Erwartungswert

WOLFRAM BRAUER
HANS-WALDEMAR STREITWOLF
Theoretische Grundlagen der Halbleiterphysik

SIEGFRIED BREHMER
Einführung in die Maßtheorie

SIEGFRIED BREHMER
Hilbert-Räume und Spektralmaße

JOHN CUNNINGHAM
Vektoren

GEORG DAUTCOURT
Relativistische Astrophysik

K. CH. DELOKAROV
Relativitätstheorie und Materialismus

HANNELORE FISCHER
JOACHIM PIEHLER
Modellsysteme der Operationsforschung

GOTTFRIED FRITZSCHE
Grundlagen und Entwurf passiver Analogzweipole
Netzwerke I

Entwurf passiver Analogvierpole
Netzwerke II

HERBERT GOERING
Asymptotische Methoden zur Lösung von Differentialgleichungen

HERBERT GOERING
Elementare Methoden zur Lösung von Differentialgleichungsproblemen

EDUARD HERLT / NIKOLAUS SALIÉ
Spezielle Relativitätstheorie

HELMUT HESS
Der elektrische Durchschlag in Gasen

V. I. KARPMAN
Nichtlineare Wellen in dispersiven Medien

ULRICH KAUSMANN
KLAUS LOMMATZSCH
FRANTIŠEK NOŽIČKA
Lineare parametrische Optimierung

A. R. KESSEL
Akustische Kernresonanz

KONRAD KREHER
Festkörperphysik

DIETER KRESS
Theoretische Grundlagen der Signal- und Informationsübertragung

DIETER LEUSCHNER
Grundbegriffe der Thermodynamik

V. S. LETOCHOW
Laserspektroskopie

DIERCK-EKKEHARD LIEBSCHER
Relativitätstheorie mit Zirkel und Lineal

WOLFGANG MEILING
Digitalrechner in der elektronischen Meßtechnik
Teil 1: Meßmethodik
Teil 2: Gerätetechnik und Anwendungen

L. I. MIROSCHNITSCHENKO
Kosmische Strahlung im interplanetaren Raum

PETER PAUFLER
GUSTAV E. R. SCHULZE
Physikalische Grundlagen mechanischer Festkörpereigenschaften
Teil I und II

ULRICH RÖSEBERG
Quantenmechanik und Philosophie

ALBRECHT ROST
Messung dielektrischer Stoffeigenschaften

J. V. SAČKOV
Wahrscheinlichkeit und Struktur

E. M. SAWIZKI
Perspektiven der Metallforschung

WOLFGANG SCHÄFER
Theoretische Grundlagen der Stabilität technischer Systeme

ERNST SCHMUTZER
Symmetrien und Erhaltungssätze der Physik

VOLKMAR SCHURICHT
Kernexplosionen für friedliche Zwecke

NORBERT SIEBER
HANS-PETER LEIDHOLD
Einführung in die Datenverarbeitung

HUBERTUS STOLZ
Supraleitung

Festkörperphysik
Entwicklungstendenzen und Anwendungsmöglichkeiten

Die Schöpfer der physikalischen Optik
Eine Artikelsammlung

HANS-GEORG SCHÖPF
Von Kirchhoff bis Planck

HORST MELCHER
Albert Einstein wider Vorurteile und Denkgewohnheiten

RENATE WAHSNER
Mensch und Kosmos
Die copernicanische Wende

HELMUT FRIEMEL / JOSEF BROCK
Grundlagen der Immunologie

EBERHARD HOFMANN
Funktionelle Biochemie des Menschen
Band 1 und 2

LOTHAR JÄGER
Grundlagen der Klinischen Immunologie

KARLHEINZ LOHS
DIETER MARTINETZ
Entgiftung — Mittel, Methoden und Probleme

JOACHIM NITSCHMANN
Entwicklung bei Mensch und Tier

STEPHAN SCHNITZLER
Pharmakologische Aspekte von Immunreaktionen

DIETER SPAAR
HELMUT KLEINHEMPEL
HANS JOACHIM MÜLLER
KLAUS NAUMANN
Bakteriosen der Kulturpflanzen

EBERHARD TEUSCHER
Pharmakognosie
Teil I–III

HEINRICH BREMER
KLAUS-PETER WENDLANDT
Heterogene Katalyse

PETER BIRNER
HANS-JÖRG HOFMANN
CORNELIUS WEISS
MO-theoretische Methoden in der organischen Chemie

GÜNTER EPPERT
Einführung in die Schnelle Flüssigchromatographie

GERHARD GEISELER / HEINZ SEIDEL
Die Wasserstoffbrückenbindung

FALKO H. HERRMANN
MARINA HERRMANN
Das Hämoglobin des Menschen

HELMUT HRAPIA
Einführung in die Chromatographie

HANS LUPPA
Grundlagen der Histochemie
Teil I und II

BURKART PHILIPP
GERHARD REINISCH
Grundlagen der makromolekularen Chemie

HORST REMANE / RAINER HERZSCHUH
Massenspektrometrie in der organischen Chemie

ADOLF ZSCHUNKE
Kernmagnetische Resonanzspektroskopie in der organischen Chemie

Vorschau auf die nächsten Bände:

HORST-HEINO VON BORZESZKOWSKI
RENATE WAHSNER
Newton und Voltaire
Zur Begründung und Interpretation der klassischen Mechanik

WERNER DÖPKE
Dynamische Aspekte der Stereochemie organischer Verbindungen

GOTTFRIED FRITZSCHE
Entwurf aktiver Analogsysteme
Netzwerke III

GERHARD JACKISCH
Johann Heinrich Lamberts „Cosmologische Briefe“ mit Beiträgen zur Frühgeschichte der Kosmologie

WOLFGANG W. KNORRE
Pharmakokinetik
Theoretische Grundlagen und praktische Anwendungen

HASSO MEINERT
Fluorchemie

VOLKER NOLLAU
Semi-Markovsche Prozesse

RAINER SINZ
Chronopsychophysiologie, Chronobiologie und Chronomedizin

WTB

BAND 35

Rudolf Schubert

Pflanzengeographie

2., bearbeitete Auflage

Mit 78 Abbildungen

AKADEMIE-VERLAG · BERLIN

Reihe BIOLOGIE

Verantwortlicher Herausgeber dieses Bandes:
Prof. Dr. H. Borriss

Verfasser:
Prof. Dr. R. Schubert
Halle/Saale

1979
Erschienen im Akademie-Verlag,
DDR-108 Berlin, Leipziger Str. 3—4
Lektor: Karl Abel

Lizenznummer: 202 · 100/536/79
P 27/80
Gesamtherstellung: VEB Druckhaus „Maxim Gorki", 74 Altenburg
Bestellnummer: 760 028 1 (7035) · LSV 1354
Printed in GDR
DDR 12,50 M

Vorwort zur ersten Auflage

Der vorliegende Doppelband gibt eine Einführung in die Arbeitsmethoden und einen Überblick über die wichtigsten Forschungsergebnisse der Pflanzengeographie. Es kann nicht die Aufgabe eines Taschenbuches sein, jede pflanzengeographische Frage zu beantworten oder alle neueren Erkenntnisse dieses Fachgebietes lückenlos aufzuzählen.

Durch Beschränkung auf wenige, jedoch prägnante Beispiele werden die Leser in die Probleme der Pflanzengeographie eingeführt und ihnen die Möglichkeiten zur Klärung pflanzengeographischer Fragen gezeigt. Zusammenstellungen von Arbeitsergebnissen, Übersichten über bestimmte pflanzengeographische Systeme und ein umfangreiches Register sollen dem Taschenbuch darüber hinaus auch einen gewissen Nachschlagewert verleihen.

Der erste Teil dieses Doppelbandes befaßt sich besonders mit den Wohngebieten der Pflanzen, den Arealen, in ihrer Abhängigkeit von der geschichtlichen Entwicklung der Floren, den klimatischen sowie edaphischen Umweltfaktoren und den Einflüssen des Menschen.

Der zweite Teil enthält eine sehr gedrängte Übersicht über die größeren Formationskomplexe der Pflanzengesellschaften in Abhängigkeit von den Umweltbedingungen.

Wenn auch der vorliegende Doppelband umfassende Hand- und Lehrbücher der Pflanzengeographie nicht ersetzen kann und will, so bleibt doch zu hoffen, daß er dem Studierenden eine einführende Information und dem an der Pflanzengeographie Interessierten einen ersten Überblick über dieses für die Praxis so wichtige Fachgebiet gibt. Allen Lesern mag er als Anregung für ein tieferes Eindringen in pflanzengeographische Probleme dienen.

Halle (Saale), im Juli 1965

R. Schubert

Vorwort zur zweiten Auflage

Für die zweite Auflage des Wissenschaftlichen Taschenbuches über Pflanzengeographie wurden die Gliederung und der Text der Erstauflage im wesentlichen beibehalten. Beide haben sich bewährt, das beweist die Tatsache, daß der kleine Doppelband seit Jahren vergriffen war und auch außerhalb der DDR gern benutzt wird.

Für die Zweitauflage machten sich einige textliche Änderungen und die Aufnahme bzw. Auswechslung einiger Abbildungen notwendig. Die Ergebnisse der pflanzengeographischen Forschung der letzten zehn Jahre zwingt zu neuen Aussagen auch in einem Einführungswerk, wie es unser Taschenbuch darstellt. Durch die Mitarbeit von Fachwissenschaftlern konnten einige Fehler der Erstauflage korrigiert werden. Diesen Kollegen und dem Verlag gebührt mein herzlicher Dank.

Halle (Saale), im Dezember 1976

R. Schubert

Inhaltsverzeichnis

A. Pflanzengeographie (Geobotanik)

I. Einleitung

1. *Forschungsgegenstand der Pflanzengeographie*

Objekt der pflanzengeographischen Forschung ist die Pflanzenwelt der Erde, die als verhältnismäßig dünne Hülle die unbelebten Schichten der Erde überzieht. Die Biosphäre, wie wir die lebende Hülle der Erde mit dem von ihr eingenommenen Raum nennen oder die Noosphäre, wenn wir die gegenwärtige, gewaltige Einflußnahme der Menschen einbeziehen (Abb. 1), hat ihre größte Mächtigkeit — 10 km und mehr — im Bereich der Weltmeere, während das Leben auf dem Festland auf eine wesentlich dünnere Schicht beschränkt bleibt. Der Luftraum ist nur an seinem Grunde in größerem Maße Aufenthaltsbereich fliegender oder passiv bewegter Organismen. Nehmen wir Meer, Land und Luft zusammen, so ergibt sich eine maximale vertikale Ausdehnung der Biosphäre von 20 km.

Das pflanzliche Leben dringt dabei im Bereich der Wasserhülle in seiner Hauptmasse nur bis zu Tiefen von etwa 100 m vor. Vereinzelte autotrophe pflanzliche Organismen sind bis zu einer Tiefe von 200 m zu finden, während heterotrophes pflanzliches Plankton bis zu Tiefen von mehr als 3000 m vorkommt. Auf dem Lande entwickelt das Leben durch die differenzierte Fähigkeit der Organismen, sich an die unterschiedlichsten Standorte anzupassen, seine größte Formenmannigfaltigkeit. Hier erreicht die Pflanzendecke in tropischen Urwaldgebieten oft eine Mächtigkeit von über 50 m, schrumpft aber in Gebieten mit für die pflanzliche Stoffproduktion ungünstigeren Bedingungen auf wenige Dezimeter oder gar Zentimeter zusammen. In durchlüfteten Böden der Landoberfläche dringen Pflanzen bis zu mehreren Dezimetern oder gar Metern Tiefe ein.

Im Luftraum erreichen die Pflanzen in Form kleinster Verbreitungseinheiten, etwa als Sporen, die oberste Grenze des Lebens (10 km).

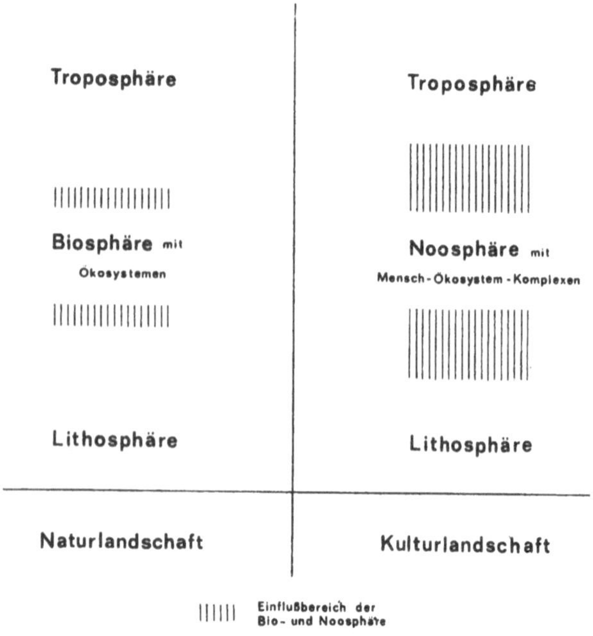

Abb. 1. Einflußbereiche der Bio- und Noosphäre.

Die Masse der organischen Stoffe ist im Verhältnis zur Größe des Erdballes sehr klein. Würde man die gesamte lebende Substanz gleichmäßig über den Erdball ausbreiten, so erhielte man eine Schicht von weniger als einem halben Zentimeter Dicke. Die Gesamtmenge der pflanzlichen Substanz der Erde hat ein Volumen von 2500 km³, während zum Vergleich die tierische Substanz nur einen Rauminhalt von 4,5 km³ erreicht.

Trotz ihrer relativ geringen Masse greifen die Organismen durch ihre Lebensäußerungen entscheidend in den Stoffkreislauf der Geosphäre ein. Von der jährlichen Stofferzeugung der Festlandvegetation, die man auf 20 km³ schätzt, was etwa einen jährlichen Zuwachs von 1% bedeutet, wird etwa die Hälfte wieder durch die Respiration der Pflanze verbraucht, ein Fünftel geht durch Ast- oder Laubfall verloren, der Rest stellt den tatsächlichen Zuwachs dar. Von diesem verbrauchen die Tiere und Menschen nur einen geringen Prozentsatz, alles andere geht unmittelbar wieder in den großen Stoffkreislauf der Erde ein.

Die Anzahl aller heute bekannten Arten von Samenpflanzen wird auf etwa 227000 geschätzt. Etwa 150000 Arten mögen die niederen Pflanzen (z. B. Algen, Pilze, Moose) aufweisen. Bei diesen Angaben ist allerdings zu bedenken, daß jährlich etwa 2000 neue Arten beschrieben werden und daß der Artbegriff gewissen Schwankungen unterworfen ist.

Von den Arten der Samenpflanzen gehören etwa drei Viertel zu den dikotylen, ein Viertel zu den monokotylen Pflanzen. Auf die *Gymnospermen* entfallen nur etwa 600 Arten, obwohl gerade diese Pflanzen durch die ihnen zugehörigen Nadelhölzer auf unserer Erde einen beträchtlichen Anteil an der Bestandesbildung der Wälder haben.

Daß die Menge, mit der eine systematische Gruppe von Pflanzen auf der Erde erscheint, und die Stärke, mit der sie das Landschaftsbild durch ihren Anteil an der Vegetationsdecke bestimmt, nicht gleichläuft mit ihrer Artenanzahl, kann auch am Beispiel der Orchideen gezeigt werden. Trotz ihrer 20000 Arten spielen die Orchideen im Vegetationsbild der Erde keine Rolle. Als weitere artenreiche Familien seien noch die *Asteraceae* mit 19000 Arten, die *Fabaceae* mit 18000, die *Euphorbiaceae* und *Rubiaceae* mit je 7000, die *Poaceae* mit 6000 und die *Cyperaceae* mit 4000 Arten genannt.

Die Pflanzenwelt der Erde kann von zwei Gesichtspunkten her betrachtet werden. So kann man einmal die Pflanzendecke der Erde oder eines bestimmten Gebietes als Gesamtheit aller ihrer Pflanzensippen sehen, wobei unter Pflanzensippe eine systematische Einheit des Pflanzenreiches, ohne Festlegung auf eine bestimmte Rangordnung wie Art, Gattung, Familie usw., zu verstehen ist. Man betrachtet dann die Pflanzenwelt vom Gesichtspunkt ihrer sippensystematischen Zusammensetzung her, ihres Gehaltes an Pflanzensippen, dabei auf das genetische Prinzip der natürlichen Verwandtschaft gestützt, die Organisationsmerkmale des Bauplanes, wie Bau der Blüten und Früchte, in den Vordergrund stellend. Die Summe aller Pflanzensippen der Erde oder eines bestimmten Gebietes wird als deren Flora bezeichnet.

Werden dagegen in ökologischer Betrachtungsweise in erster Linie die Anpassungsmerkmale der Pflanzen berücksichtigt, steht also die Ähnlichkeit der Pflanzen im Hinblick auf ihre habituelle Übereinstimmung im Vordergrund, so kommt man zur Aufstellung von Wuchsformen, die gesellschaftsbildend als landschaftsbestimmende Formationen auftreten. Sie befinden sich meist in leicht erkennbarem Zusammenhang mit klimatischen und edaphischen Faktoren. Die Summe aller Pflanzenvergesellschaftungen der Erde oder eines bestimmten Gebietes wird als deren Vegetation bezeichnet. Reichtum oder Armut der Flora muß nicht verbunden sein mit Reichtum oder Armut der Vegetation und umgekehrt muß eine reiche Vegetation keine reiche Flora im Gefolge haben. So kann z. B. eine lappländische Trockenheide eine einförmige, spärliche, lockere Vegetation aufweisen bei einer gleichzeitig artenreichen Flora und andererseits ein nordisches Waldgebiet mit einer abwechslungsreichen, üppigen Vegetation eine relativ artenarme Flora besitzen.

Die Pflanzen sind nicht wahllos über die Erde verstreut, sondern nach bestimmten Gesetzmäßigkeiten, die sich von den klimatischen Verhältnissen auf der Erdoberfläche ableiten lassen. Die tropischen Urwaldgebiete sind am artenreichsten an Samenpflanzen; so weist z. B. das Amazonasgebiet 40000 Arten (nach Wulff 1950), Indonesien 45000 Arten auf. Mit zunehmender Entfernung vom Äquator sinkt die Artenanzahl (im äquatorialen Bereich $\approx$ 6000 Arten auf 100 km², mit Ausnahme Afrikas wo nur 2–3000 Arten auf 100 km² zu finden sind), bis sie in den niederschlagsarmen Wüstengebieten einen Tiefstand erreicht; so wird z. B. die Flora der zentralen Sahara nach Maire auf etwa 480 Arten geschätzt. In den sich an die Wüstengürtel polwärts anschließenden Hartlaubgürteln steigt die Artenzahl wiederum an. Als Beispiel sei die Flora von Kalifornien mit 6000 Arten und die der Iberischen Halbinsel mit 5500 Arten genannt. Anschließend sinkt der Artenreichtum der Floren wieder etwas ab (beide deutsche Staaten 2700 Arten, Schweden 2100 Arten) bis zu den Floren der polnahen Gebiete, die durch die Ungunst des Klimas sehr artenarm sind. So weist z. B. die Flora von Grönland 400 Arten auf, die Flora von Spitzbergen 130, die der Kerguelen 33 und die Flora der Antarktis nur noch 2 Samenpflanzenarten auf.

Eine weitere, wohl durch die Abnahme der Niederschläge bedingte Gesetzmäßigkeit in der Verteilung der Pflanzen über die Erde ist die Abnahme der Artenanzahlen vom Rand zum Inneren der Kontinente. So weist die Flora von Japan 5700 Arten auf, während in der Mongolei nur 1800 Arten festgestellt worden sind (vgl. Grubow 1955). Bemerkenswert ist fernerhin, daß durch die stark differierenden Standortverhältnisse der Artenreichtum in den Gebirgsländern besonders groß ist. Für die indisch-chinesischen Grenzgebiete wird eine Artenanzahl von 20000 angegeben. Einen Überblick über den Artenreichtum der Gefäßpflanzen auf 100000 km² mag eine von Malyschew 1975 entwickelte Karte vermitteln (Abb. 2).

Die Flora und Vegetation der Erde ist nichts Statisches, einmal Gegebenes, das sich nicht ändert, sondern die

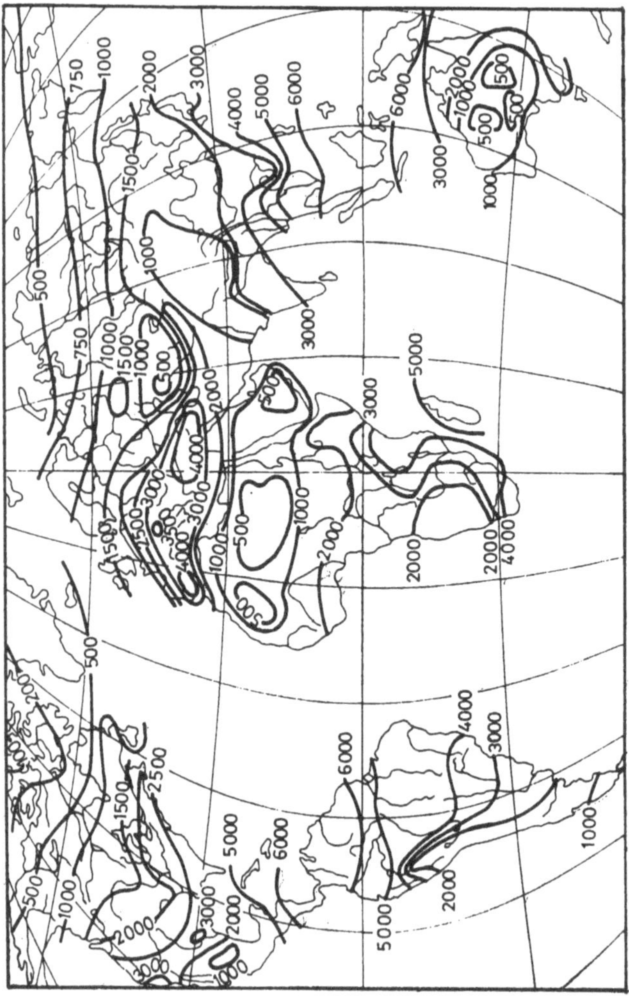

Abb. 2. Artenreichtum der Gefäßpflanzen auf 100000 km² (nach MALYSCHEW 1975).

ganze Biosphäre ist in immerwährender Bewegung. Es ist nicht nur das Werden und Vergehen der Individuen, das die Dynamik der Lebenshülle der Erde bedingt, sondern das Leben befindet sich auch in seiner Gesamtheit in ständiger Entwicklung; es entstehen neue Sippen, während andere aussterben.

Der Ursprung des Lebens auf unserer Erde ist noch nicht genau bekannt; wir wissen auch nicht mit Sicherheit, ob auf anderen Weltkörpern Leben existiert. Fest steht jedoch, daß schon die älteste, in den Schichten des Proterozoikums fossil erhaltene Lebewelt reich differenziert war. Es muß deshalb bereits eine lange Zeit der Entwicklung vorausgegangen sein, von der wir aber keine sichere Kenntnis haben. Die graphitischen und anthrazitischen Stoffe und Gesteine, die über 1,5 Milliarden Jahre alt sind und als früheste Zeugen des Lebens angesehen werden, lassen keinerlei organische Strukturen mehr erkennen. Das Pflanzenleben bleibt bis zum Ordovicium auf Thallophyten beschränkt, die ersten Gefäßpflanzen erscheinen erst vor dem oberen Gotlandium.

Die Entfaltung und zunehmende Differenzierung der pflanzlichen Organismen spielte sich in den einzelnen Zweigen des Stammbaumes in unterschiedlichen Zeiträumen ab. Während etwa die Gattung *Ginkgo* im Mitteljura bis Tertiär reich entfaltet war und zahlreiche Arten aufwies, ist diese Gattung in der Jetztzeit nur noch mit einer Art vertreten. Andere Sippen wiederum, wie z. B. die Gattungen *Hieracium* und *Taraxacum* scheinen noch heute in steter Entfaltung zu sein und bilden ständig neue Arten (ROTHMALER 1950). Der Forschungsgegenstand der Pflanzengeographie, die Pflanzenwelt der Erde ist somit in einer fortwährenden Entwicklung und in einem ständigen Wechsel begriffen.

2. Ziele, Aufgaben und Arbeitsmethoden der Pflanzengeographie

Das Ziel der Pflanzengeographie ist es, die Verbreitung der Pflanzenwelt auf der Erde und ihre Entwicklungsgeschichte in ihrer Abhängigkeit von den Lebensbedingungen zu klären. Bei der Erforschung der Verbreitung und Zusammensetzung des Pflanzenkleides der Erde und seiner verschiedenen Bestandteile sollte, wie HETTNER, GRADMANN, WAIBEL und SCHMITHÜSEN es getan haben, zwischen einer geobiologischen und biogeographischen Forschungsrichtung unterschieden werden. Während die botanische Forschungsrichtung, für die sich in den letzten Jahrzehnten der Name Geobotanik eingebürgert hat, die Pflanzensippen und Pflanzengesellschaften nach ihrer Verbreitung und Abhängigkeit von den Lebensbedingungen untersucht, erforscht und beschreibt der erdkundliche Forschungszweig, der als Vegetationsgeographie bezeichnet wird, das Pflanzenkleid der Erde im Hinblick auf seine Bedeutung für den Charakter der Landschaft oder des betreffenden Gebietes. Hier sind nicht die Pflanzen oder deren Vergemeinschaftungen das eigentliche Forschungsobjekt, sondern die Landschaften bzw. Erdräume.

Wir werden uns im folgenden im wesentlichen auf die geobotanischen Forschungsobjekte und Probleme beschränken. Eine exakte Trennung zwischen Geobotanik und Vegetationsgeographie ist allerdings nicht immer möglich, da beide Forschungsrichtungen trotz ihrer verschiedenen Problemstellungen sehr stark miteinander verzahnt sind.

Die Geobotanik selbst läßt sich wiederum in zwei Teilgebiete gliedern, von denen die idiobiologische Geobotanik die einzelnen Sippen in ihrer Verteilung in einer Landschaft betrachtet, während bei der soziologischen Geobotanik, auch Vegetationskunde oder

Pflanzensoziologie bzw. Phytocoenologie genannt, die Pflanzenvergesellschaftungen die Studienobjekte sind. Dieser Wissenschaftszweig nahm in den letzten Jahrzehnten einen großen Aufschwung und erlangte praktische Bedeutung.

Das Vorkommen bestimmter Pflanzensippen auf der Erde läßt sich nicht allein aus den gegenwärtigen Umweltverhältnissen erklären, es sind hier neben ökologischen auch historische und genetische Probleme zu lösen. Die idiobiologische Geobotanik, welche die ältesten Zweige der geobotanischen Forschung umfaßt, weist deshalb eine Dreiteilung in floristische, ökologische und historisch-genetische Geobotanik auf.

Die floristische Geobotanik hat die Aufgabe, die einzelnen Elemente der Floren zusammenzustellen. Sie untersucht ihre systematische Wichtigkeit, das Wesen ihrer Wohnbezirke und ihr Verhältnis zu den anderen Floren.

Die ökologische Geobotanik versucht die Verbreitung einzelner Pflanzen aus ihren Standortansprüchen und ihrem Stoffhaushalt zu erklären.

Die historisch-genetische Geobotanik endlich spürt der erdgeschichtlichen Bedingtheit der heutigen Pflanzenwelt nach und versucht, über das Werden der heutigen floristischen Erscheinungen Aufschluß zu erhalten.

In der Geobotanik ergeben sich in den genannten Forschungsrichtungen 4 grundlegende Untersuchungsmethoden, die nicht auf die Pflanzengeographie beschränkt sind, sondern auch in anderen Gebieten der Biologie wiederkehren. Es sind dies die beschreibende, die vergleichende, die analytische und die historische Untersuchungsmethode.

Die beschreibende Methode wird vor allem in der floristischen Geobotanik und in der Vegetationskunde angewendet. Sie beinhaltet in der floristischen Geobotanik eine Aufzählung der Fundorte, deren Sammlung und Kartierung, in der Vegetationskunde die Schilderung der Vegetationstypen. In der älteren Literatur wurden oftmals die zu beschreibenden Vorgänge und Gegenstände malerisch dargestellt. Wegen dieser bunten und oft etwas weitschweifigen Darstellungsweise wurde die beschreibende Methode häufig als unwissenschaftlich angesehen. An die Stelle einer ausführlichen Beschreibung tritt jetzt meistens, allerdings nicht immer von Vorteil, die kurze Diagnose und statistische Auswertung.

Die vergleichende Methode, die in allen Zweigen der Geobotanik gleichermaßen angewendet wird, stellt das Wesentliche, das Typische einer Erscheinung heraus. Die Beobachtungen werden nicht nur einzeln exakt beschrieben, sondern zueinander in Beziehung gesetzt, und so werden die Gesetzmäßigkeiten der Gestaltung der Organismen erkannt. Durch die Anwendung dieser Methode wurden große wissenschaftliche Erfolge in der Biologie erzielt (Generationswechsel, Analogien, Homologien). In der idiobiologischen Geobotanik lassen sich durch vergleichende Betrachtung der Verbreitung verschiedener Pflanzensippen in den einzelnen Erdräumen wichtige Einblicke in die Gesetzmäßigkeit ihrer Wohnbezirksausbildung erlangen. Die genaueren Ursachen der Pflanzenverbreitung, die engen kausalen Beziehungen der Pflanze zur Umwelt können jedoch nur wahrscheinlich gemacht, nicht aber exakt bewiesen werden.

Die analytische Methode arbeitet mit ausgesprochen kausaler Fragestellung. Als in den ersten Jahrzehnten unseres Jahrhunderts die teleologische Betrachtungsweise verlassen wurde und die kausale Fragestellung immer mehr in den Vordergrund der ökologischen Geobotanik trat, griff man immer häufiger zum Experiment und zur exakten Messung. Obwohl auch die Versuche des ökologisch arbeitenden Geobotanikers oft an das Labor gebunden sind, unterscheiden sie sich doch grundlegend von denen des Pflanzenphysiologen, denn der Ökologe muß, da er seine Pflanzen als einheitlichen Organismus in seiner Vergemeinschaftung mit anderen Organismen zu betrachten hat, stets den Wettbewerbsfaktor mit einbeziehen, den der Physiologe, dem es um eine möglichst exakte Feststellung einer einzelnen Lebensfunktion unter streng kontrollierten Außenbedingungen im Labor geht, nicht einzubeziehen braucht. Aus dieser unterschiedlichen Fragestellung ergibt sich, daß die moderne ökologische Geobotanik ihre Experimente immer mehr in die freie Natur, an den Standort der zu untersuchenden Pflanze, verlegt. Die Messungen des Ökologen können deshalb oft nicht so genau sein wie die des Physiologen, und seine Schlußfolgerungen müssen anderer Natur sein und werden häufig mit einer gewissen Unsicherheit behaftet bleiben.

Trotz Anwendung der beschreibenden, vergleichenden und analytischen Untersuchungsmethoden werden bestimmte Grundsätze der Pflanzenverbreitung nur dann zu verstehen sein, wenn die Verbreitung und Entwicklung der Pflanzensippen in der Erdgeschichte mittels der historischen Methode berücksichtigt wird. Dabei ist gerade bei der Bearbeitung von Problemen der Erdentwicklung (Geogenetik) und der Organismenentwicklung (Phylogenetik) auf eine exakte Untersuchung jeder einzelnen Frage besonderer Wert zu legen, da sonst leicht falsche Schlüsse gezogen werden können.

Keine der aufgezählten Untersuchungsmethoden wird in jedem Fall pflanzengeographische Probleme allein lösen können. Es wird im Gegenteil oft der Zusammenfassung und Anwendung aller dieser Methoden bedürfen, um einen befriedigenden Einblick in die Zusammenhänge der Pflanzenverbreitung zu bekommen. Die enge, sehr komplizierte Kausalverbindung Pflanze — Umwelt etwas näher aufzuklären, ist aber notwendig, sollen die Ergebnisse der geobotanischen Forschung für die Praxis auswertbar sein, vor allem in Hinblick auf eine standortsgerechte Nutzung land- und forstwirtschaftlicher Kulturflächen sowie auf eine pflanzengeographisch begründete Landschaftspflege.

3. Geschichte der Pflanzengeographie

Schon in der Geschichte der Pflanzengeographie lassen sich mehrere Entwicklungsrichtungen verfolgen, die aus den verschiedenen Betrachtungsweisen pflanzengeographischer Probleme resultieren. Selbstverständlich ist auch hier bei den einzelnen Arbeiten der Forscher nicht immer eine eindeutige Einordnung in eine der vier Entwicklungsrichtungen möglich.

Entwicklung der floristischen Geobotanik

Während im Mittelalter das Vorkommen von Pflanzen und Tieren als gegeben hingenommen wurde, sind um die Wende des 15. Jahrhunderts die ersten Anfänge bewußter Naturbeobachtung zu verzeichnen. So wurden z. B. in den die Verwendung von Pflanzen als Heilmittel behandelnden Kräuterbüchern (BRUNFELS, 1530; BOCK, 1539; FUCHS, 1542; MATTIOLUS, 1554; DODONAEUS, 1553) neben einer Beschreibung und Abbildung der Pflanzen gelegentlich auch Angaben über ihr Vorkommen gemacht. Besonders in dem Kräuterbuch von BOCK sind Angaben über Fundorte der im Oberrheingebiet beobachteten Pflanzen enthalten.

Nach diesen ersten Schritten zu einer floristischen Geobotanik wurden bald Floren bestimmter Gebiete zusammengestellt, als erste die Flora des Harzes von J. THAL (1588). Waren es im 17. Jahrhundert lediglich 23 solcher Werke, so stieg ihre Zahl im 18. Jahrhundert bereits auf 118 an. Die wachsende Anzahl von Veröffentlichungen ist sicher auch auf das Aufblühen der Systematik der Pflanzen in diesem Zeitabschnitt zurückzuführen (Carl von LINNÉ, 1707—1778).

Besonders eingehende Beobachtungen über das Vorkommen der Pflanzen finden sich später in den Arbeiten von WAHLENBERG (1812, Flora lapponica; 1814, Flora Carpatorum; 1824—1826, Flora suecica). Er war der erste (1811), der auf die grundsätzlichen Unterschiede im Bereich der ozeanischen und kontinentalen Gebiete hinwies und in seinen Arbeiten zur Darstellung der Verbreitung bestimmter Leitpflanzen Verbreitungskarten verwendete. Zur gleichen Zeit, da WAHLENBERG die Flora engbegrenzter Gebiete eingehend darstellte, wurden von BROWN (1814) Einzelpflanzen in ihrer Gesamtverbreitung auf der Erde untersucht. Da BROWN dem Pflanzensystem von JUSSIEU folgte, kam er am Beispiel der Proteaceae Australiens als erster zu der Feststellung, daß die Individuen bestimmter Verwandtschaftskreise in ihrem geographischen Verhalten übereinstimmen.

Gegen Ende des 19. Jahrhunderts und im 20. Jahrhundert erschienen zahlreiche Lokalfloren und Darstellungen der Gesamtverbreitung der Pflanzen z. B. von HULTEN und MEUSEL, JÄGER, WEINERT, RAUSCHERT, die bis heute Grundlage der Pflanzengeographie und Heimatkunde geblieben sind.

Entwicklung der ökologischen Geobotanik

Bereits 1555 unterschied der Züricher Naturforscher Conrad von GESNER auf Grund seiner Beobachtungen am Gnepfstein (Pilatus) verschiedene klimatische Höhenstufen wie winterliche Partie (nivale Stufe), frühjährliche Partie (alpine Stufe), herbstliche Partie (hochmontane Stufe) und sommerliche Partie (montane Stufe). Im Jahre 1693 wies RAY (RAJUS) in seiner Historia plantarum auf den Einfluß der geographischen Breite und der Meereshöhe auf die Verbreitung der Pflanzen hin. Zur gleichen Zeit betonte auch Christian MENTZEL, daß die Pflanzenverbreitung vom Klima abhängig sei. J. P. de TOURNEFORT beschrieb 1717 die verschiedenen Höhenstufen des von ihm bestiegenen Ararat und verglich sie mit denen anderer Gebirge. Bei Albrecht von HALLER ist in seinem Alpengedicht (1732) zum ersten Mal der Beginn einer physiognomischen Schilderung der Vegetation zu bemerken. Er gab 1742 für die Folge der Höhengrenzen in der Grimsel (Schweiz) landschaftsbestimmende Pflanzen an, 1768 charakterisierte er die Höhenstufen bereits durch Pflanzenbestände.

Auch Carl von LINNÉ ist als ein Mitbegründer der ökologischen Geobotanik zu nennen. Zur Kennzeichnung der Fundorte von Einzelarten benutzte er Begriffe wie Wälder, Wiesen, Sümpfe, oder er charakterisierte sie durch Pflanzenbestände, für die er Namen verwendete, die auch heute noch gültig sind. Den Begriff des Standortes benutzte er fast in dem Sinne der modernen Ökologie. Er empfahl auch, die Zeitpunkte der Laubentfaltung, des Aufblühens, der Fruchtreife und des Laubfalles von Ort zu Ort zu registrieren, um auf Grund dieser Florenkalender Klimaunterschiede festzustellen.

J. G. GMELIN (1709—1755) verglich die sibirische Flora mit derjenigen europäischer Gebirge, P. S. PALLAS (1741—1811) stellte den Vegetationscharakter der südrussischen Steppe in seiner Abhängigkeit von den Klimabedingungen dar.

Etwa um dieselbe Zeit (1792) ging auch WILLDENOW in seinem „Grundriß der Kräuterkunde" auf die Beziehungen zwischen Pflanze und Umwelt in einem besonderen Kapitel ein. H. B. de SAUSSURE beschreibt 1779 bis 1796 die Alpenvegetation mit Angaben über gemessene Höhengrenzen einzelner Pflanzen. Im Jahre 1783 veröffentlichte J. L. GIRAUD (genannt SOULAVIE) eine Arbeit über die Vegetation Südfrankreichs, das er nach Pflanzenklimaten (Orangenklima, Ölbaumklima, Rebenklima, Kastanienklima und Alpenpflanzenklima) gliederte. Diese Klimagebiete, deren Pflanzenbestand er verglich, kennzeichnete er mittels gemessener phänologischer und ökologischer Werte. SOULAVIE und SAUSSURE können wohl als die ersten Botaniker gelten, die mit Thermometer und Barometer reisten.

Schon WILLDENOW (1792) hatte versucht, eine Gliederung Europas in verschiedene Florenbezirke durchzuführen; es gelang jedoch erst 30 Jahre später J. F. SCHOUW (1823) in seinen „Grundzügen einer allgemeinen Pflanzengeographie", eine Einteilung der gesamten Erdoberfläche in pflanzengeographische Provinzen zu geben. Seine Arbeit ist durch ihre klare methodische Ausrichtung und durch die Betonung der Kartendarstellungen — sie enthält die erste Karte der Pflanzenzonen der Erde — für die weitere Entwicklung der Geobotanik von großer Bedeutung. Er verwendete auch bereits die Endung -etum für Bestände einer bestimmten Pflanzenart, z. B. Ericetum.

In seiner Anlage den Arbeiten SCHOUWS ähnlich ist das Werk A. de CANDOLLES (1855) „Géographie botanique raisonnée“, das mit vielen Statistiken und Tabellen ausgestattet ist.

Durch DRUDE (1876) „Die Anwendung physiologischer Gesetze zur Erklärung der Vegetationslinien“ eingeleitet, entwickelte sich über die Werke von E. WARMING (1896 „Lehrbuch der ökologischen Pflanzengeographie“, A. F. W. SCHIMPER (1898, „Pflanzengeographie auf physiologischer Grundlage“) LUNDEGARDH (1925, „Klima und Boden in ihrer Wirkung auf die Pflanzenwelt“) und WALTER (1951, „Einführung in die Phytologie“, Band III, Teil 1, Standortlehre), die ökologische Geobotanik der Gegenwart.

Entwicklung der historisch-genetischen Geobotanik

Da bei der Stammesgeschichte der Pflanzen und bei Theorien über die Ursachen der Phyologenie sehr häufig pflanzengeographische Probleme auftauchen, ist es nicht verwunderlich, daß sich bereits in den Arbeiten von LAMARCK (1809) und DARWIN (1859) Ansatzpunkte einer historisch-genetischen Geobotanik finden. Erklärt LAMARCK Pflanzen- und Tierformen als Anpassungen an die besonderen Standortverhältnisse, so sah DARWIN die Formbildung zwar nicht als direkte Auswirkung der Umwelt an, machte aber die Umwelt für die Erhaltung bzw. Vernichtung neuer Formen verantwortlich.

Durch die schon genannte, für die Entwicklung der ökologischen Geobotanik wichtige Arbeit von A. de CANDOLLE (1855) „Géographie botanique raisonnée“, in der dieser Forscher den Ursachen der Pflanzenverbreitung nachging und die Grenzlinien der Pflanzenwohnräume häufig auf Faktoren zurückführte, die in der Vergangenheit gewirkt haben sollen, und mehr noch in dem Werk von UNGER (1852) „Versuch einer Geschichte der Pflanzenwelt“, wurde der Grundstein zu einer historisch-genetischen Pflanzengeographie gelegt. Besonders UNGER versuchte, die Beziehungen der Pflanzenwelt zur geschichtlichen Sphäre durch das Eingehen auf die spezifischen Gestaltungen der einzelnen Eiszeiten und auf das Existenzalter einer jeden Sippe zu erklären.

An diese beiden Werke schloß sich dann, durch das Aufstreben der Palaeobotanik gefördert, die grundlegende Arbeit von A. ENGLER (1879—1882) „Versuch einer Entwicklungsgeschichte der Pflanzenwelt“ an, die den Grundstein zu intensiven Arbeiten auf dem Gebiet der historisch-genetischen Geobotanik legte, wie sie vor allem durch DIELS, WETTSTEIN, EHRENDORFER, TAKHTAJAN und WULFF ausgeführt wurden.

Entwicklung der Vegetationskunde und Vegetationsgeographie

Alexander von HUMBOLDT, wohl oft zu Unrecht als Begründer der Pflanzengeographie bezeichnet, kann jedoch mit Recht als Vater der Vegetationsgeographie und m. E. auch der Vegetationskunde gelten. Er, der mit seiner Art, die Vegetation zu betrachten, bei SOULAVIE anknüpfte, erhob zum ersten Mal die geographische Fragestellung zum Leitgedanken für die Betrachtung der Pflanzenwelt. Nicht die einzelnen Sippen standen bei ihm im Mittelpunkt der Betrachtung, sondern das Pflanzenkleid der Erde. Für ihn war Ausgangspunkt und Ziel seines Interesses die Vegetation als das den Gestaltcharakter eines Gebietes Bestimmende. Er richtete deshalb sein Augenmerk auf jene Pflanzengestalten, die vorherrschend die Physiognomie der Vegetation bestimmen. Seine Arbeit „Ideen zu einer Geographie der Pflanzen" (1807) kann als der Beginn der vegetationsgeographischen Forschung angesehen werden, wenngleich sich natürlich auch HUMBOLDT in vieler Hinsicht auf die Arbeiten von WILLDENOW, WAHLENBERG und BROWN stützte. Er war auch der erste, der den Begriff der „Association" für gesellschaftlich auftretende Spezies verwendete, einen der wichtigsten Begriffe der modernen Vegetationskunde. Dank der Kraft seiner Sprache erweckte er in weiten Kreisen das Interesse für pflanzengeographische Fragen und regte viele Forscher an, die Vegetation der bereisten Länder zu beschreiben.

So schilderte J. P. von MARTIUS 1824 in seinem Aufsatz über die Physiognomie des Pflanzenreiches in Brasilien komplexe Vegetationseinheiten wie den tropischen Regenwald, die Campos und die Caatingas in ihrer Zusammensetzung, Physiognomie und ihren Standortverhältnissen.

A. de SAINT-HILAIRE (1799—1853), der zur selben Zeit in Südamerika reiste, bemühte sich zwischen der ursprünglichen und der sekundären, durch den Menschen beeinflußten Vegetation zu unterscheiden, und untersuchte auch bereits den Vorgang der pflanzlichen Wiederbesiedlung der von Menschen gestörten Standorte.

Die physiognomische Betrachtung der Vegetation, wie sie von A. von HUMBOLDT entwickelt wurde, erhielt durch die Prägung des Begriffes „Pflanzenformation" durch A. GRISEBACH (1838) „Über den Einfluß des Klimas auf die Begrenzung der natürlichen Floren", einen weiteren Aufschwung. GRISEBACH war auch der erste, der 1872 in seiner ausgezeichneten „Vegetation der Erde" eine anschauliche Schilderung der Pflanzendecke der ganzen Erde gab.

In der Mitte und am Ende des 19. Jahrhunderts erschien eine große Anzahl von pflanzengeographischen Arbeiten mit vegetationsgeographischen oder vegetationskundlichem Inhalt.

Weiterführend auf dem Gebiete der Vegetationsgeographie war besonders die Arbeit von SCHNIZLEIN und FRICKHINGER (1848), die einen ausgesprochen vegetationsgeographischen Aufbau zeigt (Vegetationsbedingungen, Lokalitäten, ursprüngliche Vegetation, sekundäre Vegetation, landschaftsbestimmende Pflanzenformationen) und die Vegetationsverhältnisse der Jura- und Keuperformation in den Flußgebieten der Wörnitz und Altmühl behandelt. In der „Pflanzenwelt“ von HETTNER (1835) wurde schließlich der vegetationsgeographische Gesichtspunkt bewußt in den Vordergrund gestellt.

In den Arbeiten von HEER (1835), UNGER (1836), SENDTNER (1854) und vor allem KERNER VON MARILAUN (1863) rücken dagegen die Pflanzenformationen in den Mittelpunkt der Betrachtung. Diese Arbeiten bildeten den Ausgangspunkt für die vegetationskundliche Arbeitsrichtung der Geobotanik, die vor allem das Studium der Pflanzengesellschaften zur Aufgabe hat. Dieser Forschungszweig entwickelte sich in den einzelnen Ländern unterschiedlich [Nordeuropa: HULT und CAJANDER (Finnland), SERNANDER und DURIETZ (Schweden), NORDHAGEN (Norwegen); Deutschland: GRADMANN, TÜXEN; Großbritannien: TANSLEY, USA: COWLES, CLEMENTS, WEAVER; UdSSR: SUKATSCHEW, LAVRENKO; Schweiz: SCHRÖTER, RÜBEL, BROCKMANN-JEROSCH, SCHMID; Österreich: AICHINGER; Frankreich: BRAUN-BLANQUET, MOLINIER, EMBERGER]. Besonders unter dem Einfluß von BRAUN-BLANQUET wurde die Vegetationskunde zu einem Wissenszweig der Geobotanik, dem heute weitgehende Selbständigkeit zugesprochen wird.

II. Floristische Pflanzengeographie

1. Entstehung eines Arealbildes

Voraussetzung für jede geobotanische Arbeit ist die Kenntnis der Arten, die in einem Gebiet vorkommen. Um Kenntnis von der Verbreitung von Pflanzensippen gleich welcher systematischen Rangstufe zu erhalten, sind Beobachtungen über das örtliche Vorkommen der einzelnen Pflanzen notwendig.

Es ist deshalb erforderlich, daß zunächst Pflanzen gesammelt, getrocknet, in Herbarien eingeordnet werden, daß sie bestimmt und, falls es sich um neue Sippen handelt, beschrieben und benannt werden. Diese Sammlungen dienen als Grundlage für die Aufstellung von Pflanzenlisten bestimmter Gebiete, die, mit einem Bestimmungsschlüssel versehen, als „Floren" bezeichnet werden.

Diese Florenwerke, deren Gültigkeitsbereich unterschiedlich sein kann, bilden neben den erwähnten Herbarien und neben den Beobachtungen in der Natur den Ausgangspunkt für die kartographische Darstellung des Wohnbezirkes einer Sippe.

Werden alle Fundorte einer Sippe, wobei unter dem Fundort einer Pflanze der geographische Ort, an dem eine Pflanze festgestellt wird, verstanden werden soll, in eine geographische Karte eingezeichnet, so entsteht eine Punkt-Verbreitungskarte, die eine sehr gute Übersicht über die Verbreitung einer Sippe in einem bestimmten Gebiet bietet, vorausgesetzt, daß die Fundorte weitgehend erfaßt worden sind (Abb. 3).

Die Herstellung einer Punktkarte ist vor allem bei der Aufzeichnung der Verbreitung einer Pflanze in einem kleineren Gebiet mit bekannter Flora zu empfehlen, wenn Wert auf eine möglichst exakte Darstellung der Verbreitung gelegt werden soll.

Bei Verwendung des Punktkartenverfahrens läßt sich durch die Zuhilfenahme besonderer Signaturen auch die

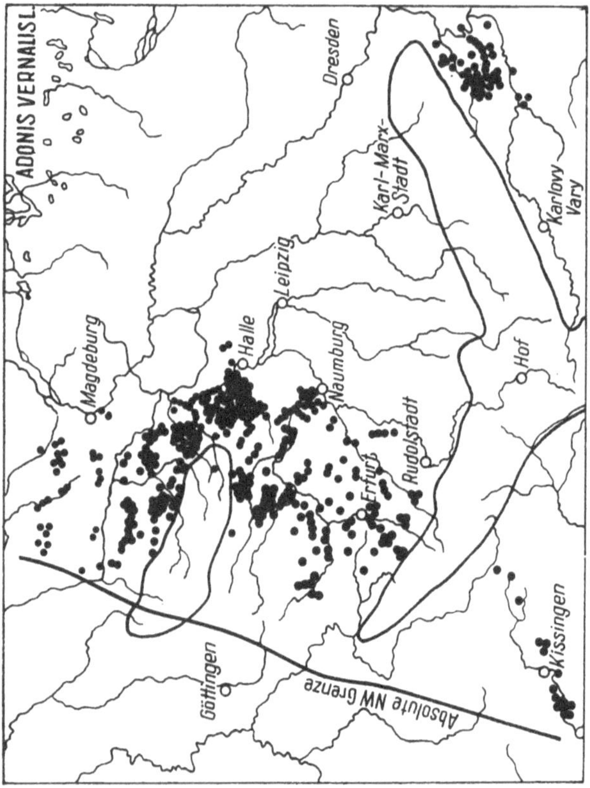

Abb. 3. Punktkarte der Verbreitung des Frühlings-Adonisröschens (*Adonis vernalis*). Aus der Zeitschrift „Hercynia“ 1939.

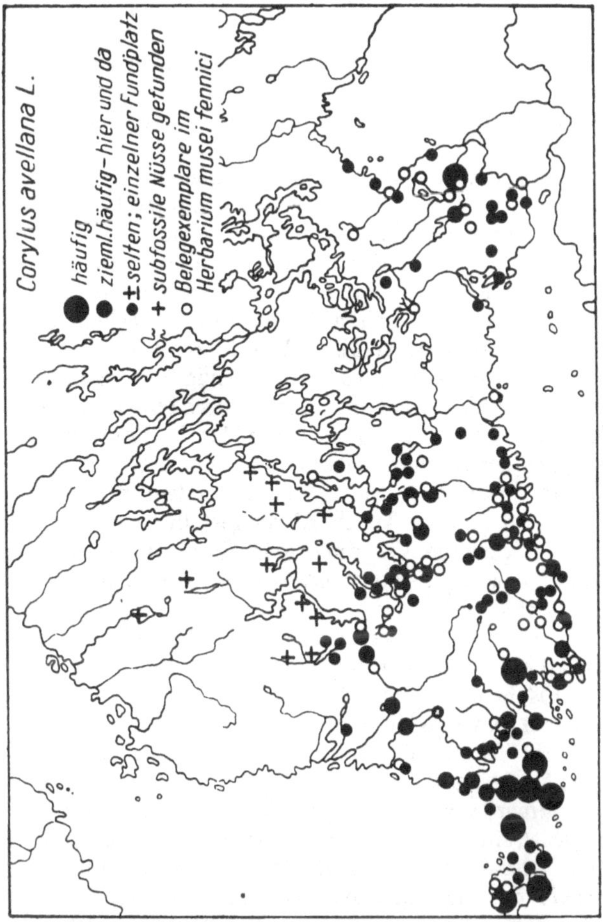

Abb. 4. Frequenzkarte der Verbreitung der Haselnuß (*Corylus avellana*) in Südfinnland. Nach LINKOLA, aus MEUSEL, Vergleichende Arealkunde, Berlin 1943

Häufigkeit der Sippe an einem Fundort berücksichtigen. Man gelangt dann zu einer Frequenzkarte. Dieses Verfahren findet vor allem auch Anwendung, wenn für die Verbreitung einer Sippe in einem größeren Gebiet nur eine geographische Karte kleineren Maßstabes verwendet werden kann, so daß mehrere nahe beieinanderliegende Fundorte zusammengefaßt werden müssen (Abb. 4).

Verbindet man alle als Punkte auf einer geographischen Karte dargestellten, von einer Sippe bekannten äußersten Fundorte durch eine Linie, so erhält man eine Fläche, die als Wohnbezirk oder Areal der Sippe bezeichnet wird. Um ein natürliches Areal handelt es sich, wenn sich die Sippe ohne Zutun des Menschen verbreitete, um ein künstliches Areal, wenn der Mensch gewollt oder ungewollt zur Verbreitung beitrug. Eine Karte, auf der das Areal einer Sippe durch eine Linie umrissen wird, wobei die Einzelheiten der Verbreitung im Innern des Areals vernachlässigt werden, wird als Umrißkarte bezeichnet. Sie findet vor allem dort Verwendung, wo ein großes Areal dargestellt werden soll, oder die allgemeine Verbreitung im Inneren des Areals gut oder zu wenig bekannt ist, oder aber die Pflanze so häufig auftritt, daß eine punktförmige Erfassung unmöglich oder zu unübersichtlich wird. Um ein solches Areal auf der Karte hervorzuheben, wird häufig die umrissene Fläche schraffiert (Abb. 5).

Eine sehr günstige Kombination von Punkt-, Frequenz- und Umriß-Verbreitungskarte ist von HULTÉN (1950) in seinem Verbreitungsatlas der fennoskandischen Flora vorgenommen worden. Er gibt dort das Hauptverbreitungsgebiet einer Sippe durch dichte Schraffur, eine mehr lockere Besiedlung durch lichtere Schraffur und die außerhalb des eigentlichen Verbreitungsgebietes liegenden Fundorte durch Punkte wieder. Allerdings ist bei dieser Darstellungsweise eine genaue Kenntnis der Verbreitung der betreffenden Sippe notwendig (vgl. auch HULTÉN, 1958, 1962 und 1971) (Abb. 6).

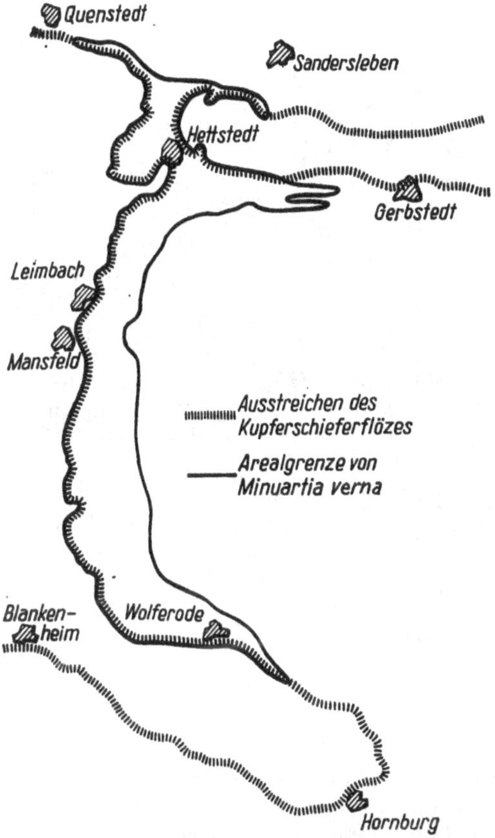

Abb. 5. Areal der Kupferblume (*Minuartia verna* ssp. *hercynica*) am Westrand der Mansfelder Mulde. Aus SCHUBERT, Wissenschaftliche Zeitschrift der Martin-Luther-Universität, Halle–Wittenberg, Mathematisch-Naturwissenschaftliche Reihe, Jahrgang III, Heft 4, 1954.

Abb. 6. Kombinierte Flächen-, Frequenz- und Punktkarte der Verbreitung des Schilfes (*Phragmites communis*) in Skandinavien. Nach HULTÉN, aus WALTER, Einführung in die Phytologie, Stuttgart 1954.

Bei ungenaueren floristischen Angaben oder bei Verwendung von kleinmaßstäblichen Karten, die eine stärkere Schematisierung der Arealdarstellung verlangen, kann auch an Stelle einer Punktkarte eine sogenannte Rasterkarte entworfen werden (vgl. BERING and WALTERS, 1962). Das Kartenbild wird hierbei durch ein Raster gegliedert und jedes Quadrat, das die zu untersuchende Sippe enthält, durch ein Kreuz gekennzeichnet. Die mit der Darstellungsmethode verbundene größere

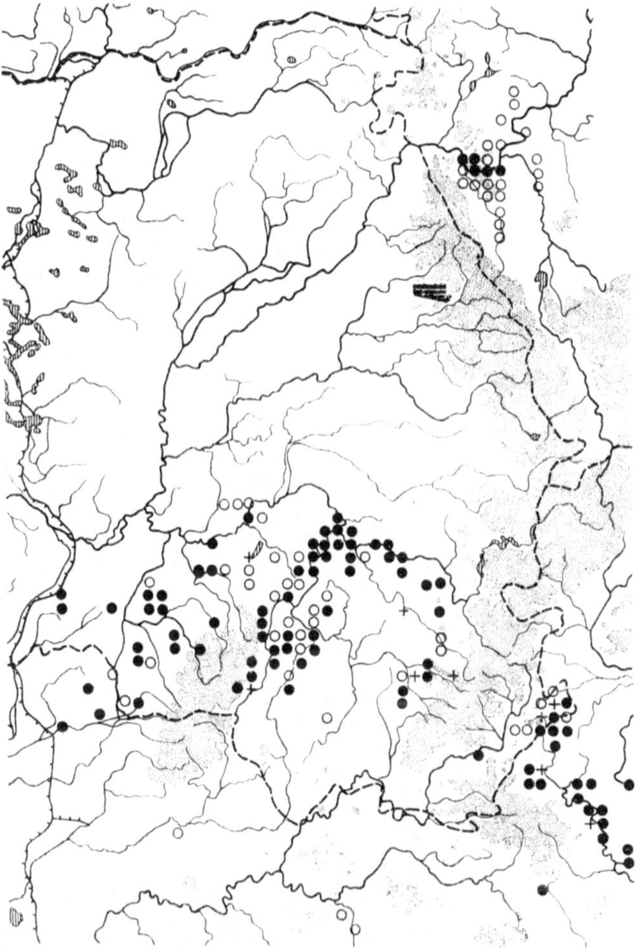

Abb. 7. Verbreitung von *Dictamnus albus* im hercynischen Raum (Entwurf von E. Weinert nach Arbeitsunterlagen der Arbeitsgemeinschaft hercynischer Floristen). Es bedeuten: ● Angaben nach 1950, ○ Angaben vor 1950 oder zeitlich nicht bestimmbar, + Fundort nachweislich nicht mehr zu bestätigen.

Ungenauigkeit der Karte wird durch die Möglichkeit ihrer schnelleren Fertigstellung und der EDV-gerechteren Anlage in neuerer Zeit in Kauf genommen. Die im Rahmen der Flora Europaea- und der Mitteleuropakartierung erarbeiteten Pflanzenverbreitungskarten werden auf der Basis der Rastermethode hergestellt. Auch bei der für die Überwachung der sich vollziehenden Florenveränderung bedeutsamen Kartierung von Bioindikatoren wird für die DDR das Rasterverfahren bevorzugt (Abb. 7, 8, 9).

Häufen sich bei punktförmiger Darstellung der Verbreitung einer Sippe die Fundorte an bestimmten Stellen

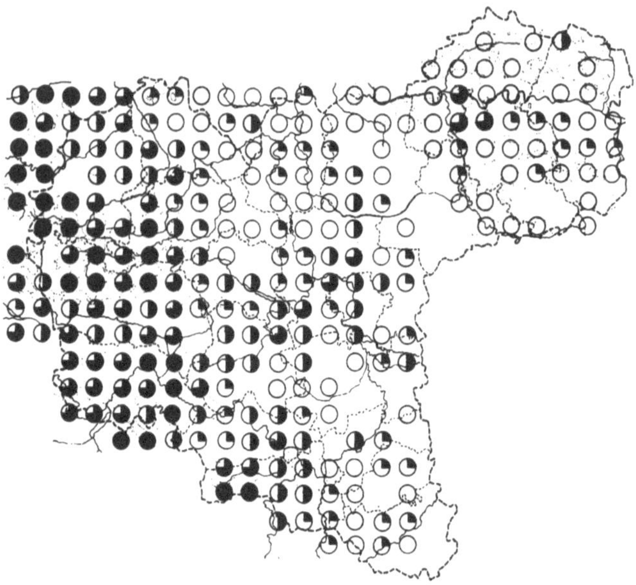

Abb. 8. Verbreitung von *Galium aparine* im Bezirk Halle (Entwurf W. Hilbig). Es bedeuten ○ 1–20%, ◔ 21–40%, ◑ 41–60%, ◕ 61–80%, ● 81–100% der Erhebungen pro Meßtischblattquadrat ' weisen *Galium aparine* auf.

und zeigt die Verbreitung an anderen Orten eine starke Streuung, so führt das, da an den Häufungszentren die Punkte zu einer einzigen Fläche verschmelzen, zwangsläufig zu einer Flächenkarte. Die Flächenverbreitungs-

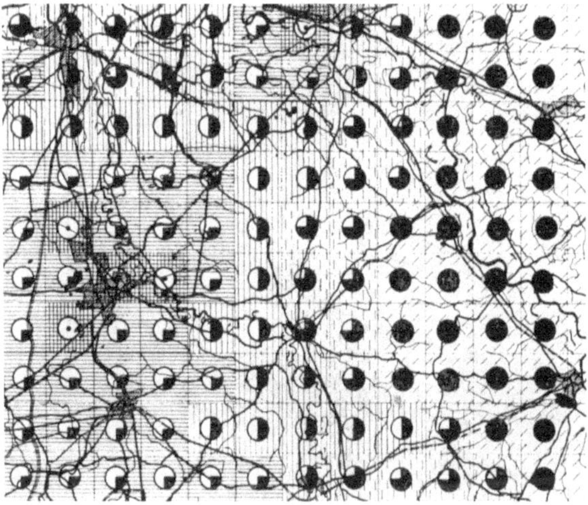

Abb. 9. Frequenz und Dominanz von *Lecanora conizaeodes* und *Lecanora varia* in der Dübener Heide.
⊙ < 1% ◔ 2–10% ◑ 11–25% ◕ 26–40% ● > 40%

karte bewährt sich besonders bei der Darstellung der Verbreitung von Sippen, die an Flüssen oder in Gebirgen besonders gehäuft erscheinen, da sich diese Vorkommen dann in der Karte markant herausheben (Abb. 10).

Als Ergänzungen zur Arealdarstellung von Sippen mit stark vertikal gegliederter Verbreitung können Profildarstellungen benutzt werden. Sie ermöglichen es, die Bindung der Sippe an bestimmte Höhenstufen zu verdeutlichen (Abb. 11).

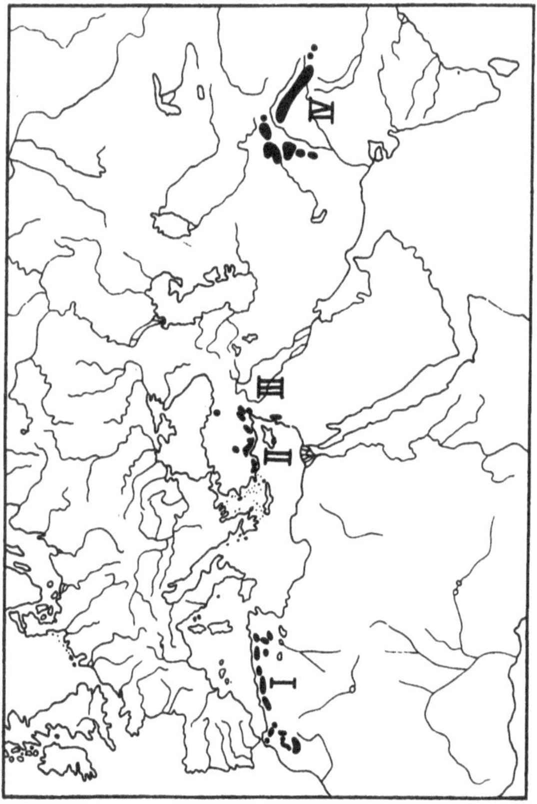

Abb. 10. Die Verbreitung der Zedern (*Cedrus*). I – *Cedrus atlantica*, II – *Cedrus brevifolia*, III – *Cedrus libani*, IV – *Cedrus deodara*. Nach MEUSEL, JÄGER, WEINERT, VEB Gustav Fischer Verlag, Jena, 1965.

Schließlich können auch Flächen- und Punktkarten miteinander kombiniert werden, wenn es erforderlich erscheint, die Hauptverbreitungsgebiete und die Gebiete

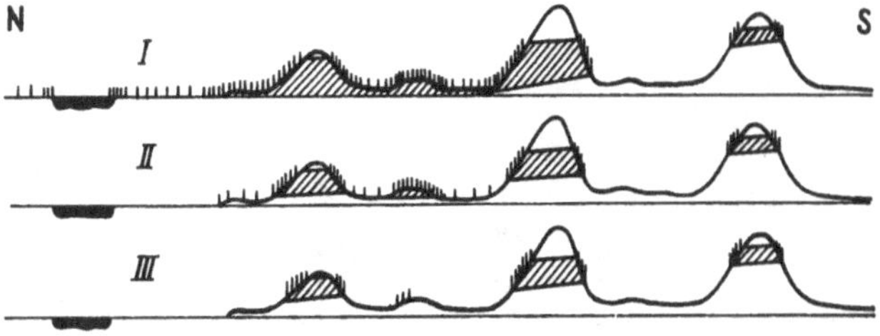

Abb. 11. Profildarstellung der Verbreitung verschiedener Holzarten in verschiedenen Höhenstufen in Mitteleuropa. I — Rotbuche (*Fagus sylvatica*), II — Bergahorn (*Acer pseudoplatanus*) III — Weißtanne (*Abies alba*). Aus MEUSEL, Vergleichende Arealkunde, Berlin, 1943.

mit stark aufgelockertem, zerstreutem Vorkommen einer Sippe in einer Karte, aber auf verschiedene Art und Weise, darzustellen (Abb. 12).

Der Wissenschaftszweig, der sich mit dem Studium der Wohnbezirke, der Areale der einzelnen Sippen beschäftigt, wird häufig auch Arealkunde oder Phytochorologie genannt.

2. Mittel und Schranken der Verbreitung

Die Entstehung eines Areals geht auf die allgemeine Ausbreitungstendenz eines jeden Lebewesens zurück. Da anzunehmen ist, daß die meisten Sippen nur einmal entstanden sind (monophyletisch) und auch nur an einem bestimmten Ort (monotop), läßt sich jedes Areal auf einen Punkt zurückführen. Eine polytope, mehrmalige Entstehung der gleichen Sippe ist sehr unwahrscheinlich, da zwar bei Mutanten und Hybriden bisweilen polytope

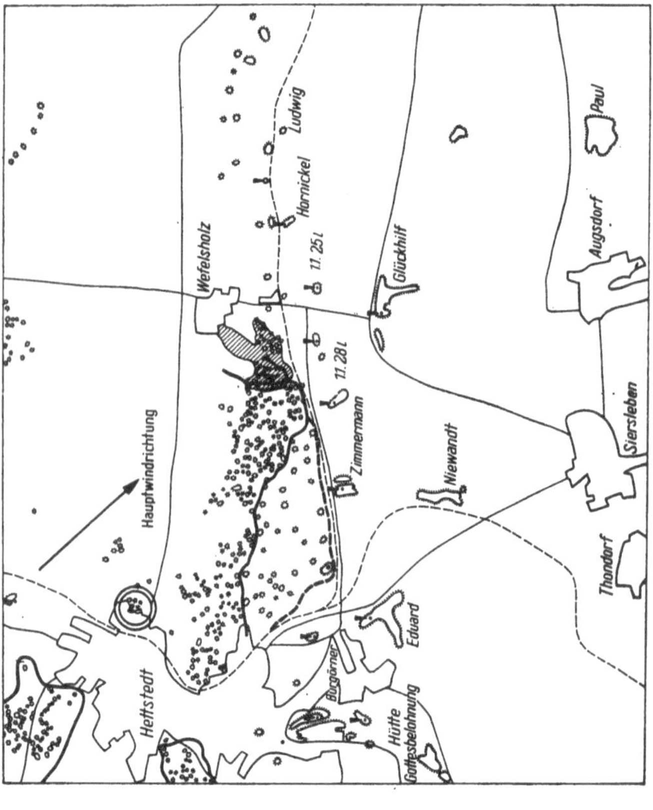

Abb. 12. Die Verbreitung der Kupferblume (*Minuartia verna* ssp. *hercynica*) bei Hettstedt am Rande der Halle-Hettstedter Gebirgsbrücke, —— – häufiges Vorkommen, - - - - – selteneres Vorkommen, ! – vereinzelte Fundorte, ◎ – Ausbreitungszentrum. Aus SCHUBERT, Wissenschaftliche Zeitschrift der Martin-Luther-Universität Halle–Wittenberg, Mathematisch-Naturwissenschaftliche Reihe, Jahrgang III, Heft, 4, 1954.

Entstehung vorkommt, nicht aber bei Sippen höherer systematischer Ordnung.

Die Arealbildung einer Sippe wird, da ihre Entstehung nur an einem bestimmten Ort erfolgt, zunächst in erster Linie von ihrer Ausbreitungsfähigkeit abhängen. Diese Ausbreitungsfähigkeit hängt sehr stark von der Art und Anzahl der von der Sippe erzeugten Verbreitungseinheiten, Diasporen, ab, zu denen Sporen, Samen, Ableger usw. gezählt werden. Über die Leistungen der Diasporen und über die Verbreitungsbiologie (Karpobiologie) der Gewächse ist noch wenig bekannt, obwohl gerade die Verbreitungsfähigkeit Grundlage für alle Erwägungen über Arealveränderungen ist.

Die große Mannigfaltigkeit der Verbreitungsmittel läßt in diesem Taschenbuch nur eine grobe Übersicht zu.

Die Pflanzen können hinsichtlich ihrer Verbreitungseinrichtungen in zwei große Gruppen eingeteilt werden. Die allochoren Pflanzen werden durch fremde Kräfte verbreitet, die autochoren verbreiten sich durch eigene Kraft. Beide Hauptgruppen lassen sich noch weiter untergliedern, wie aus der nachstehenden Übersicht zu entnehmen ist.

I. Allochore (durch fremde Kraft verbreitete Pflanzen)

1. Anemochore (Windverbreiter)
   a) Euanemochore (Schweber, z. B. *Taraxacum officinale*)
   b) Plananemochore (Flieger, z. B. *Acer platanoides*)
   c) Geoanemochore (Bodenläufer, z. B. *Medicago lupulina*)
   d) Boleoanemochore (Windstreuer, z. B. *Papaver somniferum*)
2. Zoochore (Tierverbreiter)
   a) Epizoochore (Kletten, z. B. *Galium aparine*)
   b) Boleozoochore (Schüttelkletten, z. B. *Dipsacus silvestris*)

   c) Endozoochore (Verdauungssämlinge, z. B. *Juniperus communis*)
   d) Myrmecochore (Ameisensämlinge, z. B. *Euphorbia cyparissias*)
   e) Synzoochore (Hamstersämlinge, z. B. *Secale cereale*)
3. Anthropochore (durch menschlichen Einfluß verbreitete Arten, z. B. *Chenopodium album*)
4. Hydrochore (Wasserverbreiter)
   a) Nautohydrochore (Schwimmer, z. B. *Cakile maritima*)
   b) Ombrohydrochore (Regenschwemmlinge, z. B. *Sedum acre*)
   c) Boleohydrochore (Regenstreuer, z. B. *Salvia pratensis*)

II. Autochore (Selbstverbreiter)
1. Beoleoautochore (Schleuderer, z. B. *Vicia cracca*)
2. Geoautochore (Selbstableger, z. B. *Cymbalaria vulgaris*)
3. Herpautochore (Kriecher, z. B. *Geranium pusillum*)
4. Barochore (Selbstsäer, z. B. *Quercus petraea*)
5. Cormautochore (Selbstpflanzer, z. B. *Fragaria vesca*)

Neben diesen Haupttypen der Verbreitungsweisen der Pflanzen gibt es noch einige Sondereinrichtungen, die mit den einzelnen Verbreitungsformen gekoppelt sein können. Auch sie spielen bei der Diasporenverbreitung eine Rolle:

Synaptospermie: Keimkoppelung (z. B. bei *Beta vulgaris*); in einem sogenannten „Rübenknäuel", einer besonderen Form eines Fruchtstandes, befinden sich mehrere Samen, die nach dem Keimen einen Pflanzenhorst bilden. In der Landwirtschaft müssen daher aus derartigem Saatgut hervorgegangene Rübenpflanzen vereinzelt oder „verzogen" werden.

Myxospermie: Die Oberfläche der Diasporen verschleimt, so daß sie leichter am Substrat haften (z. B. *Linum usitatissimum*).

Trypanospermie: Diasporen, die meist durch den Wind verbreitet werden und sich selbst in die Erde einzubohren vermögen (z. B. *Stipa capillata*).

Hygrochasie: Öffnen der Früchte bei feuchter Witterung (z. B. *Mesembrianthemum*).

Xerochasie: Öffnen der Früchte bei trockener Witterung (z. B. *Silene inflata*).

Pseudo-Viviparie: Bildung von vegetativen Diasporen in der Blütenregion (z. B. *Poa bulbosa*).

Viviparie: Entwicklung von Jungpflanzen aus Embryonen an der Mutterpflanze (z. B. *Rhizophora*).

Trotz der Mannigfaltigkeit der Einrichtungen, welche die Pflanzen zur Steigerung ihrer Wanderungsfähigkeit besitzen, müssen sie doch im allgemeinen als wanderungsträge bezeichnet werden. Das ist wohl weniger darauf zurückzuführen, daß ihre Verbreitungsmittel keine schnelle und wirksame Ausbreitung ermöglichen, sondern vielmehr darauf, daß nur selten freies und geeignetes Gelände zur weiteren Vergrößerung des Areals zur Verfügung steht. Außerdem sind bei der Beurteilung der Wirksamkeit von Verbreitungsmitteln stets die Umweltfaktoren, die biologischen Eigenheiten der Diasporenbildung und der Entwicklungsgang der Sippe zu berücksichtigen. Anemochorie hat z. B. in windarmen Gebieten keine Bedeutung, auf windumbrausten Inseln dürfte sie sogar oft nachteilig für die Verbreitung sein, da sie ein Hinauswehen der Diasporen auf das Meer zur Folge hätte.

Als Beispiel für die erstaunliche Stabilität von Pflanzenarealen können die mitteleuropäischen Vorkommen von Pflanzen gelten, die ihr Hauptentfaltungsgebiet in der Arktis und in den Alpen haben und seit der Nacheiszeit nur noch an vereinzelten Rückzugsstandorten in Mitteleuropa anzutreffen sind. So gibt z. B. J. Thal in seiner Sylva Hercynia 1588 solche Pflanzen (*Arabis alpina*) von Fundorten an, an denen sie auch heute noch festgestellt werden können. Daß aber auch diese Pflanzen sich in der heutigen Zeit noch auszubreiten vermögen, mag die Verbreitung von *Minuartia verna* vom Kupferberg bei Hettstedt aus auf die umliegenden Halden zeigen (vgl. Abb. 5 und 12). Auf dem Ausstreichenden des Kupferschieferflözes wird *Minuartia verna* seit der Nacheiszeit natürliche Standorte besessen haben, denn an diesen Standorten wird die schwermetallresistente, aber konkurrenzschwache Pflanze keiner Verdrängung ausgesetzt gewesen sein, da die meisten anderen Pflanzen den hohen Schwermetallsalzgehalt des Bodens nicht ertrugen. Mit dem Einsetzen des Bergbaues um das Jahr 1200 entstanden durch die erzarmes Gestein enthaltenden Bergwerkshalden neue Standorte, die sie besiedeln konnte. Sie breitete sich in den folgenden Jahrzehnten auf die entstandenen Halden aus, wird jedoch, je weiter die Halden vom Ausbreitungszentrum entfernt sind, immer seltener und fehlt auf den jüngsten Halden. Außerdem ist zu beachten, daß die Nord- und Nordwesthänge der Halden von *Minuartia verna* bevorzugt besiedelt werden. Das hat weniger seinen Grund darin, daß diese Seiten ein frischeres, kühleres Mikroklima aufweisen, sondern daß sie dem Verbreitungsstrom von *Minuartia verna* zugewandt sind, der durch die überwiegenden Nord- und Nordwestwinde bei Hettstedt vom Kupferberg nach Südosten gerichtet ist. Auf den jüngsten Halden ist *Minuartia verna* nicht zu finden, was den Schluß zuläßt, daß diese Pflanze Strecken von mehr als 3 km, in denen sie keine Ansiedlungsmöglichkeit findet, innerhalb kürzerer Zeiträume (wenige Jahrzehnte) nicht zu überwinden vermag.

Als klassisches Beispiel für die schnelle Ausbreitung von Pflanzen ist die pflanzliche Wiederbesiedlung der Insel Krakatau in der Sundastraße zu erwähnen. Im Jahre 1883 wurde die Vegetation der Insel durch einen Vulkanausbruch völlig vernichtet. Die nächstgelegenen Inseln Sebesi, Djawa und Sumatera sind

18 bis 90 km entfernt. Trotzdem wurden 1886 auf der Insel bereits wieder 15 Blütenpflanzen- und 8 Farnarten, 1896 35 Blütenpflanzen-, 7 Farnarten und 1 Moosart, 1904 58 Blütenpflanzen-, 4 Farn-, und 2 Moosarten und 1916 96 Blütenpflanzen-, 37 Farn- und 32 Pilzarten gezählt. Es wird angenommen, daß ein großer Teil der Pflanzen durch Meeresströmungen zur Insel gelangte, etwa ein Drittel durch den Wind und ein kleiner Teil durch Vögel.

Aus den genannten Beispielen ist schon ersichtlich, daß die einzelnen Pflanzen eine unterschiedliche Ausbreitungsfähigkeit und -schnelligkeit haben und auch Verbreitungsschranken in wechselndem Maße überwinden können. Während die auch Samen produzierenden Pflanzen mit Rhizomen jährlich nur eine kleine Strecke weiterwachsen, was sich allerdings im Laufe der Jahre auch zu größeren Entfernungen summieren kann, werden die äußerst leichten Samen mancher Epiphyten über sehr große Flächen und Entfernungen getragen. So sind z. B. Sporen über Hunderte von Kilometern verweht worden, auch schwebende Samen werden durch den Wind mehrere Kilometer weit befördert. Die Verbreitung einiger Diasporen ist in ihrem Ausmaß sehr unterschiedlich, wenn Tiere oder Menschen an ihrer Weiterverbreitung beteiligt sind. So wissen wir, daß die Diskontinuität im Areal von *Aldrovanda vesiculosa*, die außer ihren sehr zerstreuten Vorkommen in Europa noch Fundorte im Amurland, Japan, Ostindien, Afrika und Ostaustralien aufweist, mit großer Wahrscheinlichkeit auf eine Verbreitung durch Wasservögel zurückzuführen ist[1]).

Sehr zu beachten ist bei einer Betrachtung der Verbreitung einer Pflanzensippe auch die Möglichkeit der Veränderung der Verbreitungsweise der Pflanzen innerhalb ihres Areals. So bilden viele Pflanzen an der Grenze ihres Areals nur noch unregelmäßig Samen oder Sporen

[1]) Auf eine ähnliche Weise erklärt auch PRISZTER (1960) die Diskontinuität im Areal von *Wolffia arrhiza* in Ungarn, in Nordjugoslavien und in der ČSSR.

und vermehren sich weitgehend vegetativ, in Mitteleuropa z. B. *Cladium mariscus*, *Stratiotes aloides*, *Hydrocharis morsus-ranae* und *Ceratophyllum* spec.

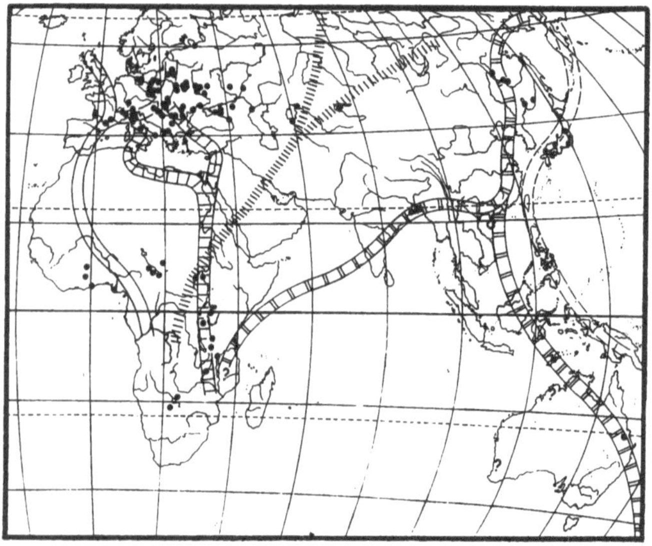

Abb. 13. Die Verbreitung von *Aldrovanda vesiculosa* und wichtige Vogelzugstraßen in der alten Welt.

Aus diesen Ausführungen kann bereits geschlossen werden, daß die Arealgröße keine bloße Funktion der Zeit sein kann, wie das WILLIS in seiner „Age and Area-Theorie" (1922—1940) behauptet. Sicher wird das Areal mit zunehmendem Alter immer größer werden können, seine wirkliche Größe kann aber durch alle möglichen Umweltfaktoren eingeschränkt werden. Da dies auch nach einer bereits erfolgten größeren Ausbreitung der Pflanze geschehen sein kann, müßte, wollte man der Age und Area-Theorie von WILLIS folgen, natürlich auch das Areal in der erdgeschichtlichen Vergangenheit betrachtet werden, das aber für die wenigsten Pflanzen genau bekannt ist.

Die Unhaltbarkeit der Age und Area-Theorie, wonach die ältesten Areale die größten sein müßten, wird auch bei Berücksichtigung der Vielzahl der Faktoren deutlich, die den Ausbreitungsbestrebungen der Pflanzensippen Einhalt gebieten können. Solche Verbreitungsschranken sind z. B. große Wasserflächen und hohe Gebirge, die dann oftmals die Eigentümlichkeit der Flora der von ihnen umschlossenen Gebiete bedingen. Verbreitungsschranken sind aber auch Böden, auf denen die sich verbreitenden Sippen nicht gedeihen können oder Pflanzengemeinschaften, in denen sie wegen der Konkurrenz mit anderen Pflanzen keine geeigneten Wachstumsbedingungen finden. So wird oft die Erreichbarkeit (Akzessibilität) eines Ortes für eine bestimmte Pflanzensippe entscheidend dafür sein, ob sie sich dorthin ausbreiten kann.

Weitaus die meisten Arealgrenzen sind jedoch nicht durch so leicht erkennbare Verbreitungsschranken wie Ozeane und Gebirge bedingt, sondern durch Änderungen bestimmter Umweltfaktoren, wie Wärme, Feuchitgkeit, Dauer der Vegetationszeit, die im engen Zusammenwirken mit anderen Faktoren einen Faktorenkomplex bilden, der in seiner Wirkung auf die Pflanze nur schwer zu deuten und zu entwirren ist. Der Wettbewerb und die Geschichte der Sippen spielt meistens auch noch eine Rolle bei der Festlegung der Arealgrenzen.

Neben der Ausbreitungsweise und der Zeit, die einer Art für ihre Verbreitung zur Verfügung stand, ist also eine ganze Reihe weiterer Faktoren, die oft auf mannigfache Weise miteinander verknüpft sein können, für die Arealgestalt einer Sippe verantwortlich.

3. Größe und Form der Areale

Bei der Betrachtung der Arealkarten von Pflanzensippen läßt sich eine Reihe von Eigenheiten erkennen, die vielen Arealen eigentümlich sind, also etwas Typisches in der Arealbildung darstellen.

So unterliegt schon die Größe der Areale sehr großen Schwankungen. Es gibt Areale, die sich über die meisten Kontinente erstrecken. Pflanzensippen, die ein solches Areal besitzen, werden als Kosmopoliten bezeichnet.

Kosmopolitismus ist bei Sippen in der systematischen Rangordnung der Familie noch relativ häufig; so besitzen die *Ranunculaceae*, *Scrophulariaceae*, *Asteraceae*, *Poaceae* und *Liliaceae* ein erdumspannendes Areal. Wesentlich seltener ist eine kosmopolitische Verbreitung bereits bei den Sippen in der systematischen Rangstufe der Gattung oder gar der Art. Kosmopolitische Gattungen sind z. B. *Polypodium* und *Drosera*. Weltweit verbreitete Arten gibt es, abgesehen von den Vertretern der niederen Abteilungen des Pflanzenreiches, nur sehr wenige. Daß die niederen Pflanzen häufig sehr weit verbreitet sind, liegt daran, daß viele Mikroorganismen und Sporenpflanzen sehr leicht zu verbreitende Diasporen haben. So sind z. B. Bakterien und Schimmelpilze, die an Staubteilchen in der Luft fast stets in lebensfähigem Zustand vorhanden sind, über die ganze Erde verbreitet. Ähnliches gilt auch für viele Planktonorganismen und für zahlreiche Flechten, die das Austrocknen vertragen und dann zum Teil in Form kleiner Bruchstücke oder Verbreitungseinheiten leicht durch den Wind über große Entfernungen verweht werden. Wesentlich geringer ist bereits die Zahl der Kosmopoliten unter den Moosen. Von ihnen sind vor allem *Bryum argenteum* und *Marchantia polymorpha* durch ihr erdumspannendes Areal ausgezeichnet.

Bei den Blütenpflanzen finden wir Arten mit weltweitem Areal vor allem unter den Wasserpflanzen (*Hippuris vulgaris*) sowie unter den Schuttpflanzen und Unkräutern (*Oxalis corniculata, Poa annua, Polygonum aviculare*).

Wesentlich größer ist die Anzahl der Arten, die zwar keine kosmopolitische Verbreitung aufweisen, deren Areal jedoch sehr groß ist und z. B. die gesamte Ausdehnung eines Kontinents oder mehrerer Kontinente umfaßt. Solche weitverbreiteten Sippen, die man als eurychor bezeichnen kann, finden sich z. B. in den Wäldern der nördlichen Halbkugel recht zahlreich (*Luzula campestris*, *Cardamine hirsuta*, *Vaccinium vitis-idaea*, *Linnaea borealis*). Auch unter den tropischen Pflanzen gibt es Arten, die über die ganzen Tropen verbreitet sind, also als eurychor bezeichnet werden können. Solche Pantropisten sind *Lycopodium cernuum*, *Asplenium nidus-avis* und *Pistia stratiotes*.

Die floristische Bewertung dieser eurychoren Sippen hängt davon ab, ob der Mensch mittelbar oder unmittelbar an ihrer Verbreitung beteiligt war. Es ist ja bei den meisten Arten zwischen der Größe des tatsächlichen Areals und der des potentiellen Areals zu unterscheiden, denn die meisten Sippen kommen durchaus nicht überall dort vor, wo die Standortbedingungen selbst bei Einbeziehung des Wettbewerbsfaktors für sie günstig wären.

Im Gegensatz zu den eurychoren Pflanzensippen besiedeln die stenochoren Pflanzen nur ein sehr kleines Areal (*Ulex nanus*; Abb. 14), *Erica tetralix*, *Fagus sylvatica*. Im Extremfall spricht man dann von Lokalendemiten. Endemismus bezieht sich immer auf einen bestimmten Raum, z. B. ein Gebirge, eine Insel, ein Land, einen Erdteil. Eine Sippe wird dann als endemisch für ein bestimmtes Gebiet bezeichnet, wenn ihr Areal dessen Grenzen nicht überschreitet. Es kann somit sowohl von einem nur an einen bestimmten Ort gebundenen Lokalendemismus gesprochen werden, aber auch von mitteleuropäischen, australischen, neotropischen Endemiten. Der Endemismus eines jeden Gebietes hat für dieses eine große Bedeutung, da er eine sehr wichtige floristische Charakteristik darstellt.

Bezeichnend für die Areale der endemischen Arten ist es, daß sie sich in besonders großer Zahl in abgeschlossenen Lebensräumen finden, denen ein reger floristischer Austausch mit den Nachbargebieten fehlt und in denen dann die Entwicklung der Pflanzenwelt oft ihre eigenen Wege einschlägt. Solche isolierten Gebiete sind z. B.

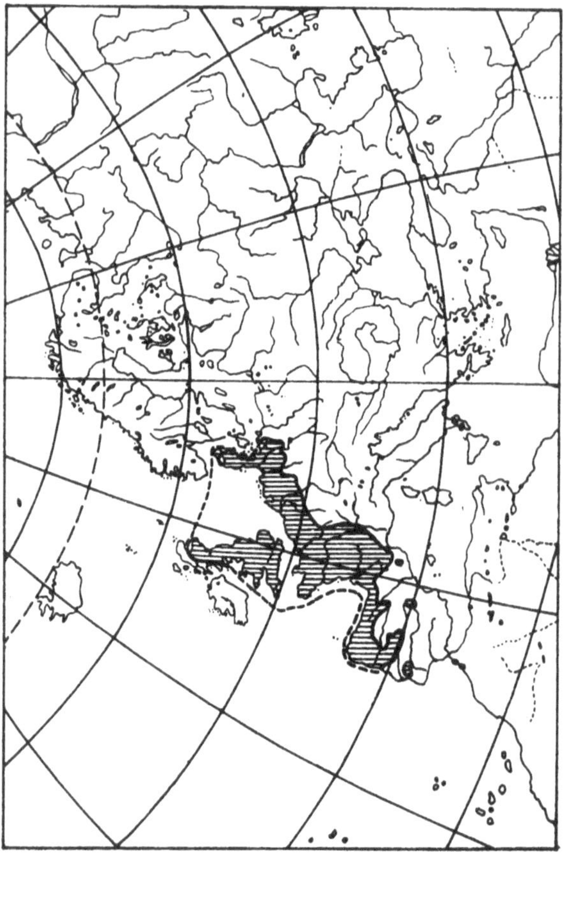

Abb. 14. Die Verbreitung von *Ulex nanus*. Aus SCHUBERT, Die zwergstrauchreichen azidiphilen Pflanzengesellschaften Mitteldeutschlands; Pflanzensoziologie, Band 11, Jena, 1960.

Inseln, die von den Nachbarkontinenten weit entfernt sind, aus dem Tiefland sich unvermittelt emporhebende Gebirge oder andersgeartete, z. B. durch bestimmte Böden isolierte Standorte (schwermetallsalzhaltige Standorte).

Es ist dabei zwischen einem Palaeo- oder Reliktendemismus und einem Neoendemismus zu unterscheiden. Relikt-, Palaeo-, konservative oder regressive Endemiten sind Sippen, die in vergangenen Zeiten sehr weit verbreitet gewesen sind, sich aber später auf ein eng begrenztes Gebiet zurückgezogen und die Möglichkeit zur Wiederausbreitung verloren haben. Es handelt sich dabei meist um genetisch alte Sippen, die oft ohne nähere Verwandte auch systematisch eine sehr isolierte Stellung einnehmen.

Als Beispiel für solch einen Reliktendemismus sei *Ginkgo biloba* genannt, eine Art, die nur in der Provinz Chekiang in China wildwachsend auftritt, an allen anderen Orten aber vom Menschen angepflanzt wurde. Sie gehört systematisch zu einer Gruppe von Arten, die im Jura und auch noch im Tertiär in sehr großer Formenmannigfaltigkeit in weiten Gebieten der nördlichen Halbkugel waldbildend verbreitet war. Gleichfalls auf eine Arealreduktion sind die beiden kleinen Wohnbezirke der *Sequoiadendron giganteum* in der kalifornischen Sierra Nevada zurückzuführen, denn im Tertiär war diese Art, wie zahlreiche Fossilfunde in den Braunkohlenflözen beweisen, über die ganze Nordhemisphäre verbreitet. Ganz entsprechend ist das heute punkthafte Vorkommen der 1944 in der Provinz Szechuan in China gefundenen *Metasequoia glyptostroboides* zu erklären, einer Art, deren Gattung eine Zwischenstellung zwischen *Sequoia* und *Taxodium* einnimmt und auf Grund von Fossilfunden im Jungtertiär Japans 1941 aufgestellt wurde (Abb. 15). Gleichfalls konservativen Charakters dürfte das Areal der berühmten *Welwitschia mirabilis* sein, die nur in einem schmalen, landeinwärts gelegenen Saum der Namibwüste an der Grenze von Südangola und dem

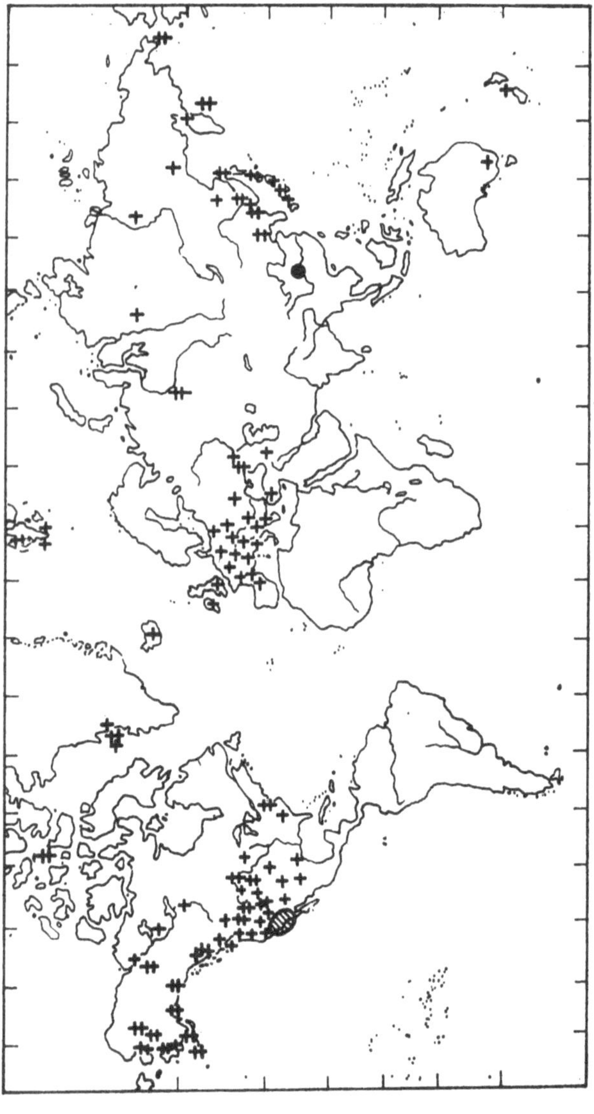

Abb. 15. Die Verbreitung von *Sequoia* und *Metasequoia*. Heutige Verbreitung von *Sequoia* schraffiert, ● – *Metasequoia*, + – fossile Vorkommen von *Sequoia* ‡ – fossile Vorkommen von *Metasequoia*. Nach HULTEN, aus WALTER, Einführung in die Phytologie, Stuttgart, 1954.

nördlichen Südwestafrika vorkommt. Reliktendemiten sind weiterhin die auf Nordostspanien beschränkten Arten der Gattung *Ramondia* und die nur auf dem Nordwestbalkan vorkommenden Arten der Gattung *Haberlea*, zwei Gattungen, die zur Familie der Gesneriaceae gehören. Die Saxifragacee *Zahlbrucknera paradoxa* in Kärnten und Steiermark und die Rosacee *Sanguisorba dodecandra* in den inneren Bergamasker Alpen im Velthin — beide sind systematisch in Europa ohne Anschluß — sind mit ihren kleinen Arealen vielleicht auch als Palaeoendemismen zu werten.

Den größten Anteil an der Zahl der Endemiten eines Landes nehmen im allgemeinen die Neo- oder progressiven Endemiten ein. Es handelt sich bei ihnen meist um Kleinarten von Gattungen, die in reger Artbildung begriffen sind. Dabei kommt es auf Inseln, in Gebirgen oder auf anderweitig isolierten Standorten zu neuen Sippen, die sich jedoch wegen der Isolierung ihrer Standorte nicht ausbreiten können. So weisen z. B. unsere Alpen etwa 200 solcher Neoendemiten auf, an deren Bildung besonders die Gattungen *Saxifraga*, *Daphne*, *Primula*, *Androsace* und *Gentiana* beteiligt sind. Auf den Inseln hängt die Anzahl der Neoendemiten naturgemäß von dem Alter der Abtrennung der betreffenden Insel vom Festland und von der Stärke ihrer Isolierung ab. Auf den Kanaren sind etwa 37% aller Arten Endemiten, auf Madagaskar 66%, auf Neuseeland 92%, auf St. Helena 85% und auf Hawaii nach GOOD (1951) sogar 90%. Auch auf Halbinseln können sich viele Neoendemiten bilden, wenn die floristischen Verbindungen zu den Kontinenten durch verschiedene Verbreitungsschranken erschwert werden. So sind z. B. auf der Iberischen Halbinsel, die vom übrigen Europa durch die Pyrenäen und von Afrika durch die Meerenge von Gibraltar getrennt ist, etwa 27% aller einheimischen Arten endemisch. Zahlreiche Neoendemiten weist z. B. auch ein scheinbar so offenes Gebiet wie die osteuropäische Ebene auf. Sie erscheinen hier inmitten der riesigen Lößfläche auf den isolierten Felsentblößungen, auf den Sandinseln oder an dem Meereslitoral (LAWRENKO 1956). Auf die Kreidefelsen am Donez sind beschränkt: *Festuca cretacea, Thymus cretaceus, Erysimum cretaceum,* auf die Kreidefelsen an der Krynka, einem Nebenfluß des Mius: *Erysimum krynkense, Cynanchum intermedium*; an beiden Orten kommt *Artemisia hololeuca* vor. Als Endemiten der Kalkfelsen westlich des Dnjepr können *Cytisus scorbiszewskii* und *Pyrethrum millefoliatum-odessanum* gelten. An die Granitfelsenentblößungen bei Mariupol am Asowschen Meer sind *Erodium steveni-beketowi, Thymus graniticus, Achillea glaberrima* und *Centaurea pseudoleucolepis* gebunden, an die Granitfelsen am Bug und Ingul *Dianthus hypanicus.* Auf den Sandinseln erscheinen *Thymus borysthenicus* und an den Meeresküsten die litoralen Endemiten *Statice meyri, Atropis distans-fominii* und *Lepidium crassifolium-sywaschicum.*

Selbst in Mitteleuropa, das doch ein nach Nord, Ost und West offenes Lebensgebiet der Pflanzen darstellt, gibt es Neoendemiten. So sind z. B. die schwermetallsalzhaltigen Standorte des zentralen Mitteleuropas, der nördlichen BRD und Belgiens durch *Armeria halleri* und *Viola calaminaria* ausgezeichnet. Eine besondere Art der Gattung *Armeria, Armeria bottendorfensis* besiedelt die schwermetallsalzhaltigen Standorte Bottendorfs an der Unstrut, und die nur in wenigen Exemplaren vorhandene *Armeria hornburgensis* ist nur auf dem Ausstreichenden des Kupferschieferflözes des unteren Zechsteines bei Hornburg (östliches Harzvorland) zu finden. In gewisser Weise kann man auch die hybridogene Art *Sorbus intermedia,* die nur im Ostseegebiet unter Einschluß von Schweden spontan vorkommt, als mitteleuropäischen Endemiten betrachten. Schließlich ist es möglich, daß sich unter den jungen Arten der kritischen Gattungen *Hieracium* und *Rubus* noch einige für Mitteleuropa endemische Sippen befinden.

Bei den Neoendemiten taucht häufig die Frage auf, ob es sich bei ihnen wirklich um gute Arten handelt oder nur um Ökotypen im Sinne von Turesson. Damit aber wird gleichzeitig auf die Tatsache hingewiesen, daß die Größe des Areals in vielen Fällen auch durch die Weite des Artbegriffes bestimmt wird. Je weiter man den Artbegriff faßt, desto größer wird das entsprechende Areal sein. Betrachtet man z. B. das Areal von *Anemone nemorosa* im weiten Sinne, so nimmt diese Art weite Teile von Europa, Nordamerika und Ostasien ein; nur im sibirischen Raum wird sie von *Anemone altaica* abgelöst. Faßt man jedoch den Artbegriff eng, so ist *Anemone nemorosa* nur auf Europa beschränkt, während in Nordamerika *Anemone americana* und Ostasien *Anemone amurensis* ihr eigenes Areal besitzen (Abb. 16).

Dieses Beispiel mag zeigen, wie eng die Arealkunde mit der Systematik verbunden ist. Die moderne Auffassung der Sippen, die in ihnen die den Außenkräften entsprechenden Bildungen sieht, bedingt meist einen engeren Artbegriff und muß somit die stenochore Verbreitung der Sippen als die Regel erwarten, denn bei den sich schnell wandelnden Außenkräften müssen sich auch die ihnen entsprechenden Bildungen ändern.

Es gibt jedoch nicht die Größe allein einem bestimmten Areal sein ihm eigenes Gepräge und seine Bedeutung, sondern es gesellt sich zur Größe noch die Form der Verteilung der das Areal bildenden Individuen. Lassen sich die Fundorte einer Sippe von einer zusammenhängenden Umrißlinie begrenzen, ohne daß Absplitterungen vom eigentlichen Verbreitungsgebiet auftreten, dann spricht man von einem zusammenhängenden oder kontinuierlichen Areal. Werden die Lücken zwischen den Individuen einer Sippe jedoch so groß, daß sie mit Hilfe der natürlichen Verbreitungsmittel nicht andauernd überbrückt werden können, dann wird die Kontinuität des Areals als gestört betrachtet. Diese Grenze des biologischen Zusammenhanges der Sippen wird als Disjunktionsschwelle bezeichnet; wird sie überschritten, liegt ein zerstückeltes, diskontinuierliches oder disjunktes Areal vor. Die Grenze zwischen kontinuier-

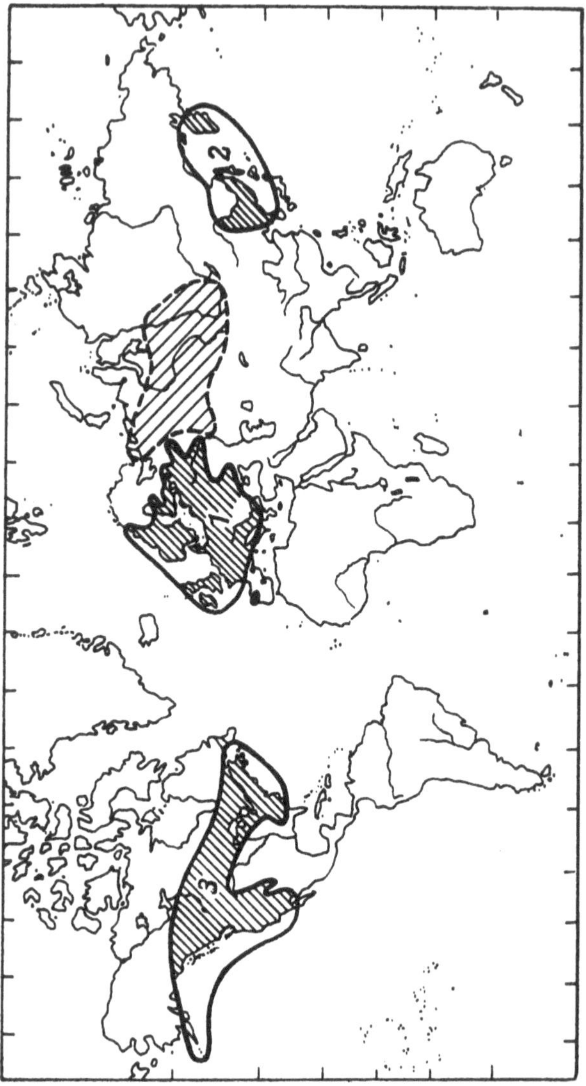

Abb. 16. Die Verbreitung des Buschwindröschens (*Anemone nemorosa*) im weiten Sinne (dicht schraffiert), 1 – die Art in engem Sinne, 2 – *A. amurensis*, 3 – *A. americana*. Weit schraffiert ist das Areal von *A. altaica*. Nach HULTEN, aus WALTER, Einführung in die Phytologie, Stuttgart, 1954.

lichem und disjunktem Areal ist nicht immer leicht zu ziehen, da viele Pflanzen am Rande ihres Areals eine Auflockerung der Dichte ihres Vorkommens aufweisen. Dies kann dazu führen, daß vom Hauptareal einige kleine Arealteile – Exklaven – absplittern, die entweder als Vorposten gelten können, wenn die Sippe in sprunghafter Erweiterung ihres Areals begriffen ist (*Elodea canadensis, Senecio vernalis, Mulgedium tataricum*), meist jedoch als Relikte, als Reste eines früher größeren und geschlossenen Areals betrachtet werden. Die Arealreduktion, die mit der Ausbildung von Reliktarealen verbunden sein muß, braucht nicht in der Gegenwart vor sich zu gehen, sondern kann sich in der Vergangenheit abgespielt haben (z. B. *Dryas octopetala, Pinus sylvestris* (Abb. 17), *Hippophae rhamnoides*).

Nicht immer steht bei einem disjunkten Areal ein Hauptareal einer Exklave gegenüber, sondern es können auch zwei oder mehrere gleichgroße Teilareale vorhanden sein. Im Bereich einer Art haben wir bei *Aldrovanda vesiculosa* ein solche echte Diskontinuität vor uns. Sie wurde u. a. in Gewässern in Südfrankreich, Italien, am Bodensee, in Südtirol, in der Deutschen Demokratischen Republik, Polen, im südlichen Teil der UdSSR, in Afrika, Ostindien, im Amurgebiet, Japan, auf den Sunda-Inseln und in Ostaustralien gefunden. Andere Beispiele solcher diskontinuierlicher Areale bilden, wenn auch im kleineren Maße, mehrere Alpenpflanzen, die wie *Pedicularis rosea* in den Westalpen und Ostalpen ein etwa gleichgroßes Gebiet besiedeln, das durch eine große Verbreitungslücke getrennt ist.

Das Vorkommen disjunkter Areale beschränkt sich aber nicht nur auf den Bereich der Arten, sondern kann auch bei Gattungen und Familien beobachtet werden. Ein sehr schönes Beispiel für ein disjunktes Gattungsareal bildet die Gattung *Fagus*. Einige sich in den einzelnen Gebieten ersetzende Arten sind im südöstlichen Nordamerika, in Europa und Vorderasien und endlich in Ostasien zu finden, also in drei weit voneinander ent-

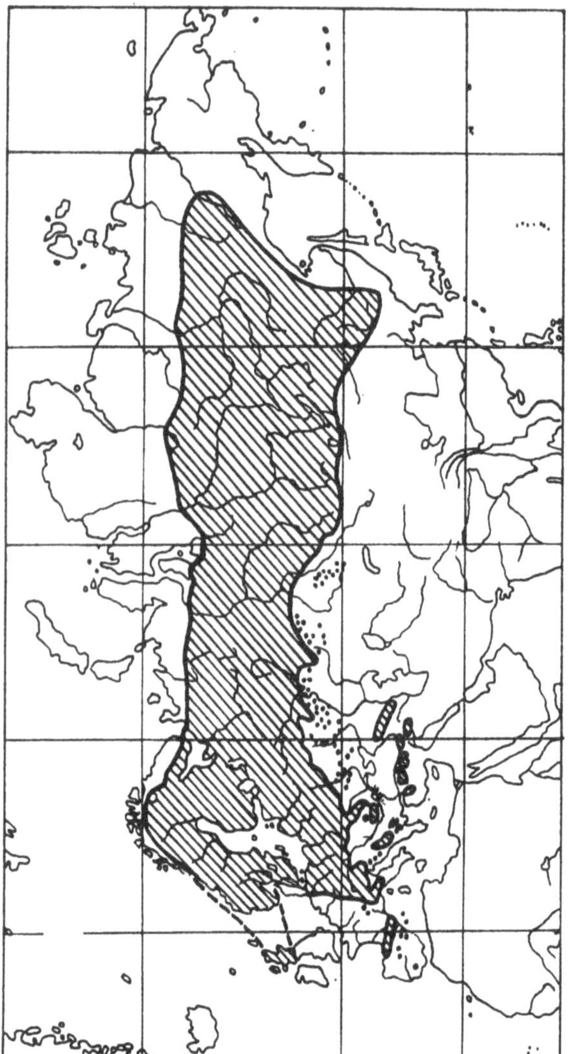

Abb. 17. Die Verbreitung von *Pinus sylvestris*. Nach LINKOLA, aus MEUSEL, Vergleichende Arealkunde, Berlin 1943.

fernten Gebieten der Nordhalbkugel. Das gegenseitige Ersetzen nahe verwandter Arten in verschiedenen Gebieten wird als Vikarianz, die sich ersetzenden Arten werden als vikariierende Arten bezeichnet.

Auf der Südhalbkugel wird die Gattung *Fagus* durch die Gattung *Nothofagus* abgelöst, die im südwestlichen Südamerika, im südöstlichen Australien, in Neuseeland und Neuguinea vorkommt.

Als weiteres Beispiel eines disjunkten Gattungsareals mag das der Gattung *Cedrus* erwähnt sein (Abb. 10). Durch große Verbreitungslücken getrennt, liegen die Areale der Arten der genannten Gattung im Atlas Nordwestafrikas, auf Zypern, im cilizischen Taurus, am Amanus und Libanon sowie im nordwestlichen Himalaja.

Daß sogar Familien eine disjunkte Verbreitung aufweisen können, mag das Areal der Familie der Proteaceae beweisen (Abb. 18). Ihre Arten kommen in Südamerika, im tropischen und südlichen Afrika und vom südöstlichen Asien nach Australien und Neuseeland hin vor. Die Verbreitung ist streng disjunkt, denn alle Teilareale sind voneinander unabhängig und können als annähernd gleichwertig angesehen werden.

Eine letzte Möglichkeit für die Entstehung disjunkter Areale, die polytope Entstehung der Sippen, soll nicht unerwähnt bleiben. Es ist beobachtet worden, daß Mutanten sowie zerschlitztblättrige Formen, Trauerwuchs usw. mehrmals und an verschiedenen Stellen der Erde auftraten. Es wird deshalb z. B. von Rikli angenommen, daß die Zwergform des Wacholders (*Juniperus communis* var. *nana*) einmal im hohen Norden und ein anderes Mal in den südlicheren Gebirgen entstanden ist, denn sie ist in beiden Fällen durch Übergänge mit der Stammform verbunden. Auch die schmalblättrige Form von *Ruscus aculeatus*, die einmal am Schwarzen Meer, zum anderen aber auch in Kleinasien und am Comersee beobachtet werden kann, ist vielleicht mehrfach entstanden und erhielt dadurch ihr disjunktes Areal.

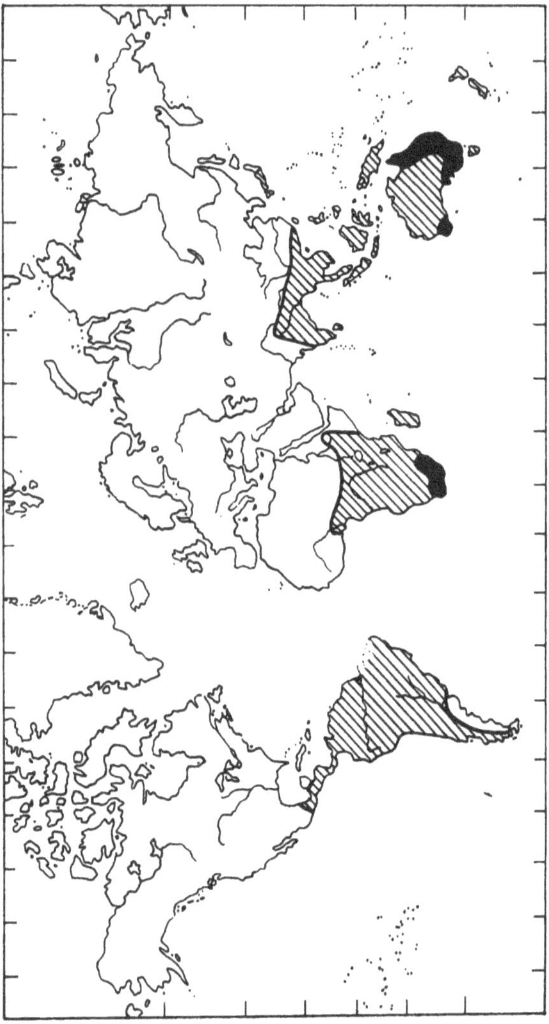

Abb. 18. Die Verbreitung der Familie der *Proteaceae*, Hauptverbreitungsgebiete schwarz. Nach HULTEN aus WALTER, Einführung in die Phytologie, Stuttgart, 1954.

4. Areale als Grundlage der floristischen Gliederung der Erdräume

Werden zahlreiche Pflanzenareale nach ihrer Größe, Form und vor allem nach ihrer geographischen Lage verglichen, so ist festzustellen, daß sich aus den zahlreichen Einzelarealen Gruppen von Arealen herausfinden lassen, die sich durch ähnliche Lage, Größe und Form auszeichnen. Eine solche Arealgruppe mit ihrer spezifischen erdräumlichen Einordnung wird als Arealtypus (Wangerin, 1932; Meusel, 1943) bezeichnet. Zu einem Arealtypus können die Areale der verschiedenwertigsten Sippen gehören (Art, Gattung, Familie). Sehr große Schwierigkeiten macht die Benennung eines solchen Arealtypes, da die Namen meist nur für einen Teil zutreffen.

Meusel, Jäger und Weinert (1965) versuchen, die Beschreibung der Areale durch ein über die Erde gelegtes Koordinatensystem zu ermöglichen und damit gleichzeitig das Erkennen von Arealtypen zu erleichtern. Für die Festlegung der Koordinaten nutzen sie in erster Linie die Tatsache, daß zahlreiche Gebiete einen großen Florenunterschied aufweisen. Dieser Florenunterschied wird an der Anzahl der bei zwei Vergleichsgebieten nicht übereinstimmenden Sippen (Florenkontrast) gemessen. Zwischen zwei Gebieten mit einem großen Florenkontrast muß auch ein steiles Florengefälle bestehen, unter dem man die Kontrastzahl auf 100 km versteht. Größe des Florenkontrastes und Steilheit des Florengefälles sind Maßstäbe für den Grad der floristischen Unterschiede zweier Gebiete und für die Lage und Schärfe der Grenzräume zwischen ihnen. Wo Florenkontrast und Florengefälle groß sind, verlaufen die Koordinaten von Meusel, Jäger und Weinert. Da jedoch oftmals die Arealgrenzen nur ungenau bekannt sind und auch die Auswahl der für die Festlegung des Florenkontrastes verwendeten Arten subjektiv ist, wurden

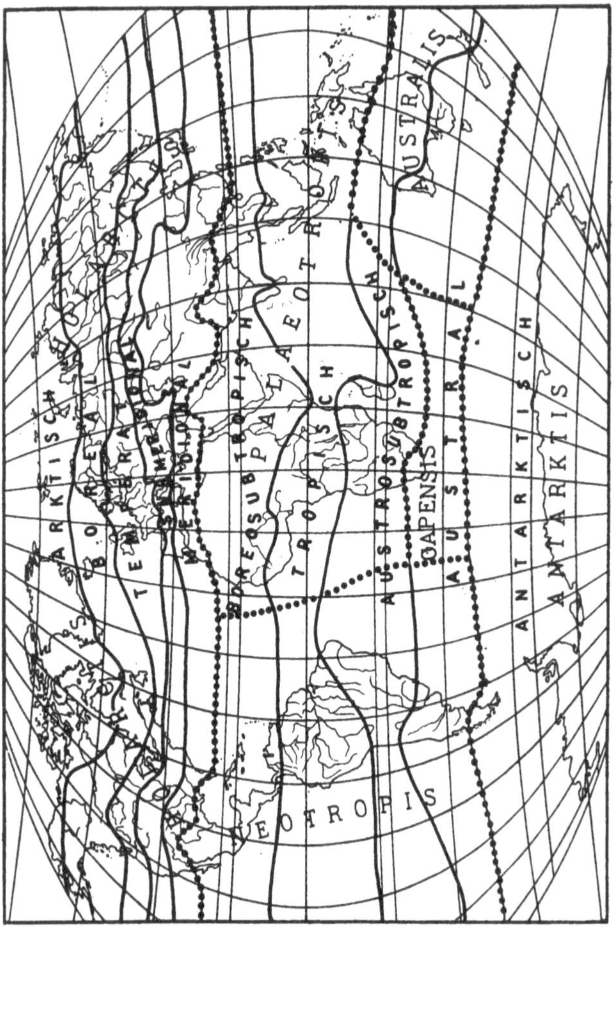

Abb. 19. Die Florenreiche und Florenzone der Erde. Nach MEUSEL, JÄGER, WEINERT. VEB Gustav Fischer Verlag, Jena, 1965.

zur Festlegung der Koordinaten in zweiter Linie auch Vegetationsgrenzen herangezogen, die sich meistens leichter feststellen lassen und z. T. auch ein Ausdruck der Florenunterschiede sind (vgl. Meusel, 1959 und 1962).

Am Beispiel der nördlichen, außertropischen Zone der Nordhalbkugel, speziell Eurasiens, soll versucht werden, die Gliederung von Meusel, Jäger und Weinert zu demonstrieren. Der nord-südlichen Lage der Areale wird durch eine Gliederung des genannten Gebietes in mehrere Florenzonen Rechnung getragen (Abb. 19). Es werden sowohl in Eurasien als in der ganzen nördlichen außertropischen Zone der Nordhalbkugel unterschieden:

1. Die arktische Florenzone. Zu ihr werden die Arealtypen gerechnet, die ihre Hauptverbreitung im Tiefland der arktischen Zone haben, aber auch in den Gebirgen der südlicheren Zonen ausgedehntere Areale aufweisen können. Hierher sind z. B. zu rechnen: *Minuartia verna* (vgl. Abb. 20), *Lycopodium alpinum*, *Arctostaphylos alpina*.
2. Die boreale Florenzone. Hierher gehören die Areale, die mit ihrem Hauptareal im nördlichen Teil der gemäßigten Zone liegen, sich aber z. T. auch auf die Berglagen der südlicheren Zonen erstrecken. Beispiele: *Larix decidua*, *Pinus sylvestris* (vgl. Abb. 17) und *Empetrum nigrum*.
3. Die temperate (boreomeridionale) Florenzone mit den Arealen, die ihre Hauptflächenausdehnung im mittleren Teil der gemäßigten Zone haben, gelegentlich aber auch bis in die Berglagen der südlich anschließenden Zone reichen können. Beispiele: *Fagus sylvatica* (vgl. Abb. 21), *Quercus petraea*, *Lilium martagon*, *Brachypodium pinnatum*.
4. Die submeridionale Florenzone. In ihr herrschen wärmeliebende Laubwälder und Steppen. Bezeichnende Sippen dieser Zone sind z. B. *Quercus pubescens* und *Adonis vernalis*.

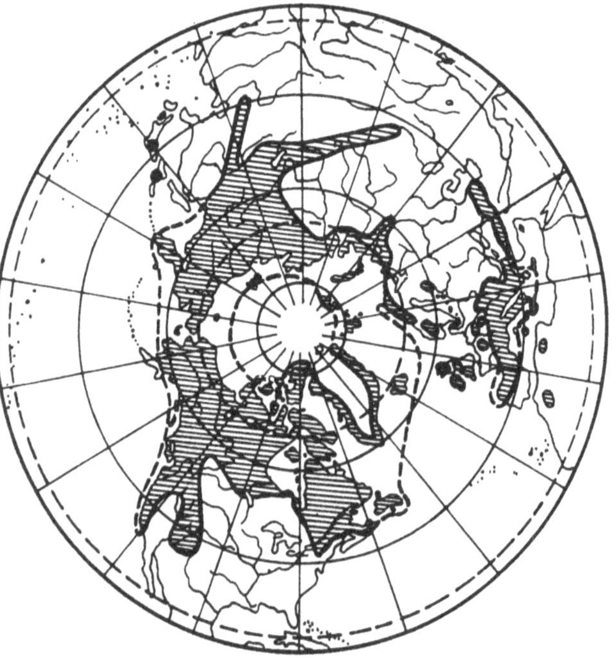

Abb. 20. Die Verbreitung von *Minuartia verna*. Nach LINKOLA, aus MEUSEL, Vergleichende Arealkunde, Berlin 1943.

5. Die meridionale Florenzone. Sie umfaßt diejenigen Areale, die auf den südlichen Teil der gemäßigten Zone beschränkt sind, z. B. das Areal von *Quercus ilex*, *Quercus suber*, *Quercus coccifera*, *Cistus salviifolius* (Abb. 22).

Die Betrachtung der Areale der genannten Pflanzen lehrt jedoch bereits, daß eine Beschränkung auf horizontal verlaufende Koordinaten nicht ausreicht, sondern außerdem durch senkrechte Koordinaten die peripher-zentralen Lageunterschiede der Arealtypen berücksichtigt werden müssen. Nach den Florenkontrasten der verschiedenen Gebiete, die durch die verschieden starke

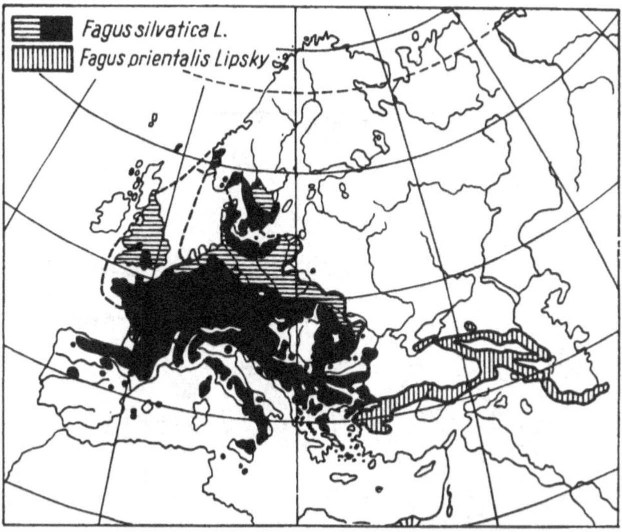

Abb. 21. Umrißkarte der Verbreitung der Rotbuche (*Fagus sylvatica*) und der Orientbuche (*Fagus orientalis*). Nach LINKOLA, aus MEUSEL, Vergleichende Arealkunde, Berlin 1943.

Ozeanität oder Kontinentalität des Klimas bedingt sind, gliedern MEUSEL, JÄGER, WEINERT (1965) durch Einschalten von sechs Koordinaten die Florenzonen in jeweils 6 Arealtypenkreise mit der Bezeichnung ozeanisch I (am stärksten ozeanisch ausgeprägt), ozeanisch II und ozeanisch III (am schwächsten ozeanisch getönt), kontinental III (am schwächsten kontinental) kontinental II und kontinental I (am stärksten kontinental geprägt) (Abb. 23). Ist eine Art von Ozean zu Ozean in der ganzen Florenzone verbreitet, so wird sie als zirkumpolar bezeichnet; ist sie nur auf einen Kontinent beschränkt, so wird der Kontinent angegeben, also z. B. eurasisch oder amerikanisch. Erstreckt sich ein Areal über mehrere Florenzonen, so kann auch das durch die Namen der beiden Zonenbezeichnungen angegeben werden, z. B. arktisch-boreal. Bindungen an bestimmte

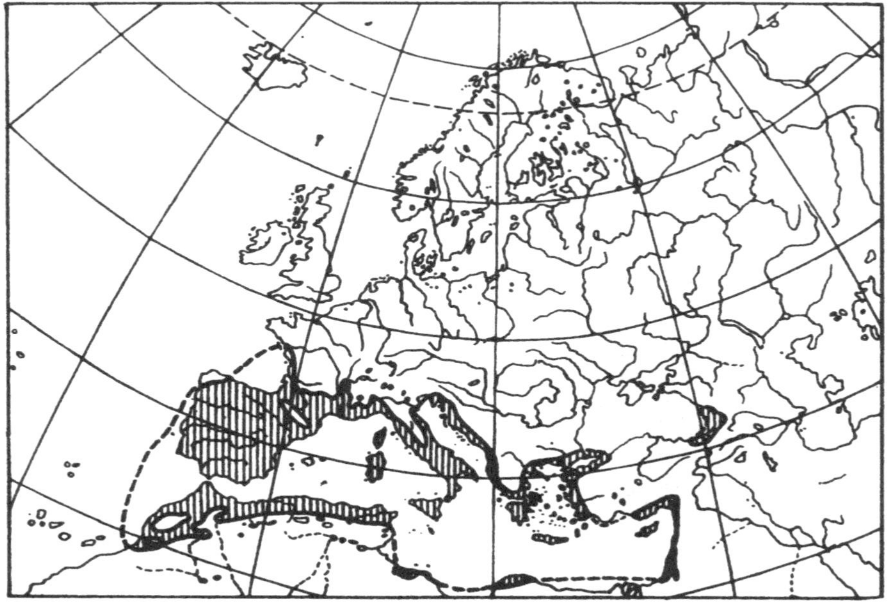

Abb. 22. Die Verbreitung von *Cistus salviifolius*. Aus SCHUBERT, Die zwergstrauchreichen, azidiphilen Pflanzengesellschaften Mitteldeutschlands, Pflanzensoziologie, Band 11, Jena, 1960.

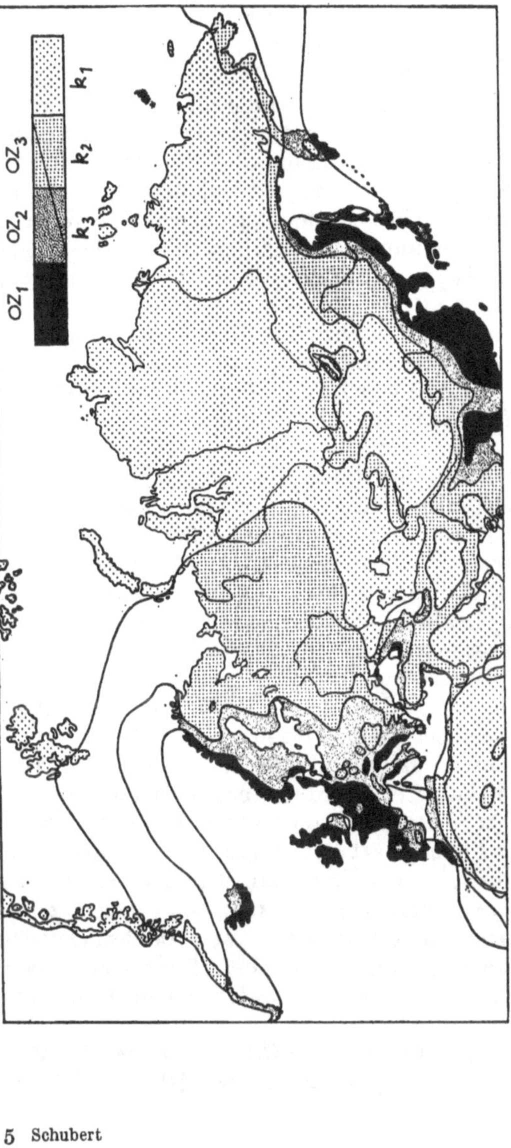

Abb. 23. Kontinentalitäts- und Ozeanitätsstufen in Eurasien. Nach MEUSEL, JÄGER, WEINERT. VEB Gustav Fischer Verlag, Jena, 1965.

Höhenstufen werden durch Zusätze wie alpin, montan, kollin oder planar gekennzeichnet.

Durch dieses Koordinatensystem ist es möglich, jedes beliebige Areal zu umschreiben. Schauen wir uns daraufhin das Areal der Gattung *Fagus* an, so müssen wir es als meridional (montan)-temperat, ozeanisch I—III, zirkumpolar nordhemisphärisch bezeichnen. *Fagus sylvatica* (Abb. 21) hätten wir entsprechend als europäisch meridional (montan)-temperat, ozeanisch I—II zu definieren: *Fagus orientalis* als meridional (montan), ozeanisch II.

Dieses geschilderte Ordnungssystem der Areale ermöglicht es, das Gesamtareal einer Pflanze zu erfassen und nicht nur einen Teil. Aber auch hier muß natürlich das Häufungszentrum einer Sippe Berücksichtigung finden.

In den Vordergrund rückt die Beachtung des Häufungszentrums bei einer Einteilung der Areale nach Florenelementen, worunter wir die jeweils für eine bestimmte pflanzengeographische Region oder allgemeiner für ein bestimmtes Florengebiet bezeichnenden Arten verstehen wollen. Sippen also, die in dem betreffenden Florengebiet ihre Hauptverbreitung haben. Dabei wird oft das Gesamtareal nicht berücksichtigt.

Die Gliederung der Areale nach Florenelementen führt, wie wir noch sehen werden, zu einfacheren Namen für bestimmte Arealgruppierungen, als sie bei Anwendung des geschilderten Koordinatensystems erzielt werden, sie hat sicher Vorteile bei stenochoren Arten, die auf ein bestimmtes Florengebiet beschränkt sind, hat aber auch große Nachteile bei der Festlegung der Arealbezeichnung für eurychore Sippen. Auch hier kann von Doppelbezeichnungen (arktisch-boreal) und von Abschwächungen durch Vorstellen der Silbe sub- Gebrauch gemacht werden, was jedoch die gezeigten Schwierigkeiten nicht aufhebt.

Am Beispiel Europas sei die Gliederung eines Gebietes auf Grund der Hauptverbreitungsgebiete der Floren-

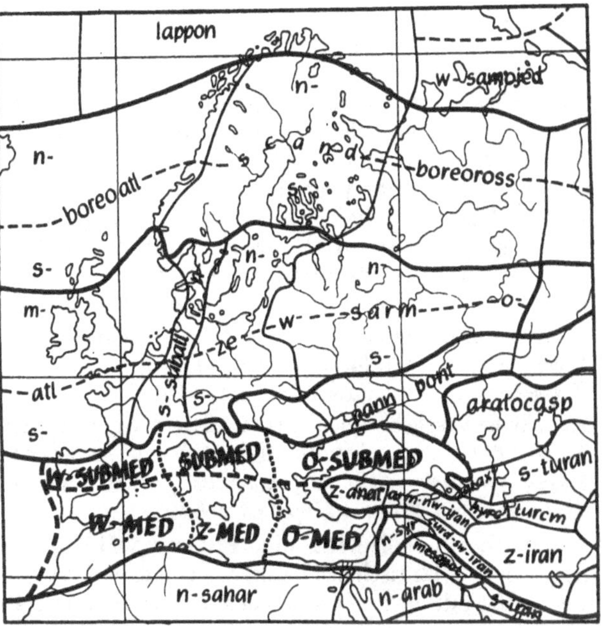

Abb. 24. Die Geoelemente Europas und Nordafrikas. Nach MEUSEL, JÄGER, WEINERT, VEB Gustav Fischer Verlag, Jena, 1965.

elemente, auch Geoelemente genannt, dargestellt (Abb. 24).

Eine stärkere Vereinfachung nimmt in seiner Übersicht über die bis nach Mitteleuropa einstrahlenden Geoelemente WALTER 1954 vor.

Arktisches (arktisch-alpin)
Boreales (boreal-montan)

Atlantisches	Mitteleuropäisches	Südsibirisches
Mediterranes	Pontisches	Turanisches

Beispiele für die wichtigsten Geoelemente Europas nach der Gliederung von WALTER 1954:

1. Arktisches bzw. arktisch-alpines Geoelement: Es umfaßt die Arten, die ihre Hauptverbreitung in der Tundrenzone und gelegentlich auch in den entsprechenden Vegetationstypen der Gebirge der südlicheren Breiten Europas haben. Als Beispiele seien genannt: *Phyllodoce coerulea*, *Arctostaphylos alpina* und im weiten Sinne auch *Minuartia verna* (Abb. 20).
2. Boreales Geoelement. Es enthält die Arten mit der Hauptverbreitung in der nördlichen Nadelwaldzone. Beispiele: *Picea abies*, *Pinus sylvestris* (Abb. 17), *Empetrum nigrum*, *Vaccinium vitis-idaea*.
3. Mitteleuropäisches Geoelement: Es wird von den Arten der Laubwaldzone gebildet, wie z. B. von *Fagus sylvatica* (Abb. 21), *Quercus petraea*, *Genista tinctoria* (Abb. 25) und *Hepatica nobilis*.
4. Atlantisches Geoelement mit Pflanzen, die in der Zone der atlantischen Zwergstrauchheiden, welche das Gebiet mit extrem atlantischem Klima von Mittelnorwegen bis nach Portugal einnehmen, ihren Verbreitungsschwerpunkt haben. Beispiele: *Erica cinerea*, *Ulex nanus* (Abb. 14), *Genista anglica* (Abb. 26).
5. Mediterranes Geoelement: Hierher sind die Pflanzen der Hartlaubzone des Mittelmeergebietes zu rechnen wie *Quercus ilex*, *Cistus salviifolius* (Abb. 22), *Lavandula stoechas*.
6. Pontisches Geoelement: Es wird von den Arten der Steppenzone gebildet, so z. B. von *Iris pumila*, *Jurinea cyanoides*, *Cytisus austriacus* und im weiten Sinn auch von *Adonis vernalis*.
7. Südsibirisches Geoelement mit Pflanzen, die in der Zone der lichten Birkenhaine, die sich zwischen den borealen Nadelwald und die Steppen einschaltet, ihre Hauptverbreitung haben. Beispiele: *Pulsatilla patens*, *Carex ericetorum* (Abb. 27), *Astragalus danicus*.

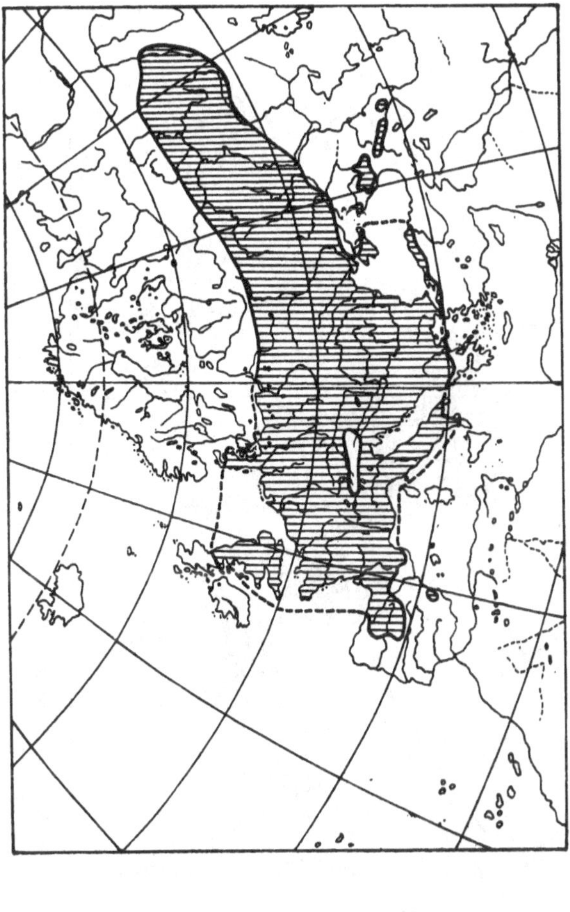

Abb. 25. Die Verbreitung von *Genista tinctoria*. Aus SCHUBERT, Die zwergstrauchreichen azidiphilen Pflanzengesellschaften Mitteldeutschlands, Pflanzensoziologie, Band 11, Jena, 1960.

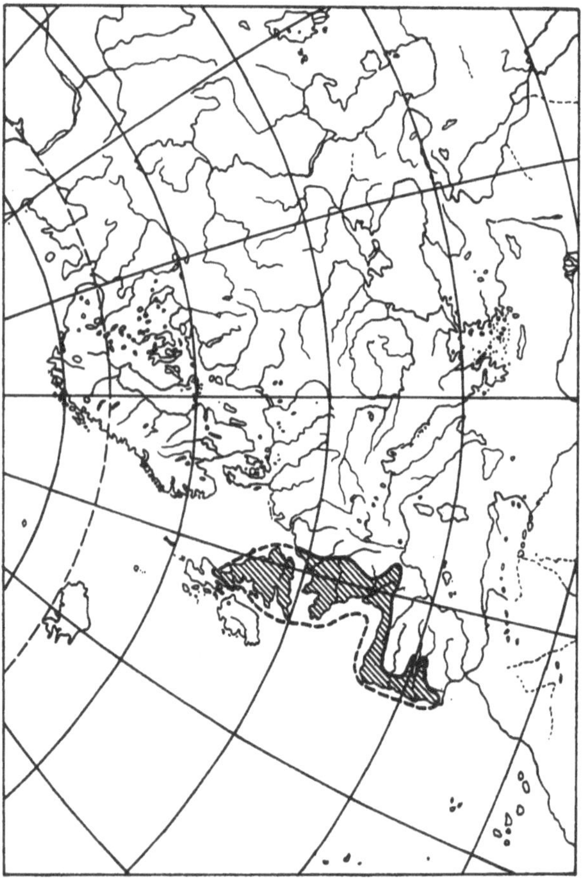

Abb. 26. Die Verbreitung von *Genista anglica*. Aus SCHUBERT, Die zwergstrauchreichen, azidiphilen Pflanzengesellschaften Mitteldeutschlands, Pflanzensoziologie, Band 11, Jena, 1960.

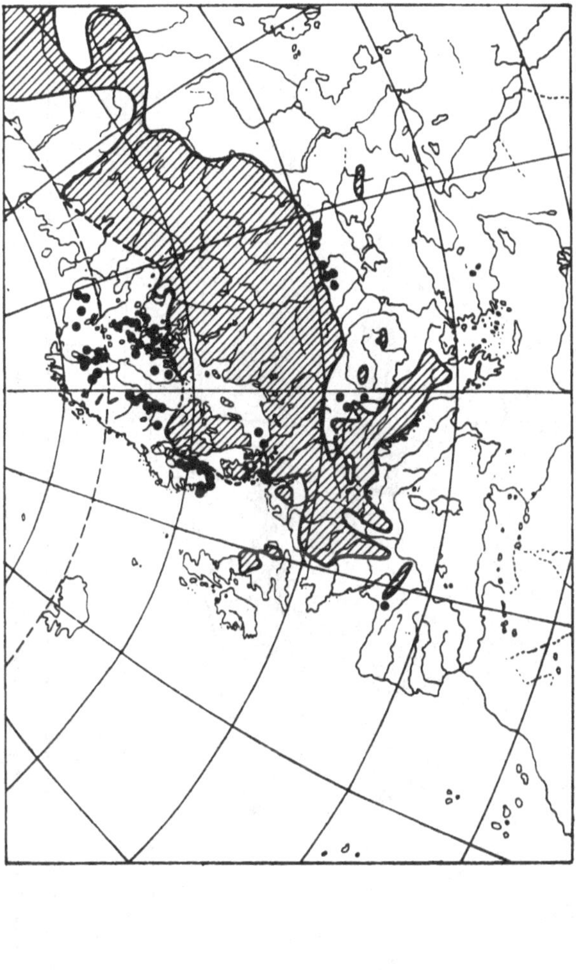

Abb. 27. Die Verbreitung von *Carex ericetorum*. Nach MEUSEL, JÄGER, WEINERT. VEB Gustav Fischer Verlag, Jena, 1965.

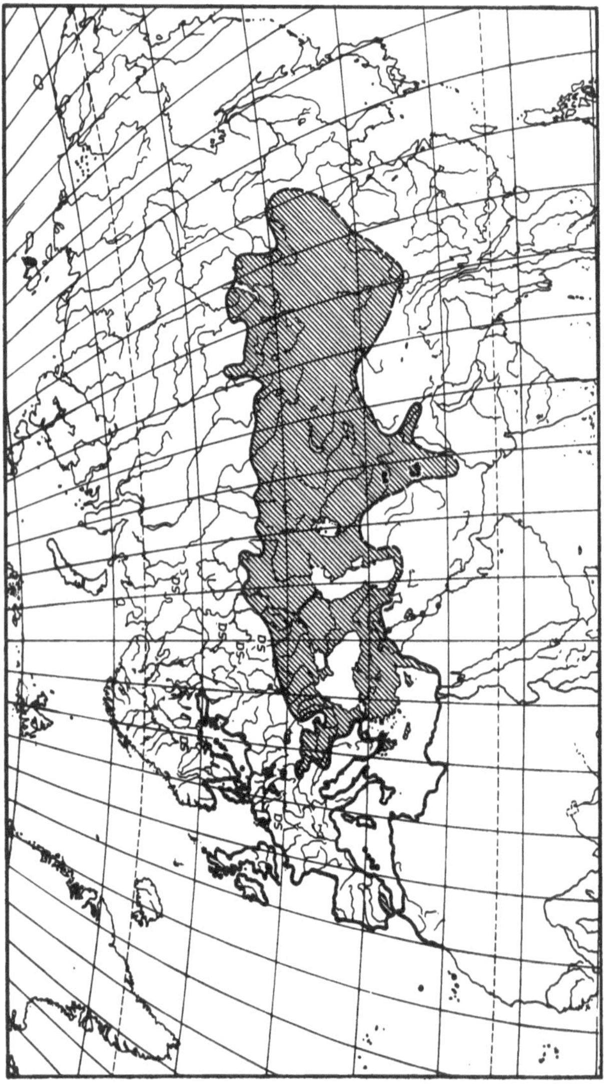

Abb. 28. Eurasisches Areal von *Salsola kali* L. s. l. aus MEUSEL, Vergleichende Arealkunde, Berlin, 2. Band 1976.

8. Turanisches Geoelement: Es wird von Pflanzen gebildet, die ihren Verbreitungsschwerpunkt in der Zone der aralokaspischen Halbwüsten haben, z. B. *Artemisia maritima*, *Hippophaë rhamnoides*, *Salsola kali* (Abb. 28).

Bei der Gliederung der Erde nach ihrem Florengehalt wird neben der Feststellung des Florenkontrastes und Florengefälles auch der Gehalt der einzelnen Florengebiete an endemischen Arten eine große Rolle spielen. Je höher die Rangordnung eines Florengebietes innerhalb der Ordnung aller Florengebiete der Erde sein soll, desto höher muß sein Gehalt an Endemismen sein. Bei Florengebieten höherer Ordnung sollte der Gehalt an eigenen charakteristischen Gattungen und Familien größer sein als bei niedrigerwertigen Florengebieten. Bei einer pflanzengeographischen Wertung der Areale dürfen demzufolge nur Sippen gleicher Wertigkeit und nur Neoendemiten oder Reliktendemiten miteinander verglichen werden.

5. *Florenräumliche Gliederung der Erde*

Alle bisher durchgeführten florenräumlichen Gliederungen der Erde, von denen hier nur die neueren von Diels (1908), Rikli (1913), Hayek (1926) und Good (1974) genannt seien, stimmen nur unvollständig überein. Unterschiedliche Auffassungen bestehen in der Zusammenfassung der niederen Einheiten zu höheren und in deren Benennung. Wir schließen uns der gegenwärtig üblichsten (vgl. Schmithüsen, 1961) an und sprechen in der hierarchischen Gliederungsfolge von Florenreichen als der größten Gliederungseinheit, von -regionen, -provinzen, -bezirken und -distrikten.

Diese Rangordnung der Florenräume von den Distrikten bis zu den Florenreichen ist unabhängig von ihrer Größe. Sie wird lediglich davon bestimmt, ob sich die

Flora des betreffenden Gebietes nur durch Sippen niederer Rangordnung wie Varietäten, Unterarten oder Arten oder durch Sippen höherer Rangordnung wie Gattungen oder Familien von den Nachbargebieten unterscheidet. Außerdem ist die Stärke des Florenkontrastes, die Steilheit des Florengefälles und die Anzahl der dem Florengebiet eigenen Endemiten ausschlaggebend für die Rangstufen in der floristischen Gliederungshierarchie der Erde.

Die auf die von ENGLER, DRUDE und DIELS geschaffenen Grundlagen zurückzuführende Gliederung der Erde in 6 Florenreiche spiegelt deutlich die erdgeschichtliche Entwicklung wider, die bereits in den frühen Erdepochen die Südkontinente voneinander trennte, während die nördlichen Landmassen noch lange miteinander in Verbindung blieben. Während wir auf dem außertropischen Teil der Nordhalbkugel nur ein einziges erdumspannendes Florenreich, die Holarktis haben, finden wir, je weiter wir nach Süden kommen, eine immer stärker werdende Differenzierung. In den Subtropen und Tropen tritt bereits eine Zweiteilung in ein altweltliches (Palaeotropis) und ein neuweltliches (Neotropis) Florenreich ein. Auf dem weitgehend außertropischen Teil der Südhalbkugel sind sogar 3 Florenreiche entwickelt, die Australis, die Capensis und die Antarktis (Abb. 29). Die Antarktis wiederum erstreckt sich über mehrere Kontinente und Inseln, die in der erdgeschichtlichen Entwicklung eine gewisse Zeit miteinander verbunden waren.

Eine unterschiedliche Auffassung besteht vor allem in der Einordnung von Neuseeland und der Sahara in die genannten Florenreiche sowie über die Abgrenzung der Neotropis gegen die Holarktis.

a) Holarktisches Florenreich (Holarktis)

Dieses Florenreich umfaßt die ganze Nordhalbkugel mit Ausnahme ihres tropischen Teiles. Die Grenze gegen die beiden tropischen Florenreiche verläuft vom Nordende der Halbinsel Kalifornien aus am Rande des Hochlandes von Mexiko entlang quer durch den

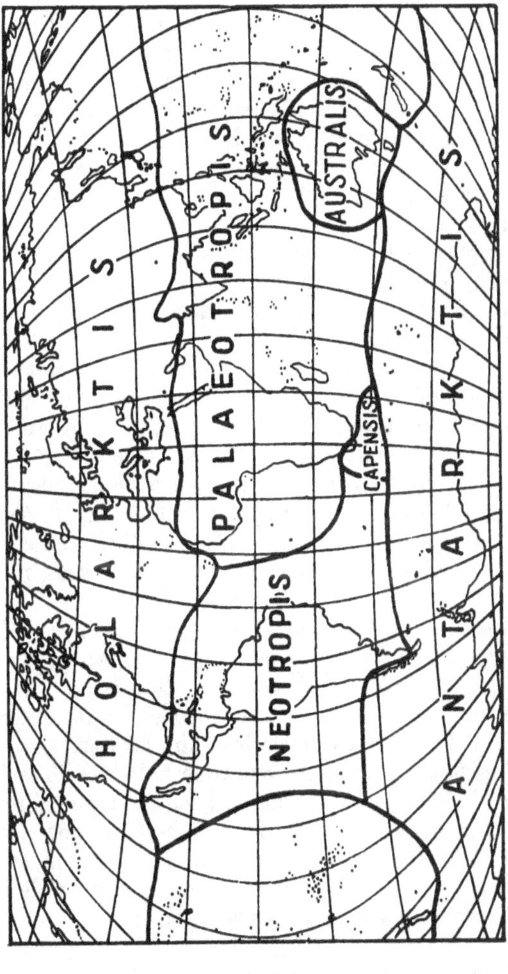

Abb. 29. Die Florenreiche der Erde. Nach DIELS, aus SCHMITHÜSEN, Allgemeine Vegetationsgeographie. Lehrbuch der Allgemeinen Geographie, Band IV, 2. Auflage, Berlin, 1961.

Südteil der Halbinsel Florida. Die Kapverdischen Inseln werden noch zur Holarktis gerechnet. Die Grenze verläuft dann durch die Sahara und die Arabische Wüste, am Südrand des iranischen Hochlandes und des Himalaja entlang, zieht dann durch das südliche China, um etwa zwischen der Nordgrenze von Fukien und der Mündung des Jangtsekiang den Pazifik zu erreichen, dabei die Ryukyu-Inseln, Ogasawara- und Hawai-Inseln außerhalb lassend.

Die Holarktis ist floristisch ein relativ einheitliches Gebiet, was sich floristisch darin äußert, daß nicht nur Familien (z. B. *Aceraceae*) und Gattungsareale (z. B. *Betula*) große Teile der Gesamtfläche des Florenreiches einnehmen, sondern auch Arten wie z. B. *Cardamine pratensis*, *Parnassia palustris*, *Athyrium filix-femina* und *Zostera marina*.

Von den tropischen Florenreichen wird die Holarktis durch eine Reihe von Gattungen und Familien unterschieden, die in ihrem Areal im wesentlichen auf die Holarktis beschränkt sind, jedoch gelegentlich mit einzelnen Arten bzw. Gattungen auch im außertropischen Bereich der Südhalbkugel auftreten (z. B. *Empetrum*, *Fagaceae*), sie besitzen also ein bipolares Areal. Familien, die nicht oder nur ausnahmsweise in die Tropen vorstoßen, sind: *Aceraceae*, *Brassicaceae*, *Campanulaceae*, *Caryophyllaceae*, *Fagaceae*, *Betulaceae*, *Berberidaceae*, *Rosaceae*, *Salicaceae*, *Saxifragaceae*, *Sparganiaceae*, *Apiaceae*, *Primulaceae*. Besonders hervorzuheben ist auch, daß die artenreiche Gattung *Carex* in der Holarktis ihre Hauptverbreitung besitzt.

Die floristischen Unterschiede innerhalb der Holarktis sind vor allem auf die Eiszeit und die heutigen klimatischen Unterschiede auf den W- und O-Seiten der Kontinente zurückzuführen. Die Holarktis kann in eine Reihe von Florenregionen gegliedert werden, denen jeweils wieder bestimmte Florenelemente eigen sind:

zirkumarktische Florenregion
zirkumboreale Florenregion

sino-japonische Florenregion
pazifisch-nordamerikanische Florenregion
atlantisch-nordamerikanische Florenregion
mitteleuropäische Florenregion
makaronesisch-mediterrane Florenregion
zentralsibirisch-mongolische Florenregion
pontisch-südsibirische Florenregion
orientalisch-turanische Florenregion
zentralasiatische Florenregion

b) Neotropisches Florenreich (Neotropis)

Die Neotropis umfaßt die Tropen und Subtropen der Neuen Welt, sie umschließt daher den mittelamerikanischen Raum mit der Halbinsel Niederkalifornien, den Rändern des mexikanischen Hochlandes und dem Südteil der Halbinsel Florida. Südamerika gehört zum größten Teil diesem neuweltlich-tropischen Florenreich an, nur das südliche Drittel von Chile, ein kleiner Teil von Südargentinien und die Falkland-Inseln, liegen außerhalb dieses Bereiches.

Außer den zahlreichen Familien, die das neotropische Florenreich mit dem noch zu besprechenden paläotropischen verbinden — beiden Florenreichen sind Familien wie z. B. die *Palmaceae*, *Araceae*, *Musaceae*, *Gesneriaceae*, *Zingiberaceae*, *Lauraceae*, *Ebenaceae*, *Hymenophyllaceae* und *Euphorbiaceae* gemeinsam — zeichnet sich die Neotropis durch eine ganze Reihe spezifisch neotropischer Familien aus. Einige wichtige, für die Neotropis weitgehend endemische Familien sind die *Tropaeolaceae*, *Bromeliaceae*, die *Marcgraviaceae* und *Nolanaceae* als zwei kleinere Familien, die große Familie der *Cactaceae*, die nur mit einigen Arten der Gattung *Rhipsalis* in Afrika vorkommt und darin der Familie der *Loasaceae* gleicht, die auch mit einer Gattung (*Kissenia*) nach Afrika reicht, die *Melastomataceae*, *Theophrastaceae* und *Cannaceae*. Von den Gattungen seien nur als die wichtigsten die Gattungen *Yucca*, *Agave* und *Fuchsia* genannt, die Aufzählung könnte jedoch beliebig fortgesetzt werden, da 40% aller in den Tropen verbreiteten Gattungen auf die Neue Welt beschränkt sind, 47% nur in der Alten Welt vorkommen und nur 13% in beiden Florenreichen zu finden sind. Gemeinsame Arten schließlich gehören fast zu den Ausnahmen.

Der außerordentlich große Endemitenreichtum im Bereich der Neotropis — allein in Brasilien sollen 12000 endemische Arten vorkommen — berechtigt zur Gliederung dieses Florenreiches in folgende Florenregionen:

Niederkalifornisch-mexikanische Florenregion
Karibische Florenregion
Guayana-Florenregion
Amazonas-Florenregion
Südostbrasilianische Florenregion
La Plata-Florenregion
Anden-Florenregion
Juan-Fernandéz-Florenregion

c) Palaeotropisches Florenreich (Palaeotropis)

Die Palaeotropis umfaßt die Tropen und Subtropen der alten Welt und ist, obwohl nur das zweitgrößte, so doch das an Pflanzenarten reichste Florenreich. Afrika gehört mit Ausnahme der nördlichen Sahara und des Kaplandes, Südasien bis zur Grenze der Holarktis zum Palaeotropischen Florenreich. Weiterhin werden zur Palaeotropis die tropischen und subtropischen Inseln des Atlantischen, Indischen und Pazifischen Ozeans gezählt, mit Ausnahme von Tasmanien, den Galapagosinseln, der Juan-Fernández-Inselgruppe und vor allem der australischen und amerikanischen Küsteninseln. Die Zugehörigkeit von Neuseeland ist noch umstritten. Während Diels, Hayek und Firbas die beiden Inseln Neuseelands zur Palaeotropis rechnen, Drude den größten Teil der Südinsel bereits zum Antarktischen Florenreich, gliedert Good beide Inseln der Antarktis ein.

Von den bereits erwähnten pantropischen Familien sind die *Cycadaceae*, die *Ebenaceae*, die *Moraceae* und die *Zingiberaceae* in der Palaeotropis artenreicher vertreten. Als spezifisch palaeotropische Familien gelten die *Dipterocarpaceae*, die *Nepenthaceae*, die *Pandanaceae*, die *Ancistrocladaceae*, *Balsaminaceae* und *Combretaceae*. Bezeichnend ist auch das starke Auftreten von stammsukkulenten Euphorbien, die in der Palaeotropis die Kakteen der Neuen Welt ersetzen. Charakteristisch sind für die Tropen und Subtropen der Alten Welt schließlich auch Gattungen wie *Andropogon*, *Panicum*, *Aloë*, *Sanseviera* und *Dracaena*.

Der Florenzusammensetzung entsprechend, läßt sich das palaeotropische Florenreich in einen indoafrikanischen und einen malesischen Teil gliedern. Zu dem indoafrikanischen Teil wird das tropische Afrika mit Madagaskar und Vorderindien gerechnet. Einen dafür bezeichnenden Arealtypus besitzt der Tribus *Stapelieae* der *Asclepiadaceae*, der außerhalb des westafrikanischen Regenwaldes alle Gebiete dieses Teil-Florenreiches besiedelt. Vorderindien und Madagaskar tendieren allerdings bereits zum malesischen Teil der Palaeotropis, denn viele Gattungen wie *Cinnamomum* und *Nepenthes*, die mit den meisten ihrer Arten im malesischen Bereich vorkommen, greifen auch mit einzelnen Arten auf Vorderindien bzw. Madagaskar über.

Zu dem malesischen Teil der Palaeotropis gehört das tropische Hinterindien mit Indonesien sowie Melanesien und Polynesien; bezeichnend dafür ist z. B. die Palmengattung *Nipa*, die auf Hinterindien und Indonesien beschränkt ist. In beiden Teilreichen lassen sich folgende Florenregionen unterscheiden:

Indoafrikanische Palaeotropis:	*Malesische Palaeotropis:*
Nordafrikanisch-indische Florenregion (z. T. zur Holarktis gerechnet (HAYEK, FIRBAS))	Sinomalayische Florenregion
Sudano-zambesische Florenregion	Indonesische Florenregion
	Melanesisch-mikronesische Florenregion

Indoafrikanische Palaeotropis:

Kongo-Guinea-Florenregion
Madagassische Florenregion
Vorderindische Florenregion
St. Helena-Ascension-Florenregion

Malesische Palaeotropis:

Polynesische Florenregion
Hawaii-Florenregion
Nordneuseeländische Florenregion
(z. T. zum antarktischen Florenreich gerechnet (GOOD))

d) Australisches Florenreich (Australis)

Das australische Florenreich, zu dem der Erdteil Australien mit Tasmanien gerechnet wird, hat durch die frühe Abtrennung Australiens vom Festland eine sehr lange Eigenentwicklung durchgemacht, die eine eigentümlich isolierte Stellung dieses Florenreiches bedingt. Von etwa 10000 Arten sind über 8600 endemisch, das bedeutet, daß nur etwa 15% der in Australien vorkommenden Arten auch in anderen Florenreichen anzutreffen sind. Hauptsächlich australische Verbreitung besitzen die *Casuarinaceae*. Von den *Myrtaceae* gibt es zahlreiche spezifisch australische bzw. australisch-melanesische Gattungen z. B. *Eucalyptus* (mit etwa 500 Arten) und *Melaleuca* (mit etwa 100 Arten). Auch Familien mit weiträumig disjunkter südhemisphärischer Verbreitung wie die *Proteaceae* (vgl. Abb. 18), *Epacridaceae* oder die *Restionaceae* weisen zahlreiche endemische Arten bzw. sogar Gattungen in der Australis auf. Unter den *Mimosaceae* sind spezifisch australische Elemente die Phyllodien tragenden Acacien, und von den *Liliaceae* die Grasbäume der Gattung *Xantorrhoea*.
Die Australis wird in folgende Florenregionen gegliedert:

Südwestaustralische Florenregion
Eremaea-Florenregion
Südostaustralisch-tasmanische Florenregion
Nordostaustralische Florenregion
Neukaledonische Florenregion z. T. zur Palaeotropis gerechnet (GOOD)

e) Kapländisches Florenreich (Kapensis)

Das kapländische Florenreich zeichnet sich trotz seiner geringen Flächenausdehnung — es umfaßt mit dem Kapland nur die südlichste Spitze Afrikas und ist damit das kleinste Florenreich — durch einen großen Artenreichtum (6000 Blütenpflanzen) und durch die Eigenart seiner Pflanzenformen aus. Die selbständige Sippenentwicklung kommt in dem Auftreten einer Fülle von Endemiten zum Ausdruck. Spezifische kapländische Familien sind die *Penaceaceae* und *Geissolomaceae*, während die nahe verwandten *Oinaceae* zwar in der Kapensis ihr Häufungszentrum haben, aber auch noch in Ostafrika vorkommen. Ähnlich verhalten sich die *Hydrostachyaceae*, die außer im Kapland auch noch auf Madagaskar vertreten sind. Anderen, z. T. weiter verbreiteten Familien gehören sehr artenreiche spezifisch kapländische Gattungen an, so den *Aizoaceae* die Gattung *Mesembrianthemum*, den *Amaryllidaceae* die Gattungen *Amaryllis* und *Clivia*, den *Asclepiadaceae* die Gattung *Stapelia*, den *Iridaceae* die Gattungen *Ixia* und *Freesia*, den *Liliaceae* die Gattungen *Haworthia* und *Gasteria*. Sehr reich ist im Bereich der Kapensis auch die Gattung *Pelargonium* mit 232 und die Gattung *Erica* mit 600 Arten entwickelt.

Die Arealtypen mehrerer Familien deuten auf eine Verwandtschaft des kapländischen Florenreiches mit dem australischen oder antarktischen und rechtfertigen um so mehr die Trennung der Kapensis von der Palaeotropis als selbständiges Florenreich. So sind die *Proteaceae* (vgl. Abb. 18) mit mehreren Gattungen, z. B. mit *Protea* und *Leucadendron*, mit einem Viertel ihres Artenbestandes vertreten, von den *Restionaceae* kommen sogar drei Viertel aller Arten in Südafrika vor. Mit Australien und Neuseeland gemeinsame Arten, wie der Baumfarn *Todea barbara*, unterstreichen diese floristische Verwandtschaft.

Die Gattung *Olea* verbindet die Kapensis ebenfalls mit Neuseeland, aber andererseits auch mit dem europäischen Mittelmeergebiet.

Eine Unterteilung des kapländischen Florenreiches führt zu kleineren pflanzengeographischen Einheiten wie Florenprovinzen und Florenbezirken, die dann durch Lokalendemiten mit z. T. winzigem Areal gekennzeichnet sind.

f) Antarktisches Florenreich (Antarktis)

Das antarktische Florenreich umfaßt die kühlgemäßigte, außertropische Zone der Südhemisphäre. Da im Gegensatz zur Nordhalbkugel die Südhalbkugel in den höheren Breiten nur wenig Festland aufweist, ist die Antarktis wie die Kapensis räumlich sehr begrenzt. Zum antarktischen Florenreich werden die Inseln der außertropischen südlichen Meere (Kerguelen), die Südspitze des südamerikanischen Kontinents (Feuerland, Westpatagonien), ein Teil (oder ganz — nach GOOD-) Neuseelands und das antarktische Festland gezählt. Das spezifische Element der eigenartigen antarktischen Flora wird von 13 zu ebensovielen Familien gehörigen Gattungen gebildet. Es sind dies u. a. *Acaena* (*Rosaceae*), *Aristotelia* (*Aristoteliaceae*), *Azorella* (*Apiaceae*) und *Gunnera* (*Gunneraceae*), die auch in den Hochanden weit nach Norden über den Bereich der Antarktis vorstoßen. Weitere Gattungen sind *Myzodendron*, die zu der kleinen Familie der *Myzodendraceae* zu rechnen ist, die vorwiegend in Australien auftreten. Andere Gattungen wie *Nothofagus* (*Fagaceae*) gehören Familien an, die nicht an ein bestimmtes Florenreich gebunden sind. Sie verkörpern einen bipolar-außertropischen Arealtyp, wie er auch für die Gattungen *Empetrum*, *Caltha* und *Veronica* bezeichnend ist, von denen auch Arten in der Antarktis vorkommen. Andere Vertreter der antarktischen Flora wie die *Epacridaceae*, *Eucryphiaceae* und die *Stylidiaceae* sind sowohl in der Australis als auch in der Antarktis zu finden und schließlich gehören die im antarktischen Florenreich vorkommenden Vertreter der *Cunnoniaceae* und *Proteaceae* einem weiträumig südhemisphärischen Verbreitungstyp an.

Die aus der Neotropis bzw. Palaeotropis in die Antarktis übergreifenden Pflanzen bedingen eine Untergliederung dieses Florenreiches in folgende Florenregionen:

Patagonische Florenregion
Antarktische Inseln-Florenregion
Südneuseeländische Florenregion
(z. T. zur Palaeotropis gerechnet — Diels —).

III. Historisch-genetische Pflanzengeographie

1. Biogenetische Grundlagen der Pflanzenverbreitung

Die heute wahrnehmbare Mannigfaltigkeit der Pflanzenwelt im ganzen und auch jedes einzelnen Formenkreises ist das Ergebnis einer Entwicklung, die irgendwo auf der Erde ihren Ausgangspunkt genommen hat und in bestimmter Weise fortgeschritten ist. Die in der Formenähnlichkeit und in der Übereinstimmung gewisser Merkmale gegebenen Kriterien werden die engere oder weitere Verwandtschaft der Sippen bestimmen. Je näher die Pflanzensippen verwandt sind, desto mehr werden sie auch genetisch zueinander gehören und umso kürzer wird die Zeitdauer sein, die seit ihrer Trennung verstrichen ist. Vorausgesetzt wird dabei allerdings, daß jede Sippe nur einmal und nur an einem bestimmten Punkt der Erde entstanden ist, was für alle Sippen höherer systematischer Rangstufe auch als gegeben angenommen werden kann.

Um die Stellung einer Sippe in Raum und Zeit festlegen zu können, müssen die Merkmalseigenschaften des Formenkreises, dem sie angehört, mit den Arealen der Sippen des betreffenden Formenkreises in Zusammenhang gebracht werden. Diese auch als geographisch-morphologische Methode bezeichnete Arbeitsrichtung, deren Bedeutung zuerst (1898) von R. von Wettstein klar erkannt wurde, bildet bereits einen Übergang von der Pflanzengeographie zur Taxonomie der Pflanzen.

Es sind dabei zwei Typen von Merkmalseigenschaften zu unterscheiden, die für die Beurteilung der Sippenareale eine ganz verschiedene Bedeutung haben.

Die erste Kategorie umfaßt die Merkmale, die entweder von der gegenwärtigen oder der vergangenen Umwelt geprägt bzw. beeinflußt werden oder wurden.

Als Beispiel für eine Sippe, deren Merkmale durch die Umwelt bedingt werden, führt von Wettstein (1918) bei der Gattung *Gentiana* eine kleine Gruppe verwandter Arten (3) an, deren Kelch nur 4 Zipfel besitzt, wovon zwei sehr breit und zwei sehr schmal sind. Ohne Zweifel sind die 3 zu der genannten Gruppe zu zählenden Arten sehr nahe miteinander verwandt und sind gemeinsamen Ursprungs. Sie werden voneinander getrennt durch Merkmale, die durch die Umwelt geprägt werden, wie Einjährigkeit und Zweijährigkeit. Ihre Areale schließen einander aus, sind aber selbst als kontinuierlich zu bezeichnen. Die drei Sippen sind also Formen eines Typus; sie sind von der Umwelt geprägt und je nach deren Wandlung selbst abgewandelt. So ist *Gentiana baltica* eine einjährige Pflanze, die in den Niederungen Mitteleuropas die erforderlichen Bedingungen findet, um in einem Jahr von der Keimung bis zur Fruchtreife zu gelangen. *Gentiana campestris* ist zweijährig, sie wächst auf den Mittelgebirgen Zentraleuropas und im hohen Norden, wo der Sommer die gleiche Länge wie in den Mittelgebirgen aufweist. Gleichfalls zweijährig ist die dritte Art, *Gentiana hypericifolia*, die in den Pyrenäen in einem stark ozeanisch getönten Klima vorkommt, das der Art auch ihre besonderen Kennzeichen verleiht.

Nach dem Gesagten erscheint es nicht verwunderlich, daß sich sehr häufig klare Beziehungen zwischen der Stabilität der Sippen und der Größe ihrer Areale ergeben. Stabile, sehr wenig veränderliche Sippen sind meist auf kleine Flächen beschränkt, sie können nur sehr kleine Gebiete mit speziellen Verhältnissen, denen sie angepaßt sind, besiedeln; sie werden andererseits durch die Auslese dann auch nicht in zahlreiche Untersippen zerlegt werden können. Großflächig verbreitete Sippen neigen dagegen zur Instabilität, zur Bildung von Sippenkreisen und Rassengruppen, eine Folge der in großen Gebieten stark wechselnden Milieufaktoren, die zur Auslese und Formung ganz verschiedener Sippen beitragen können. Bei der Anpassung eines Teiles eines Sippenkreises an ein bestimmtes Gebiet führt die damit verbundene Veränderung der Sippe genauso zu ihrer räumlichen Isolation wie die Zerteilung eines Areals, z. B. durch geologische Faktoren.

Die zweite Kategorie von Merkmalen läßt sich mit den Umweltfaktoren nicht in direkte Verbindung bringen. Sie sind in ihrer Ausprägungsform weitgehend unabhängig von der Umwelt und als Organisationsmerkmale ein Ausdruck der inneren Baustruktur der betreffenden Pflanzensippe.

Der morphologische Vergleich solcher Organisationsmerkmale vermittelt Einblicke in die Zusammenhänge der Verwandtschaftsverhältnisse zahlreicher Sippen, er kann dadurch viele genetische Probleme aufklären helfen.

Die Arealverhältnisse und auch die Areale bestimmter Merkmale sind deshalb unerläßliche Helfer bei der Aufklärung schwieriger taxonomischer Fragen. SCHWARZ (1936) empfiehlt aus diesem Grunde die Weiterentwicklung der geographisch-morphologischen Methode als vergleichende Merkmalsgeographie. Er stellte bei seinen Untersuchungen an der Gattung Quercus fest, daß Merkmale nicht geographisch auf eine Sippe beschränkt zu sein brauchen, sondern daß es zu sogenannten Merkmalstransgressionen kommen kann, d. h. daß die Merkmale bei benachbarten Sippen wieder auftreten. Dabei wirkt der Arealsaum als Genfilter, d. h. er läßt nur einige Gene bzw. Merkmale passieren. Dies kann so erklärt werden, daß in der Kontaktzone zweier Sippen Bastarde entstehen, deren Nachkommen in der Lage sind, das Areal der Nachbarsippe zu durchsetzen. REINIG (1938) untersucht schließlich den zufälligen Verlust von Merkmalen bei kleinen Populationen, wo vielfach zufällig Individuen oder Merkmale erhalten werden oder verloren gehen, wenn sich die Populationsgröße merklich verringert oder vergrößert. Diesem Vorgang, von REINIG als Elimination, von ROTHMALER (1950) als Evention bezeichnet, da der Begriff der Elimination häufig anderweitig und in Zusammenhang mit der Selektionstheorie gebraucht wurde, ist bei einer vergleichenden Merkmalsgeographie gleichfalls Beachtung zu schenken.

Eine exakte Darstellung der Merkmalsverbreitung gibt PEARSON (1938) der für bestimmte Merkmale Phänoareale (Merkmalsareale) zeichnet. Indem er in diese Phänoareale auch noch die Linien relativer Häufigkeit dieser Merkmale (Isophäne) gegenüber vermuteten Ausgangsmerkmalen einträgt, kann er zeigen, wie ein Merkmal sich an bestimmten Stellen häuft und konzentrisch von diesen Stellen in seiner Häufigkeit abnimmt. Werden solche Analysen der Merkmalsverbreitung über den Bereich einer Sippe hinaus ausgedehnt, so sind deutlich Transgressionen zu erkennen und Merkmalsprogressionen nachzuweisen, womit dann ein Ausgangsmaterial für eine Merkmalsphylogenie im Sinne von ZIMMERMANN (1931) gegeben ist.

Um das Mannigfaltigkeitszentrum einer Sippe, z. B. einer Gattung festzulegen und damit Aussagen über die Entwicklung der Sippe in einem Gebiet machen zu können, stehen zwei weitere Methoden zur Verfügung. So kann z. B. das Gefälle der Untergruppenzahl einer übergeordneten Sippe durch Isoporien wiedergegeben werden. Isoporien schließen Gebiete gleicher Sippenzahl ein. Es kommt bei der Erarbeitung der Isoporien nicht auf die Verbreitung der einzelnen Sippen an, sondern nur auf die Zahl der an einem Punkt gemeinsam auftretenden Sippen einer übergeordneten Sippe. Zur

Darstellung der Isoporien wird deshalb ein Gitternetz auf die Karte aufgetragen, wobei in den einzelnen Quadraten die Anzahl der vorkommenden Sippen der betreffenden systematischen Gruppe eingetragen wird. In dieses Gitternetz lassen sich dann leicht die Linien gleicher Sippenhäufigkeit einzeichnen. Die Einser-Linie wird dementsprechend das gesamte Areal der übergeordneten Sippe umschließen. Die stärkste Artenkonzentration ist dagegen nur an einem oder mehreren Brennpunkten zu finden, in denen auch die größte Mannigfaltigkeit der übergeordneten Sippe liegen dürfte. Diese Brennpunkte stellen das Mannigfaltigkeitszentrum der betreffenden Sippe dar (Abb. 30).

Noch deutlicher läßt sich das Mannigfaltigkeitszentrum einer Sippe bei der Darstellung der Isocharen (Isopsepheren) wiedergeben (vgl. Abb. 30). Unter Isocharen werden Linien gleicher Merkmalszahl verstanden. Zu ihrer Erarbeitung wird eine möglichst große Zahl von gegensätzlichen Merkmalen auf ihre Verbreitung im Areal untersucht. Auch hier wird zunächst auf die Karte ein Gitternetz aufgetragen und in jedem Quadrat die Anzahl der dort vorhandenen Merkmale vermerkt. Die Linien, die dann die Punkte gleicher Merkmalszahlen verbinden, sind die Isocharen. An bestimmten Punkten des Areals einer Sippe kommt es zu Häufungszentren der Merkmale. Solche Merkmalszentren sind bezeichnend für die Gebiete, in denen sich die Sippe in einer starken Entwicklung befindet oder befand, so daß man sie wohl mit Recht als Entwicklungszentren bezeichnen kann.

Die Betrachtung einer Isoporien- und einer Isocharenkarte einer Sippe läßt Gebiete erkennen, in denen bei größter Artenzahl auch die höchsten Merkmalszahlen zu finden sind. Diese Orte werden als primäre Entwicklungszentren bzw. Ursprungszentren aufgefaßt, wobei diese Begriffe relativ sind, denn vor einem primären Entwicklungszentrum gab es natürlich wieder einen früheren Entwicklungspunkt für die nächsthöhere Sippe.

Ist die Konzentration in einem zweiten Gebiet des gleichen Areals sowohl was die Sippenzahl als auch die Merkmalszahl betrifft, zwar etwas geringer, aber in beiden Kategorien etwa gleich hoch, so dürfte ein zweites Entwicklungszentrum vorliegen.

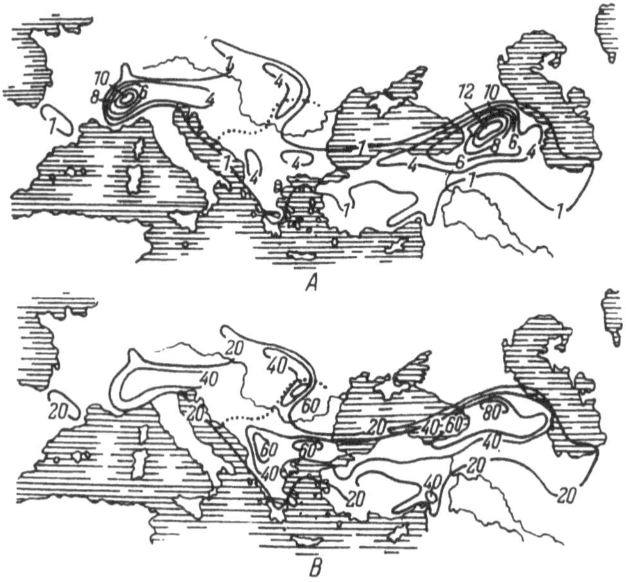

Abb. 30. Isoporien (A) und Isocharen (B) der *Alchemilla*-Gruppe *Calycanthum*. Die Karten lassen im Kaukasus ein primäres Entwicklungszentrum mit 12 Arten und 80 Merkmalen, in den Alpen ein sekundäres Entwicklungszentrum mit 10 Arten und 40 Merkmalen und auf dem Balkan ein Reliktengebiet mit 4 Arten, aber 60 Merkmalen erkennen. Aus ROTHMALER, Allgemeine Taxonomie und Chorologie der Pflanzen, Jena, 1950.

Ein Gebiet mit s e k u n d ä r e r E n t w i c k l u n g, gekennzeichnet durch Neubildung zahlreicher noch nicht differenzierter Arten, kann durch eine hohe Sippenzahl bei gleichzeitig niedriger Merkmalszahl erkannt werden. Ist dagegen in einem Gebiet eine niedrige Artenzahl mit einer starken Merkmalskonzentration verbunden, so muß angenommen werden, daß in diesem Bereich sehr heterogene Elemente, vielleicht Relikte verschiedenen Ursprungs, nebeneinander auftreten.

Werden mehrere Sippen mit Hilfe der geschilderten vergleichenden Merkmalsgeographie untersucht, so ist festzustellen, daß die Entwicklungszentren durchaus nicht alle geographisch gleich gelagert sind, was theoretisch auch gar nicht zu erwarten ist. Trotzdem bilden sich gewisse geographische Gebiete heraus, die besonders reich an Pflanzengruppen sind, aus denen andere hervorgegangen sein können. Solche Entstehungszentren von Pflanzensippen sind natürlich pflanzengeographisch und auch taxonomisch von besonderem Interesse. Ein solches Ursprungsgebiet zahlreicher Pflanzensippen ist das Hochgebirgsland Ostasiens, das sich an den Himalaja anschließt und nördlich mit dem Kuenlun verknüpft ist. Was an der Peripherie der Sippenareale nach Fläche und Gestalt weit getrennt ist, kommt sich hier immer näher, die Unterschiede werden immer schwächer und verblassen. So erscheinen in diesem Gebiet von der Orchideen-Gattung *Cypripedium* mehrere, sonst weit geschiedene Sektionen. Zwischen der Gattung *Lilium* und *Fritillaria* vermittelt die Gattung *Nomocharis*, auch zwischen *Saxifraga* und *Chrysosplenium* tauchen vermittelnde Formen auf, von *Aquilegia* wächst die primitivste Art, die keine gespornten Blumenkronblätter besitzt und die *Aconitum*-Arten werden denen von *Delphinium* morphologisch sehr ähnlich.

Die geographisch-morphologische Methode der Pflanzengeographie, welche die Verbreitung der Sippen als Ausdruck ihrer Geschichte und ihrer Selbständigkeit betrachtet, kommt somit den modernen Strömungen der mit der Genetik und Cytologie verbündeten Systematik (Huxley 1949) sehr weit entgegen. Man hat erkannt, daß besonders bei den Sippen niederer systematischer Rangstufe die morphologisch-anatomischen Merkmale zur Kennzeichnung oft nicht ausreichen, sondern daß auch die physiologisch-biochemischen Eigenschaften zur Gliederung herangezogen werden müssen. Je geringer die morphologischen Unterschiede zweier Sippen sind, desto höher ist ein vorhandener Unterschied in der Verbreitung zu bewerten, je größer die morphologisch ausgeprägte Selbständigkeit einer Sippe ist, von desto geringerer Wichtigkeit ist ihr Areal für ihre taxonomische Bewertung. Es zeigt sich nämlich, daß bei Sippen niederer systematischer Wertigkeit vielfach Panmixie auftritt, die durch geographische Isolation verhindert werden muß, soll eine Sippe ihre Selbständigkeit bewahren, während bei Sippen höherer systematischer Rangstufe fast stets geschlechtliche Isolation herrscht, die eine Trennung der verwandten Sippen für deren Selbständigbleiben nicht erforderlich macht.

Nun ist aber bekannt, daß die meisten Arten genetisch durchaus nicht einheitlich sind, sondern aus einer Anzahl von Biotypen bestehen, die in Form von Kleinarten, die meistens nicht kreuzbar sind, und in Form von kreuzbaren Ökotypen oder in geographischen Rassen gehäuft oder gesondert vorkommen. Zur systematischen Klärung dieser Kleinsippen spielt natürlich deren Areal eine große Rolle.

Als interessant und fruchtbringend hat sich das Studium der Verbreitung von polyploiden Pflanzen erwiesen. Wenn auch die alte Faustregel: „je nördlicher, je extremer und je höher der Standort, desto mehr Polyploide“ nicht mehr aufrecht erhalten werden kann, so ist doch wohl die Formulierung von Reese (1958) „je jünger die Flora, um so höher der Anteil der Polyploiden“ zutreffend (Hanelt, 1966).

Die Anwendung der geographisch-morphologischen Methode ist nach diesen Ausführungen nicht nur für die modernen taxonomischen Arbeiten unerläßlich, sondern auch für die meisten pflanzengeographischen Untersuchungen, da sie uns Anhaltspunkte für die Entwicklung der Flora und der sie aufbauenden Sippen geben kann.

2. *Florenentwicklung vom Karbon bis zum Tertiär*

Die in den vorangegangenen Kapiteln erörterten theoretischen Erwägungen können zwar die Kräfte, welche die Pflanzenverbreitung genetisch beeinflußt haben, in allgemeiner Hinsicht nachweisen, doch meist keinen Aufschluß über den Gang der Florenentwicklung im einzelnen geben. Für die älteren Epochen der Erdgeschichte ist es oft nur die Erforschung versteinerter Reste von Organismen (Fossilien), die als Quelle der Systematik und der Verbreitung der Pflanzen dienen kann. Aus diesen Versteinerungen und Abdrücken von Pflanzen oder Pflanzenteilen versucht man die Flora bzw. die Vegetationsverhältnisse eines Gebietes während der verschiedenen Erdepochen zu rekonstruieren. Selbstverständlich kann mit den uns in der Gegenwart zugänglichen Fossilien kein geschlossenes Bild von den Floren- und Vegetationsverhältnissen eines Gebietes in der Erdgeschichte geschaffen werden. Die meisten Pflanzen sind zu wenig ausgeprägt, um überhaupt Reste oder Abdrücke zu hinterlassen. Das uns Überlieferte wird stets nur ein geringer Bruchteil des Vorhandengewesenen sein. Nur unter besonderen Bedingungen, wie etwa in Mooren, bleiben Pflanzenreste in größerer Menge erhalten. Viele Pflanzenreste wie Pollen, Sporen, Holzteile und Blätter bieten oftmals nicht genügend ausgeprägte Merkmale, um eine genaue Bestimmung der Art zu ermöglichen. Trotzdem sind durch die Palaeobotanik, die sich mit der Erforschung der pflanzlichen Fossilien beschäftigt, große Erfolge erzielt worden, und es ist heute schon möglich, sich eine gewisse Vorstellung von den Florenverhältnissen vergangener Zeiten zu machen.

Beschäftigt man sich speziell mit den Fragen der Florenentwicklung vom Karbon bis zur Juraperiode, so stößt man auf einige Tatsachen, deren Erklärung gewisse Schwierigkeiten bereitet.

Je weiter man z. B. in der Geschichte unserer Erde zurückgeht, einen um so einheitlicheren Eindruck macht, soweit dies auf Grund von Fossilien beurteilt werden kann, die Flora der verschiedenen Kontinente. Dies gilt besonders für die Zeiten, in denen keine Angiospermen vorkamen, wie etwa für das an Pteridophyten reiche Oberdevon und Karbon. Obwohl auch hier eine zonale Gliederung nachgewiesen werden kann, ist doch eine Differenzierung der Floren in einzelne Florenreiche noch nicht zu erkennen. Dieser an Pteridophyten reichen Flora, in der aber auch schon Samenpflanzen wie die Samenfarne (*Pteridospermae*) und die nadelholzähnlichen Cordaïten vorkamen, war eine bis zum Gotlandium zurückreichende Zeit vorausgegangen, in der zunächst nur einfache, binsenähnlich gestaltete gabelige Sporenpflanzen, die Psilophyten, herrschten, die sich im Laufe der Entwicklung immer reicher verzweigten und zuletzt sogar baumförmig wurden. Sie bewohnten die Strand- und Sumpfgebiete vom jetzigen Mitteleuropa bis zur Bäreninsel und Kanada. Wir müssen annehmen, daß das Klima dieser Gebiete feucht und tropisch gewesen ist, die Gewächse sich also in äquatornahen Bereichen entwickelten. Auch die im Oberdevon, Karbon-Perm vorkommende Pteridophytenflora, die den Grundstock der Steinkohle lieferte, muß in Gebieten mit tropischem Klima gediehen sein, denn eine derartig üppige Vegetation setzt ein tropisches Klima voraus. Diese Flora wuchs teilweise in Gebieten, die wie Spitzbergen heute ein extrem arktisches Klima aufweisen. An der Wende vom Karbon zum Perm lassen sich nach GOTHAN und WEYLAND (1954) schon deutlich mehrere Florenreiche unterscheiden: 1. eine euramerische Flora von Mitteleuropa-Nordafrika bis Nordamerika, 2. eine Angara-Flora in Nordasien, 3. eine Cathaysia-Flora in Südostasien und 4. die Gondwanaflora, die von der Südostspitze Südamerikas über Südafrika und Indien bis nach Australien und zur Antarktis reichte. Diese Gebiete tragen Spuren einer

Vergletscherung aus dieser Zeit, man spricht deshalb auch von einer südhemisphärischen Eiszeit dieser Epoche. Leitpflanze der Gondwanaflora, die den Charakter einer Flora des gemäßigten außertropischen Klimas trägt, ist die Gattung *Glossopteris*, die zu der ausgestorbenen Klasse der Samenfarne (*Pteridospermae*) gehört. Die Klimaverhältnisse müssen sich demnach im Laufe der Erdgeschichte sehr stark geändert haben.

In den Erdepochen vom Zechstein bis zum Jura beginnen die Gymnospermen in den Floren vorzuherrschen. Außerdem macht sich ein allmähliches Ausgleichen der floristischen Unterschiede bemerkbar, denn von Grönland bis Grahamland war eine sehr gleichförmige Flora vorhanden, wenn auch graduelle Unterschiede zu beobachten waren, wie das Vorherrschen von Nadelhölzern und *Ginkgo*-Gewächsen im Norden Ostasiens und von Farnen und *Cycadophytinae* im südlichen Monsungebiet Ostasiens. Zudem war bei aller floristischen Gleichförmigkeit natürlich eine reiche Differenzierung hinsichtlich der Lebensgemeinschaften gegeben, bedingt durch die unterschiedlichen Standortbedingungen. Es sei in diesem Zusammenhang nur an die thüringischen Zechsteinriffe mit ihren Kalkalgenbeständen, an den Buntsandstein mit seiner stamm- und blattsukkulenten *Pleuromeia* in einem wüstenhaften subtropischen Klima erinnert und diese der Pflanzenwelt der übrigen, feuchtwarmen Waldgebiete gegenübergestellt.

In diese Zeit hinein muß auch das Erscheinen der *Angiospermatophyta* verlegt werden, jener systematischen Gruppe des Pflanzenreichs, die für die pflanzengeographische Gliederung der heutigen Pflanzenwelt der Erde von entscheidender Bedeutung ist. Vom Lias an treten Pollenformen auf, die mit großer Wahrscheinlichkeit von Angiospermen stammen; 1955 wurde bei Bamberg ein Dikotylenblatt in den untersten Juraschichten gefunden. Da außerdem die Angiospermen in der obersten Abteilung der unteren Kreide, dem Gault, bereits so zahlreich in bestimmt ausgestalteten Typen auftreten, daß wir aus genetischen Gründen einen vorhergehenden längeren Zeitraum für ihr allmähliches Herausbilden anzunehmen gezwungen sind, ist es wohl sicher, daß die Entstehung der Angiospermen auf eine Zeitepoche vor der Kreide zu datieren ist. Dies ändert allerdings nichts an der Tatsache, daß sie uns erst in der Kreide in zahlreichen Formen als Fossilien entgegentreten.

Es wird oftmals angenommen, daß die Angiospermen sich in Abtragungsgebieten, wie in tropischen Gebirgen oder an trockenen Standorten entwickelt haben und uns deshalb zunächst nicht als Fossilien erhalten sein können. Erst später sei dann eine Wanderung aus den Abtragungsgebieten in die Sedimentationsgebiete erfolgt. Als Urheimat werden, wenn auch gelegentlich widersprochen, die südwestpazifischen Gebiete der Erde angenommen, da dort auch heute noch viele ursprüngliche *Polycarpicae* (Formen ohne Gefäße) gehäuft auftreten und auch von den Apetalen ursprüngliche Typen aus den Ordnungen der *Proteales*, *Santalales* und *Verticillatae* zu finden sind.

Mit die ältesten Angiospermenfunde, die in größerer Zahl und in gut bestimmbarer Form angetroffen wurden, sind in Sandsteinfelsen der Oberkreide bei Blankenburg am Nordrand des Harzes in der sogenannten Teufelsmauer gemacht worden. Von dieser Fundstelle sind 40 Arten bekannt geworden. Etwas älter, aber schwer bestimmbar sind die Angiospermen der Potomac-Flora in der Unterkreide in Maryland an der Ostküste Nordamerikas.

Das Klima, unter dem die Kreideflora Mitteleuropas gedieh, wird tropischen Charakter gehabt haben, und selbst Gebiete wie Grönland werden noch subtropisch gewesen sein. Allerdings wird sich im Verlauf der Oberkreide in den äquatorferneren Gebieten allmählich eine Abkühlung bemerkbar gemacht haben, da bei den Bäumen, vor allem bei den *Abietineae*, die auf Spitzbergen und auf Franz-Josef-Land besonders häufig auftraten, Jahresringe ausgebildet wurden.

Folgende Gattungen sind für die Flora der Kreidezeit besonders typisch:
Farne: *Kaulfusia* und *Lygodium*;
Gymnospermen: *Cycas, Ginkgo, Sequoia, Sciadopitys, Podocarpus, Libocedrus, Callitris, Cephalotaxus, Pinus*;
Angiospermen: *Artocarpus, Ficus, Magnolia, Liriodendron, Cinnamomum, Eucalyptus, Sterculia, Sapindus, Nelumbo, Nerium, Platanus, Smilax.*

Neben diesen, stark wärmegetönte Klimate bevorzugenden Arten finden wir auch Gattungen, die auch jetzt noch in der mitteleuropäischen Flora bzw. in den gemäßigten Breiten der Erde zu finden sind wie *Salix, Populus, Betula, Fagus, Quercus, Acer* und *Juglans*. Es bestand also ein dichtes Nebeneinander von tropisch-subtropischen Gewächsen und Pflanzen der gemäßigten Zone, was bei einem milden, feuchten Klima durchaus denkbar ist.

Zur Erklärung des Zustandekommens der Florenentwicklung vom Devon bis zum Tertiär, insbesondere für die Erklärung der großen Einheitlichkeit der damaligen Floren und der gänzlich andersgearteten klimatischen Charaktere kann die folgende Theorie herangezogen werden.

Kontinentalverschiebungs- und Polwanderungstheorie. Diese von WEGENER 1915 veröffentlichte Theorie geht von der Beobachtung aus, daß die Küstenlinien der heutigen Kontinente sich oft ziemlich genau entsprechen, d. h. daß jeder Ausbuchtung auf der einen Seite eine Einbuchtung auf der anderen Seite entspricht. Die einfachste Erklärung dafür ist die, daß die Kontinente früher eine einheitliche Scholle oder mehrere dichter beieinanderliegende Schollen bildeten, die später auseinanderbrachen, worauf sich die einzelnen Teile voneinander entfernten. Die Schollen, die aus einer relativ leichten Masse, dem Sial bestehen, haben eine Mächtigkeit von 100 km und schwimmen auf dem zähen schwereren Sima, dessen Mächtigkeit mit 1500 km angenommen wird. Unterschiede in der Dichte der Erdkruste und auch die Mächtigkeit der angenommenen Sial- und Simaschichten lassen sich durch Schweremessungen geophysikalisch begründen. Für ihr Vorhandensein spricht auch die Tatsache, daß die Oberfläche der Erdkruste zwei deutliche Maxima der Höhenlage, und zwar einmal in −4700 m und zum anderen in +100 m über NN aufweist. Das eine Höhenmaximum ist die Oberfläche des Sima (Grund der Tiefsee), das andere die Oberfläche des Sial (mittlere Höhenlage der Kontinente). Eine weitere Stütze dieser Theorie kann in der Verteilung der Magnetanomalien auf den Böden der Ozeane gesehen werden.

Noch im Karbon sollen alle Schollen zwei Komplexe gebildet haben, nur an der Nordküste von Afrika und im östlichen Mittelmeer, im Schwarzen Meer, nördlich von Madagaskar und westlich Afrikas war die Sialscholle fensterartig durchbrochen und die Simascholle lag frei. Die Pole und damit auch der Äquator hatten eine andere Lage als heute. Trägt man die Steinkohlenflöze in eine Karte ein, welche die Lage der Kontinente und die Pole während des Karbons widerspiegelt, so ordnen sie sich alle um den Äquator, die Salz-, Gips- und Sandsteinbildungen deuten den damaligen Wüstengürtel an und die Orte, für die sich Gletscherspuren aus dieser Zeit nachweisen lassen, kennzeichnen die Gebiete der Polnähe.

Im Perm verlief der Äquator südlich von Mitteleuropa, durch das sich zu dieser Zeit ein Wüstengürtel erstreckte (Salzablagerungen von Staßfurt, Artern, Halle, Inowrocław, usw.). Die Verhältnisse müssen im Trias ähnlich gewesen sein, wodurch es zur Bildung fossilarmer Wüstensande (Buntsandstein, Keupersandsteine), Salz- und Gipsablagerungen kam.

Im J u r a bildete sich ein m e r i d i o n a l e r S p a l t zwischen A f r i k a und S ü d a m e r i k a, es lösten sich auch Australien und die Antarktis von Afrika. Beide bleiben aber noch mit Südamerika verbunden. Diese Trennung der Kontinente in der Südhemisphäre setzte sich in der Kreide weiter fort. Damit begann eine gewisse Eigenentwicklung der Blütenpflanzen in den Kontinenten der Südhalbkugel, was zur heutigen Differenzierung ihrer Flora in drei Florenreiche führte.

Im Tertiär, in dem bereits die meisten rezenten Pflanzenarten vorhanden gewesen waren, vollzog sich die Auffaltung der großen eurasischen Gebirgszüge. Dadurch mitbedingt trennte sich die Südspitze Indiens von Afrika und Madagaskar. Nordamerika begann sich allmählich von Europa zu lösen, ein Vorgang, der auch in der Gegenwart noch meßbar andauert. Zur gleichen Zeit rückte der Nordpol näher an Europa heran. Dadurch trat eine Klimaverschlechterung in Mitteleuropa ein, die schließlich zur nordhemisphärischen Eiszeit des Diluviums führte.

Obwohl gegen die geschilderte Kontinentalverschiebungstheorie noch Einwände gemacht werden, ein Zeichen dafür, daß diese Theorie noch sehr verbesserungsbedürftig ist, gibt sie doch eine befriedigende Erklärung der meisten, wenn auch nicht aller geobotanischen Tatsachen der Zeit vom Karbon bis zum Tertiär. Sie wird deshalb auch von den meisten Pflanzengeographen (z. B. STEFFEN, WULFF, KRÄUSEL, HERZOG, MÄGDEFRAU, GOOD, WALTER) als Arbeitshypothese angenommen.

3. Florenwandlungen im Tertiär

Wie die Flora der Kreide, so trug auch die Flora des Frühtertiärs, also des Eozän, in Mitteleuropa vorwiegend subtropisch-tropischen Charakter. Von Grinell-Land sind (81° 45′ nördlicher Breite) dreißig Arten bekannt geworden, die Gattungen angehören, die heute vorwiegend in Gebieten mit einem Jahresmittel der Lufttemperatur von etwa +8 °C vorkommen. Das Jahresmittel der Lufttemperatur von Grinell-Land beträgt in der Gegenwart −20 °C. Auf Spitzbergen (77° N) sind 178 Arten aus dem Eozän gefunden worden, darunter neben *Taxodium*, *Sequoiadendron* und vielleicht *Metase-*

quoia, *Libocedrus*, *Magnolia*, *Juglans* und *Acer*. *Ginkgo*, *Sassafras*, *Diospyros*, *Castanea*, *Platanus* und *Vitis* sind einige Vertreter der von Nordgrönland aus dieser Zeit stammenden 282 Arten. Alle Fossilien deuten darauf hin, daß diese von Engler als „arktotertiäre Flora" bezeichnete Pflanzengemeinschaft in einem gemäßigten Klima wuchs.

Wesentlich wärmer muß das Klima im Eozän im Bereich Zentraleuropas gewesen sein, denn in der durch Weigelt sehr gut bekannten Flora des Geiseltales bei Merseburg, die aus dem Mitteleozän stammt, sind zahlreiche Familien und Gattungen vorhanden, die heute nur in den Tropen vorkommen. Neben den *Moraceae* mit der Gattung *Ficus* traten *Loranthaceae*, *Anarcardiaceae* mit *Rhus*, *Sapindaceae* mit *Dodonaea*, *Bombacaceae* mit *Ochroma*, *Sterculiaceae*, *Sapotaceae* mit *Bumalia* und zahlreiche andere Familien auf. Obgleich an dem tropischen Charakter der Flora kein Zweifel bestehen kann, findet man aber auch die Gattungen *Salix*, *Fagus*, *Castanea*, *Alnus*, *Juglans* und *Myrica*. Da die Hölzer der Geiseltalflora Jahresringe aufweisen, schließt man auf ein tropisches Klima mit periodischen Trocken- und Regenzeiten, etwa ein Klima, wie es heute die Insel Sansibar besitzt. Das Geiseltal wird demnach im Mitteleozän etwa 5 bis 10° nördlich des Äquators gelegen haben.

Aus dem Obermiozän ist uns die Molasseflora von Öhningen am Bodensee bekannt geworden. Von ihren Arten weisen 266 auf ein subtropisches, 131 auf ein gemäßigtes und 85 Arten auf ein tropisches Klima hin, was für ein subtropisches Klima spricht. Die geographische Lage von Öhningen dürfte demnach für die damalige Zeit mit etwa 30 bis 35° nördlicher Breite anzunehmen sein. Der Äquator hätte demnach damals um etwa 15° nördlicher gelegen als heute. Gegenüber den klimatischen Verhältnissen des Geiseltales im Mitteleozän ist allerdings eine deutliche Klimaverschlechterung eingetreten, was auch dadurch zum Ausdruck kommt, daß im Miozän in den heutigen Polargebieten die ersten Fröste Spuren hinterließen.

Die Pflanzenwelt des Pliozän Mitteleuropas ist uns durch die Frankfurter Klärbeckenflora bekannt geworden. Sie setzt sich aus 150 Arten zusammen, die sehr verschiedenen Pflanzengemeinschaften angehören. Die Pflanzen besiedelten mit großer Wahrscheinlichkeit die Süd- und Westhänge des Spessarts, die Südhänge des Taunus und die Nordhänge des Odenwaldes. Ihre Reste blieben erhalten, da sie in einer stillen Bucht des pliozänen Mains zusammengeschwemmt wurden.

Vertreter der Wasserpflanzen wie *Euryale*, *Nuphar* und *Potamogeton*, der Sumpfpflanzen wie *Sparganium*, *Scirpus* und *Carex* sind hier neben Arten der Auwälder wie *Populus*, *Ulmus*, *Fraxinus*, *Carya*, *Acer*, *Betula*, und vielen Sträuchern wie *Myrica*, *Corylus*, *Berberis*, *Staphylea*, *Acanthopanax* sowie Lianen (*Parthenocissus*, *Vitis*, *Trichosanthes*) gefunden worden. Auch von den Nadelgehölzen sind viele Sippen zu finden, so die Gattung *Pinus* mit 8 Arten, *Podocarpus*, *Cephalotaxus*, *Torreya*, *Keteleeria*, die heute nur noch in China und auf Taiwan zu finden ist, *Sciadopitys*, die nur noch in Japan vorkommt, *Libocedrus* und *Thuja*. Diese Reihe der Fossilfunde ließe sich noch fortsetzen. Ein Vergleich mit der heutigen Flora zeigt, daß von den festgestellten Arten 31,6% dem ostasiatischen, 20,2% dem nordamerikanischen, 24,5% dem europäischen und 7,0% dem kolchischen (Westkaukasus) Florenelement angehören.

Aus der erwähnten Flora des unteren Maintales darf wohl der Schluß gezogen werden, daß das Klima des Unterpliozäns dem heutigen in Mitteleuropa sehr ähnlich gewesen war und als warm-gemäßigt bezeichnet werden kann. Außerdem kann aus dieser Flora gefolgert werden, daß die mitteleuropäische Tertiärflora selbst im Pliozän noch reich an Florenelementen war, die in der Gegenwart nur noch in Nordamerika oder in Ostasien bzw. in beiden Gebieten vorkommen. Sie sind, wie noch gezeigt werden wird, im Diluvium in Europa ausgestorben. Ein Beispiel dafür ist die Gattung *Liriodendron*. Die ältesten Funde dieser Gattung stammen aus der oberen Kreide von Nordamerika. Im Eozän starb sie in Nordamerika aus, fand sich aber damals noch in Europa, von wo sie sich im Miozän nach Osten bis Japan ausbreitete. Aus dem Pliozän sind Funde der Gattung *Liriodendron* aus Südwesteuropa und Südostasien bekannt geworden. Im Diluvium starb sie dann in Europa aus, blieb aber in Ostasien erhalten in der Art *Liriodendron chinensis*. Bevor ihre Vorkommen in Europa erloschen, muß diese Gattung jedoch wieder nach dem damals noch mit Europa zusammenhängenden Nordamerika gelangt sein, wo sie gegenwärtig in der Art *Liriodendron tulipifera* vorkommt.

Das Mittelmeergebiet stand während des Tertiärs in enger floristischer Verbindung mit Afrika vielleicht auch Madagaskar und den makaronesischen Inseln. In diesem Landkomplex wird eine von CHRIST als „altafrikanisch" bezeichnete Flora vorhanden gewesen sein, deren heute stark zerstückelte Reste sich noch in einzelnen Gebieten dieses ehemaligen großen Landkomplexes nachweisen lassen. So wächst die Campanulacee *Canarina* nur in Makaronesien und auf einzelnen Bergen Zentralafrikas. Madagaskar und Makaronesien verbindet ein sonderbares *Adiantum*, das Mediterrangebiet mit jener altafrikanischen Flora verknüpfen die Gattungen *Erica* und *Pelargonium*, viele *Scrophulariaceae* und *Iridaceae*.

In Amerika bestand bis zum Miozän ein großer Unterschied in der Flora Nord- und Südamerikas, da beide Teilkontinente bis zu diesem Zeitpunkt getrennt waren. Erst im oberen Miozän dürfte ein Pflanzenaustausch zwischen beiden stattgefunden haben, wobei der Norden mehr gegeben haben wird als der Süden. Zu dieser Zeit sind die Gattungen *Ribes*, *Saxifraga*, *Hydrangea*, *Juglans*, *Quercus* und *Monotropa* nach den Gebirgen Südamerikas gelangt; auch die bipolaren Sippen wie die *Fagaceae* oder *Empetrum* haben vielleicht die Grundlage zu ihrer heutigen Arealgestalt in dieser Zeit erhalten.

Im Norden Nordamerikas und Ostasiens dürften ähnliche Verhältnisse geherrscht haben, wie sie für Europa geschildert wurden.

4. Florenwandlungen während des Pleistozäns

Das durch die Polverlagerung sich während des Tertiärs abkühlende Klima dauerte auch nach dem Pliozän und während des Diluviums (Pleistozän) an. Der Nordpol bewegte sich immer weiter auf Europa (bzw. Europa driftete nach Norden) zu und lag im Pleistozän um 10° näher an Mitteleuropa als heute.

Während des Pleistozäns war das Klima nicht gleichförmig. Es wechselten Zeiten mit sehr kaltem Klima, auch Eiszeiten oder Glazialzeiten genannt, mit wärmeren Klimaperioden, den Interglazialzeiten. Sowohl in Europa als auch in Nordamerika werden im allgemeinen 4 Eiszeiten mit entsprechend 3 Interglazialzeiten unterschieden.

	Voralpengebiet	Nordmitteleuropa	Osteuropa	Nordamerika
1. Eiszeit	Güns-Eiszeit	Baltische Eiszeit	Litwin Eiszeit	Nebraska-Eiszeit
1. Interglazial	Güns-Mindel-Interglazial	Ilm-Interglazial		
2. Eiszeit	Mindel-Eiszeit	Elster-Eiszeit	Dnjepr-Eiszeit	Kansas-Eiszeit
2. Interglazial	Mindel-Riß-Interglazial	Orla-Interglazial		
3. Eiszeit	Riß-Eiszeit	Saale-Eiszeit	Moskau-Eiszeit	Illinois-Eiszeit
3. Interglazial	Riß-Würm-Interglazial	Unstrut-Interglazial		
4. Eiszeit	Würm-Eiszeit	Weichsel-Eiszeit	Waldai-Eiszeit	Wisconsin-Eiszeit

Nordsibirien war bis 60° nördlicher Breite mit großen Eismassen bedeckt, jedoch entstanden auch in den ostsibirischen sowie in den zentralasiatischen Gebirgen große (bis 450 km lange) Gletscher.

Das Zustandekommen der Gletschervorstöße im Pleistozän hat mehrere Gründe, die in z. T. komplizierter Weise zusammenwirkten. Der Nordpol lag während des Pleistozäns nicht nur näher an Mitteleuropa, sondern er befand sich auch auf dem Festland. Dadurch konnte sich eine große Inlandeismasse bilden, von der nach allen Richtungen Gletscher in das Vorland vorstießen. Die Eismassen der stärksten Vereisung, der Rißeiszeit, drangen über die Ostsee bis zum Fuße der heutigen Mittelgebirge vor. Zur gleichen Zeit rückten auch die Alpengletscher ins Vorland vor und in den höheren Mittelgebirgen, wie Schwarzwald, Vogesen und Bayrischer Wald, entstanden Gletscher. Lediglich die höchsten Gipfel ragten aus der bis zu 3 km mächtigen Eismasse als Nunatakker heraus.

Zu dieser ungünstigen Pollage kam nun noch die periodische Änderung der Sonneneinstrahlung hinzu, die Milankowitsch (1930) für die letzten 650000 Jahre für die Nordhalbkugel berechnete. Diese periodischen Schwankungen der Sonneneinstrahlung werden durch die Änderung der folgenden astronomischen Größen bedingt:

1. Die Neigung der Äquatorialebene zur Ebene der Erdbahn, die Ekliptikschiefe, schwankt mit einer Periode von 40400 Jahren zwischen 22 und 24,5°.

2. Die Exzentrizität der Erdbahn ändert sich in einer Periode von 91800 Jahren von 0,002 bis 0,065.

3. Der Frühlingspunkt zeigt eine Präzession, d. h. er vollführt auf der Ekliptik in 25800 Jahren eine vollständige Umdrehung.

Je größer die Ekliptikschiefe ist, desto wärmer werden die Sommer in höheren Breiten sein und desto kälter die Winter. Ist die Ekliptikschiefe geringer, werden auf der Nordhalbkugel die Sommer kühler und die Winter milder sein. Gleiches gilt für die Exzentrizität, bei der ein wärmerer Sommer dann herrscht, wenn die Erde im Nordsommer in größerer Sonnennähe steht. Da nun die drei genannten, sich ändernden astronomischen

Größen in Perioden unterschiedlicher Länge schwanken, kommt es zu komplizierten Überlagerungen, wobei zeitweise der Fall eintreten kann, daß alle Faktoren in einer Richtung wirken, d. h. es muß in gewissen Abständen zu besonders warmen bzw. kühlen Sommern kommen.

Die von MILANKOWITSCH errechnete Kurve der Sonneneinstrahlung des Sommerhalbjahres läßt deutlich für die letzten 650000 Jahre 4 Doppelminima der Sommertemperatur erkennen. Diese 4 Minima können den 4 Eiszeiten gleichgesetzt werden, denn die kühleren Sommer hatten ein vermindertes Abschmelzen der Eismassen und damit einen Vorstoß der Gletscher zur Folge. Es muß deshalb für das Weiterrücken der Gletscher in den Eiszeiten keine Erhöhung der Niederschläge angenommen werden.

Während der Vereisungen lag die Schneegrenze in Europa bei etwa 800 m über NN (nach PENCK), sie war also um etwa 1200 m niedriger als heute, die mittlere Jahrestemperatur wird entsprechend auch 8 bis 10°C niedriger gewesen sein. Es ist deshalb unwahrscheinlich, daß die eisfreien Gebiete einen stärkeren Baumwuchs aufwiesen, vor allem wenn man bedenkt, daß in den Eiszeiten besonders die Sommertemperaturen niedrig blieben und infolge der sich über dem Eis ausbildenden Hochdruckgebiete trockene Nordostwinde überwogen. Auf dem Höhepunkt der Eiszeiten wird aus diesen Gründen eine baumlose Tundra mit einem kontinentalen Klima, eine kryophile Steppenvegetation vorhanden gewesen sein.

Diese Vermutungen und Schlußfolgerungen werden durch die aus dieser Zeit stammenden Pflanzenfossilien und auch durch bodenkundliche Untersuchungen bestätigt.

In den frühdiluvialen Ablagerungen bei Lüneburg finden sich in den unteren Schichten mit *Picea omoricoides*, *Pinus montana* und *Vaccinium priscum* die Reste eines subarktischen Waldes, in den oberen Schichten sind dagegen nur noch Reste von Pflanzen der arktischen Tundren zu finden, wie *Salix herbacea*, *Salix lapponum* und *Betula nana*. Es handelt sich bei den glazialen Ablagerungen meistens nicht um Torfe, sondern um Tone, die nach der in ihnen häufigen Leitpflanze *Dryas octopetala*, einer arktisch-alpinen Pflanze, als Dryastone bezeichnet werden. Einige wichtige Pflanzen dieser Dryastone sind außer der namengebenden Art *Betula nana*, *Salix herbacea*, *S. polaris*, *S. myrsinites*, *S. reticulata*, *Polygonum viviparum*, *Gypsophila repens*, *Saxifraga oppositifolia*, *S. aizoon*, *Potentilla aurea*, *P. crantzii*, *Loiseleuria procumbens*, *Armeria arctica* und *Eriophorum scheuchzeri*. Alle diese Arten zeigen eindeutig, daß in Mitteleuropa zu dieser Zeit eine baumlose Tundrenvegetation herrschte, was ja auch durch das Fehlen der meist leichtverwehbaren Baumpollen bestätigt wird.

Im krassen Gegensatz zu den Pflanzenfossilien der Eiszeiten stehen die der Interglazialzeiten. Die Pflanzenreste in interglazialen Ablagerungen lassen deutlich die schrittweise Erwärmung zu Beginn der Interglazialzeit und die anschließende Wiederabkühlung erkennen.

So ergeben die interglazialen Ablagerungen von Hohenerdingen bei Waldsrode in der Lüneburger Heide zuunterst Schichten mit *Betula nana*, darauffolgend Ablagerungen mit Kiefer und schließlich mit Fichte. Diese wird abgelöst von einem Laubmischwald mit Tanne. In den oberen Schichten verschwindet dieser, es folgt wiederum die Fichte, die von der Kiefer ersetzt wird, welche schließlich zusammen mit der Birke als einzige verbleibt.

Während des Klimaoptimums zur Zeit der Herrschaft des Laubmischwaldes waren vertreten: *Abies alba*, *Quercus petraea*, *Fagus sylvatica*, *Carpinus betulus*, *Corylus avellana*, *Alnus glutinosa*, *Ilex aquifolium*, *Tilia platyphyllos*, *Taxus baccata* und nicht sicher bestimmt *Juglans* und *Platanus*. *Juglans regia* ist allerdings sicher im interglazialen Travertin von Weimar-Ehringsdorf zusammen mit *Thuja occidentalis* var. *thuringiaca* nachgewiesen worden. In anderen interglazialen Tuffablagerungen Thüringens konnten sogar *Acer monspessulanum* und *Buxus sempervirens* gefunden werden, zwei Arten, die darauf hindeuten, daß das Klima der Interglazialzeiten zum Teil wärmer als das heutige Klima Mitteleuropas war.

Aus verschiedenen fossilführenden Interglazialablagerungen Osteuropas ist auch bekannt, daß Sippen wie *Ilex*, *Fagus* und *Carpinus* weiter nach Osten vordrangen als in der Gegenwart.

In Südeuropa und Nordafrika wirkten sich die Eiszeiten und die Interglazialzeiten wie in den entsprechenden Breiten Nordamerikas und Asiens ganz anders aus als in Mitteleuropa bzw. im nördlichen Nordamerika und Nordasien. Die regenbringenden Zyklonen, die in der Gegenwart — wie in den Interglazialzeiten — über Mitteleuropa, das nördliche Nordamerika und Nordasien ziehen, wurden während der Eiszeiten durch die über dem Eisschild liegenden Hochdruckgebiete nach Süden abgedrängt, so daß in Südeuropa, in Nordafrika und in den entsprechenden Breiten Nordamerikas und Asiens an Stelle der Eiszeiten Regenzeiten, Pluvialzeiten, auftraten; in den Interglazialzeiten herrschte in diesen Gebieten dagegen wieder eine Sommertrockenzeit.

Es waren somit auch die südlicheren Gebiete der Nordhalbkugel während des Diluviums einem Klimawechsel unterworfen, nur daß sich hier die Pluvialzeiten für die Entwicklung einer reichen Vegetation günstig und die Interglazialzeiten wegen der Trockenzeiten ungünstig auswirkten. Die Spuren dieser Pluvialzeiten lassen sich in den heutigen Trockengebieten mit Sicherheit nachweisen. Zeugen dieser Pluvialzeiten sind in Nordafrika die trockenliegenden, eingeschnittenen Täler, die Wadis, deren Entstehung eine viel stärkere Wasserführung der Flüsse voraussetzt, als es heute der Fall ist. Verschiedene Fluß- und Seeterrassen, die hoch über der heutigen Talsohle liegen, geben ebenfalls Kunde von diesen regenreicheren Zeiten.

Wir können somit feststellen, daß für die Zeit des Pleistozäns in der gemäßigten Zone der Nordhalbkugel der

Wechsel zwischen Perioden mit sehr kaltem, arktischem und wärmerem Klima bezeichnend ist, für die anschließenden z. T. subtropischen Gebiete ein ebensolcher Wechsel zwischen regenreichen und trockenen Klimaperioden.

Die Pflanzenarten, die an ein gemäßigtes Klima angepaßt waren, mußten zu Beginn der Eiszeiten vor dem heranrückenden Inlandeis des Nordens nach Süden ausweichen. Es handelte sich hierbei im wesentlichen um die Arten der arktotertiären Flora, die im Eozän die heute arktischen Gebiete, zu Beginn des Pleistozäns die gemäßigte Zone der Nordhalbkugel besiedelten. An ihre Stelle traten in den eisfreien Gebieten kälteresistente Arten, die an ein kaltes, arktisches Klima angepaßt waren und die bis in die Gegenwart in der Arktis oder im Hochgebirge anzutreffen sind.

Zogen sich die Eismassen während eines Interglazials zurück und wichen auch die aus den höheren Mittelgebirgen und den Hochgebirgen vorgedrungenen Gletscher, so folgte ihnen die arktische Flora, und es drangen wiederum die Vertreter der Floren gemäßigter Klimate vor. Dieser Wechsel, dieses Vordringen und Zurückweichen, wird sich während des Pleistozäns mehrmals abgespielt haben.

Dabei ist zu bedenken, daß sich in Europa diesem Ausweichen der arktotertiären Flora nach Süden sehr große Hindernisse in den Weg stellten. Es mußten zunächst die Ost-West ziehenden Gebirge und die höheren Mittelgebirge umgangen und schließlich auch das Mittelmeer umwandert werden. Nur an vereinzelten, klimatisch geschützten Stellen, in sogenannten Refugien, vermochte dabei die anspruchsvollere Waldflora Zuflucht zu finden, wie im Bereich der Mittelmeerküste, im südlichen Spanien, an der adriatischen Küste und in Nordgriechenland oder im Bereich Transkaukasiens in der Kolchis und in Lenkoran (am Kaspisee).

Nicht alle Arten werden die Refugialstandorte bei dem Zurückweichen nach Süden erreicht haben, viele werden an den Verbreitungsschranken zurückgehalten worden und dann ausgestorben sein. Viele Arten werden auch nicht mehr die Fähigkeit besessen haben, sich von den Refugien aus neu auszubreiten. Die Klimaveränderungen werden sich bei den einzelnen Sippen sehr unterschiedlich ausgewirkt haben. Wird z. B. das Klima kühler, so wird eine Sippe an ihrer nördlichen Verbreitungsgrenze nicht mehr in der Lage sein, sich gegenüber den anderen, besser an kühleres Klima angepaßten Arten zu behaupten, dagegen werden ihre Verbreitungseinheiten, die über ihre südliche Verbreitungsgrenze hinausgelangen, vielleicht Fuß fassen können, d. h. die Sippe wird sich nach Süden zu ausbreiten. Dieser Wanderungsvorgang benötigt natürlich eine gewisse Zeitspanne, die bei den einzelnen Sippen sehr verschieden sein kann. Geht die Klimaänderung sehr rasch vor sich, so wird die Sippe an ihrer Nordgrenze möglicherweise mehr an Fläche verlieren, als sie im Süden dazugewinnen kann. Das Areal der Pflanze wird immer kleiner und kann am Ende gänzlich verschwinden. Verläuft die Klimaänderung dagegen sehr langsam, so kann sich die Sippe vielleicht durch neue, den veränderten Klimabedingungen besser angepaßte Mutanten in ihrem Areal behaupten. Es kann dann allerdings zur Entstehung neuer Sippen kommen, deren Ausgangsformen möglicherweise verschwinden. Somit können Klimawechsel eine Wanderung der Arten, ein Aussterben bestimmter und die Entstehung neuer Arten zur Folge haben.

Da die genannten Verbreitungsschranken in Europa ein Ausweichen der Sippen nach Süden erschwerten, werden in der europäischen Flora sehr starke Sippenverluste eingetreten sein, während die Flora des östlichen Nordamerikas, in dem keine so starken Verbreitungshindernisse wie die Alpen und das Mittelmeer bestanden, in dieser Zeit eine geringere Verarmung erfuhr. In Ostasien endlich wirkten sich die Eiszeiten nur wenig aus, die Arten brauchten ihre Areale nicht zu verändern, so daß in diesem Gebiet der ursprüngliche

Artenreichtum der arkto-tertiären Flora bis zur Gegenwart erhalten blieb. Eine starke Artenverarmung weist auch das westl. Nordamerika mit seinen hohen Gebirgszügen auf.

Aus diesem unterschiedlichen Schicksal der Floren ergeben sich für viele Gattungen, die noch im Tertiär über die ganze Nordhemisphäre verbreitet waren, Großdisjunktionen. Während sie im östlichen Nordamerika und Ostasien noch vorkommen, fehlen sie in Europa und im westlichen Nordamerika. Ähnliche Großdisjunktionen finden sich aber auch im Bereich der tropischen Flora, wo durch den Wechsel von Pluvialzeiten und Trockenzeiten der afrikanische Kontinent, mit Ausnahme des Kaplandes, besonders starke floristische Einbußen erlitt.

Die Verarmung der Floren der europäischen und afrikanischen Gebiete trat natürlich schrittweise ein. Während in den früheren Interglazialfloren, z. B. *Magnolia*, *Pterocarya* und *Rhododendron ponticum* noch vorkommen, sind sie in den späteren Interglazialfloren nicht mehr vorhanden. In diesen können aber noch Gattungen gefunden werden, die der heutigen mitteleuropäischen Flora fehlen, z. B. *Thuja*, *Juglans*, *Laurus*, *Ficus*, *Cercis* und *Brassenia*. Die Zahl der Gattungen, die eine Verbreitungslücke in Europa und Afrika aufweisen, dürfte 100 übersteigen, so daß hier eine nur kleine Auswahl genannt sei:

Nur in NO-Amerika und Ostasien (z. T. mit einem kleinen Areal in Kleinasien) sind vertreten:

Liriodendron (Abb. 31), in Nordamerika in der Art *L. tulipifera*, in Asien mit *L. chinensis*; *Hamamelis*, in Nordamerika mit *H. virginiana*, in Asien mit *H. mollis* und *H. japonica*; *Liquidambar*, in Nordamerika mit *L. styraciflua* und *L. macrophylla*, in Kleinasien mit *L. orientalis*, in Ostasien mit *L. formosana* und *L. edentata*; außerdem *Catalpa*, *Morus*, *Mahonia*, *Magnolia*, *Illicium*, *Dicentra*, *Astilbe*, *Philadelphus*, *Deutzia*, *Hortensia*, *Platanus*, *Wistaria*, *Ampelopsis*, *Phlox*, *Capsicum* und *Nyssa*; von den Coniferen *Tsuga* und *Pseudotsuga*, *Torreya*, *Thuja*.

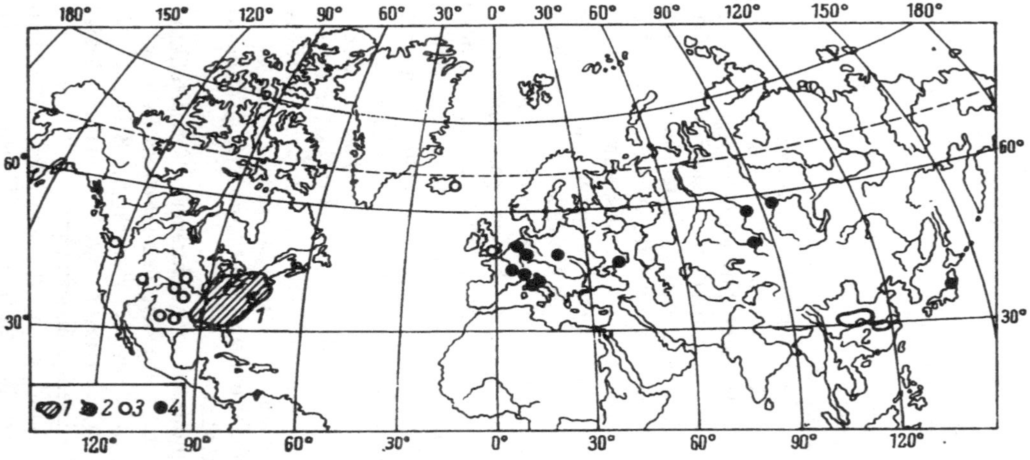

Abb. 31. Heutiges Areal von *Liriodendron* (nach DANDY und GOOD 1929) (1, 2) und das Vorkommen ihrer fossilen Vertreter (3, 4) (nach SCHAPARENKO 1937). 1 — *Liriodendron tulipifera*, 2 — *Liriodendron chinensis*, 3 — Funde aus der Kreide und den älteren Formationen, 4 — Funde aus dem Tertiär und Quartär. Aus TOLMATSCHEV, Grundzüge der Arealkunde, Leningrad. 1962.

Nur in Amerika, Ostasien und Australien sind vertreten: *Nelumbo, Drimys, Calycanthus, Aralia* und *Gaultheria*. Nur noch in Nordamerika vorhanden sind *Carya* und *Ptelea*; *Sequoia* und *Taxodium*. Nur noch in Ostasien kommen vor: *Ailanthus, Cinnamomun, Artocarpus, Nipa* und *Glyptostrobus*.

Bei der Gattung *Acer* ist der interessante Fall zu verzeichnen, daß die arkto-tertiären Formen in Europa nur fossil vorkommen, während sie in Nordamerika und Ostasien, die Sect. *Saccharina* nur in Nordamerika, rezent vorhanden sind. In Europa haben sich dagegen neue Arten gebildet. Ähnliche Verhältnisse liegen bei vielen anderen Gattungen vor, bei denen sich seit der Isolierung der Sippen in den einzelnen Kontinenten verschiedene, wenn auch z. T. nahe verwandte Arten gebildet haben, z. B. *Betula, Fagus, Fraxinus, Taxus* usw.

Bei anderen Gattungen wiederum sind die Großdisjunktionen nur in abgeschwächter Form vorhanden, da sich in Europa noch Reliktstandorte im östlichen Mittelmeergebiet oder in Südeuropa befinden, z. B. bei der Gattung *Pinus* in der Sect. *Strobus*, in der mit *Pinus peuce* auf dem Balkan ein solches Tertiärrelikt vorkommt. Weitere Tertiärrelikte sind *Picea omorica* in Jugoslawien, *Tilia tomentosa* im Nordbalkan, *Juglans regia* ssp. *balcanica* in den nordgriechischen Gebirgen, wo auch *Aesculus hippocastanum* wildwachsend vorkommt, *Forsythia europaea* in Albanien, *Syringa vulgaris* in den Südkarpaten, *Cupressus sempervirens* im östlichen Mittelmeergebiet, in dem auch *Styrax officinalis* Refugialstandorte aufweist.

Ein Refugium mit sehr zahlreichen Tertiärrelikten ist die Kolchis im westlichen Transkaukasien, wo z. B. die Gattungen *Juglans, Pterocarya, Zelkowa, Celtis, Parrotia, Buxus, Epimedium* und Arten wie *Rhododendron ponticum* die Eiszeiten überdauerten.

Interessant sind auch Pflanzen, deren Verbreitung tropisch ist und die sich in heißen Thermen in Europa halten können, z. B. *Schoenoplectus litoralis* im Heviz-See und im Perce-Fluß in Ungarn *Nymphaea lotus.* Diese Arten, die in der älteren pflanzengeographischen Literatur oft als Tertiärrelikte bezeichnet werden, sind jedoch an den angegebenen Standorten nicht spontan.

Die mit den Klimaschwankungen verbundenen Florenwanderungen des Pleistozäns führten, wenngleich in bescheidenem Maße, auch zu einer Bereicherung der mitteleuropäischen Flora bei der Ausbildung des arktischen Geoelementes. Die Floren der Arktis und der südlicheren Hochgebirge werden sich im Tertiär unabhängig voneinander entwickelt haben. Im Pleistozän kamen sie jedoch in den Eiszeiten im noch eisfreien Gebiet zusammen und mischten sich, um in den Interglazialen wieder auseinanderzuweichen. Dabei wird sich naturgemäß ein großer Austausch vollzogen haben und damit der Grund für die große floristische Ähnlichkeit zwischen der Flora der Arktis und der südlichen Hochgebirge Europas gelegt worden sein. An einzelnen, für sie besonders geeigneten Standorten blieben einige dieser arktischen Elemente bei der Erwärmung des Klimas zurück und bereicherten damit die Flora Mitteleuropas.

5. *Nacheiszeitliche Floren- und Vegetationsentwicklung*

Vor etwa 20000 Jahren begann der letzte Rückzug der Gletscher, damit eine allmähliche Änderung des arktischen Klimas der letzten Eiszeit und eine Wandlung der damaligen Vegetation in Klima- bzw. Vegetationsverhältnisse, wie sie in der Gegenwart herrschen. Für die Zeitdauer des Rückzuges des Inlandgletschers bis nach Schonen (Daniglazial) werden keine genauen Zeitangaben gemacht (3000 bis 7000 Jahre). Der Rückzug des Gletschers von Schonen bis nach Mittelschweden (Gotiglazial) dauerte 3000 Jahre. Im letzten Abschmelzungsabschnitt (Finiglazial), dessen Zeitdauer auf 1000 Jahre berechnet wird, zog sich das Inlandeis bis nach Jämtland zurück. Durch Schmelzwässer wurde der Gletscher in zwei Teile gespalten. Diese Zweiteilung wird oft als der Beginn des Postglazials (der Nacheiszeit) gewertet, während die vorhergehenden Perioden bis zum Beginn der Abschmelzung des Inlandgletschers der letzten Eiszeit als Späteiszeit bezeichnet werden.

Der Übergang der damaligen in die heutigen Floren- und Vegetationsverhältnisse verlief nicht stetig. Es lassen sich vielmehr sowohl in der Spät- als auch in der Nacheiszeit Klimaschwankungen nachweisen, deren Ursachen noch nicht geklärt sind. Das sich am Ende der letzten Eiszeit nur langsam zurückziehende Eis gab in den eisfreien Gebieten zunächst nur einer kryophilen Steppenvegetation Möglichkeit des Gedeihens. Mit den günstigeren klimatischen Verhältnissen drangen jedoch die Kiefer und die Birke bald vor. An diese für die Vegetation klimatisch relativ günstige Zeit, auch als Alleröd-interstadial bezeichnet, schloß sich ein erneuter Vorstoß des Eises — der baltische Vorstoß — an, der wieder eine Tundrenvegetation aufkommen ließ. Nach diesem letzten Eisvorstoß begann das Klima ständig wärmer zu werden, bis es mittlere Temperaturwerte aufwies, die über den heutigen lagen; nach diesem auch als Wärmezeit bezeichneten Klimaoptimum setzte eine erneute Abkühlung ein, bis unsere heutigen Klimawerte erreicht wurden. Die neben diesen Wärmeschwankungen wechselnden Feuchtigkeitsverhältnisse, die sich natürlich auch auf die Entwicklung der Vegetation und auf die Bildung der Ostsee auswirkten, gaben Veranlassung, die Zeit vom beginnenden Abschmelzen des Inlandeises bis zur Gegenwart in 10 Abschnitte zu gliedern (Tab. s. S. 113).

Für den Zeitraum der Spät- und Nacheiszeit ist es erstmals möglich, eine absolute Chronologie, d. h. eine zeitlich genaue Festlegung der Fossilfunde zu treffen. Es ist dies einmal mit Hilfe der in Schmelzwasserseen abgelagerten Bändertone möglich, zum anderen durch die Bestimmung des Gehaltes der gefundenen organischen Reste an radioaktivem Kohlenstoff.

Die Bändertone (Warwen), die in den Schmelzwasserseen abgelagert werden, zeigen eine deutliche

Gliederung der Spät- und Nacheiszeit in Mitteleuropa

Bezeichnung des Zeitabschnittes	Stadium der Ostsee	Vegetation
I. Spätglazial (Zeitdauer 6000 bis 10000 Jahre)		
1. Ältere Dryaszeit		Tundrenvegetation
2. Allerödinterstadial		Kiefern- und Birkenwald
3. Jüngere Dryaszeit		Tundrenvegetation
II. Postglazial (Nacheiszeit)		
4. Vorwärmezeit (Präboreal)	Yoldia-Meer	Kiefern- und Birkenzeit
5. Frühe Wärmezeit (Boreal)	Ancylus-See	Haselzeit
6. Ältere } Mittlere Wärmezeit	Litorina-Meer	Eichen-Mischwaldzeit (EMW)
7. Jüngere } (Atlantikum)		
8. Späte Wärmezeit (Subboreal)		EMW- und Buchenzeit
9. Nachwärmezeit (Subatlantikum)	Limnäa-Zeit	Buchenzeit
10. Jüngste Zeit ab 100 n. d. Zw.	Mya-Zeit	Waldnutzung

Jahresschichtung. Jedes Jahresband beginnt mit einer sandigeren Schicht, die durch die im Frühjahr plötzlich einsetzende Schneeschmelze entsteht, und schließt mit tonreicheren Schichten ab. Im Winter finden kaum Ablagerungen statt, so daß erst im Frühjahr das neue Jahresband mit einer erneuten, sandigen Schicht beginnt. Je nach den Wärmeverhältnissen der einzelnen Jahre wurden breitere oder schmälere Bänder gebildet, die nun wie die Jahresringe der Bäume eine Synchronisierung erlauben. Durch die mühevolle Arbeit des Auszählens und Synchronisierens, wie sie von DeGeer und seinen Schülern in Schweden und von Sauramo in Finnland durchgeführt wurde, gelang es, die einzelnen Eisrandlagen und damit die gesamte Spät- und Nacheiszeit einer absoluten Datierung zugänglich zu machen.

In neuerer Zeit wurde eine Methode entwickelt, die es ermöglicht, das absolute Alter von organischen Resten durch das Feststellen ihres Gehaltes an radioaktivem

Kohlenstoff (^{14}C) zu ermitteln. Radioaktiver Kohlenstoff wird durch Höhenstrahlung dauernd in der Luft erzeugt, von den grünen Pflanzen assimiliert und in die organische Substanz eingebaut. Mit der pflanzlichen Nahrung gelangt der radioaktive Kohlenstoff auch in die tierische Substanz, so daß alle rezenten Organismen die gleiche absolute spezifische Radioaktivität von 15,3 r besitzen, die mit entsprechenden Detektoren gemessen werden kann. Da die Halbwertzeit des radioaktiven Kohlenstoffes 5568 $\pm$ 30 Jahre beträgt, muß die Radioaktivität aller toten organischen Substanz mit zunehmendem Alter, vom Zeitpunkt ihres Todes ab, in einem bestimmten Maß abnehmen. Aus dieser meßbaren Abnahme der Radioaktivität läßt sich ihr absolutes Alter, wie auch Vergleiche mit *Sequoia*-Stämmen, die ein Alter von fast 5000 Jahren erreichen, und mit archäologischen organischen Funden bestimmten Alters ergeben haben, sehr genau ermitteln.

Über die spät- und nacheiszeitliche Vegetationsentwicklung und speziell über die Einwanderung der einzelnen Sippen, vor allem der Baumarten, sind wir gut orientiert, was vor allem der Palynologie, der Pollenanalyse zu verdanken ist.

Die Begründer der Pollenanalyse sind C. A. Weber, der 1893 als erster Torfproben auf ihren Pollengehalt hin untersuchte, und L. von Post, der 1916 die methodischen Grundlagen für diesen Forschungszweig der Geobotanik entwickelte.

Infolge der Widerstandsfähigkeit ihrer Exine können die Pollenkörner, in Torf- oder Seeablagerungen eingeschlossen, Jahrtausende überdauern. Da nun die Form und Größe der Pollenkörner für die meisten Pflanzensippen spezifisch ist, lassen sich diese nach ihren Pollen bestimmen, so daß von dem Vorkommen ihrer Pollen in bestimmten Schichten der Moore auf ihr Vorhandensein und z. T. auch auf ihre Häufigkeit in dem betreffenden Abschnitt der spät- und nacheiszeitlichen Vegetationsentwicklung geschlossen werden kann.

Für pollenanalytische Untersuchungen werden an Torfstichen oder durch Bohrungen mit einem Kammerbohrer, der die Entnahme ungestörter Torfproben aus bestimmten Tiefen ermöglicht, Proben im Abstand von 10 bis 30 cm (zuweilen auch für besondere Untersuchungen in geringerem Abstand) gezogen. Diese Torfproben werden im Labor kurze Zeit zur Aufhellung und Lösung eines Teiles der Humusstoffe in 10%iger Kalilauge gekocht und bei hohem Gehalt an mineralischen, kieselsäurehaltigen Stoffen mit Flußsäure aufgeschlossen. Wenn nötig, werden gröbere Bestandteile abgesiebt und anschließend zentrifugiert. Der Rückstand wird mit Glyzerin versetzt und tropfenweise unter einem Mikroskop mit Kreuztisch durchmustert. Zum besseren Sichtbarmachen der Pollen wird bei pollenarmen Präparaten mit Safranin angefärbt.

Nach der Untersuchung von 100 bis 200 Baumpollenkörnern wird der Anteil jeder unterscheidbaren Pollenart in Prozenten der Baumpollensummen ausgedrückt. Da die Zahl der Nichtbaumpollen (NBP), die gesondert notiert werden, auch auf die Baumpollen bezogen wird, sind Gesamtwerte der Pollenhäufigkeit von über 100% möglich. Bei graphischer Darstellung dieser Häufigkeitsprozente der verschiedenen Pollen entsteht ein Pollenspektrum. Die Ergebnisse der Pollenspektren in den verschiedenen Schichten der Abfolge eines Torfprofils können wiederum in einem Pollendiagramm zusammenfassend dargestellt werden (Abb. 32 und 33 s. S. 116 und 117).

Wichtig ist die Feststellung großer und gesetzmäßiger, qualitativer und quantitativer Schwankungen im Pollenniederschlag während der Bildungszeit der Moore und Seeablagerungen, denn diese Schwankungen können ein Zurückgehen bzw. Vordringen von Pflanzen vermuten lassen. Es ergibt sich daher die Frage, inwieweit aus Schwankungen in der Pollenzusammensetzung der Pollenspektren eines Pollendiagrammes auf Änderung in der Zusammensetzung der Vegetation zur

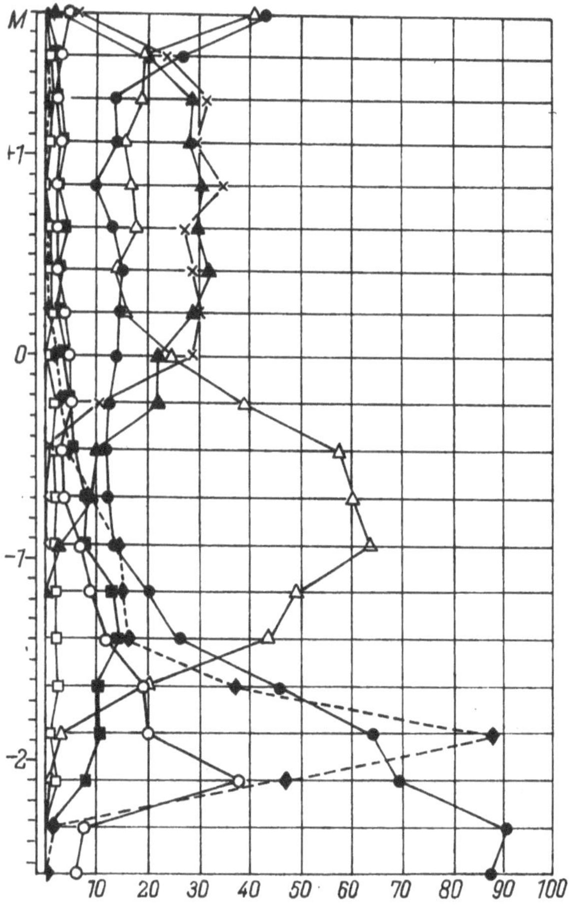

Abb. 32. Durchschnittliches Pollendiagramm der Moore des Erzgebirgskammes. Als Nullhorizont wird in diesem Torfprofil der Kontakt zwischen dem jüngeren Moostorf und den älteren Schichten bezeichnet. Nach RUDOLPH und FIRBAS, aus WALTER, 1954.

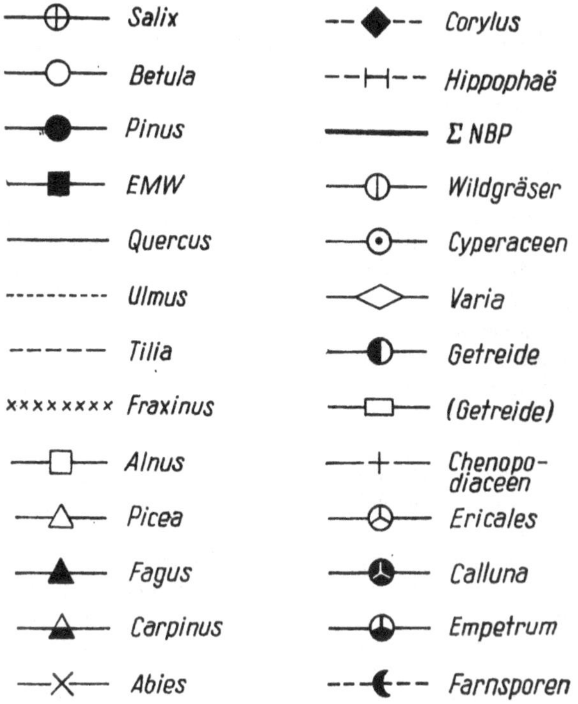

Abb. 33. Kennzeichnung der Pflanzensippen in Pollendiagrammen. EMW – Eichenmischwald, NBP – Nichtbaumpollen, Aus FIRBAS, 1949.

Zeit der Pollenablagerung geschlossen werden kann. Um diese Frage zu klären, ist zunächst folgendes zu beantworten:

1. Sind die Pollenkörner näher bestimmbar?
2. Entspricht der Pollenniederschlag der Vegetationszusammensetzung, d. h. ist der fossile Pollenniederschlag ein Ausdruck für die Vegetationsverhältnisse der engeren und weiteren Umgebung seiner Fundstätte?

3. Läßt sich der Zeitpunkt der Vegetationsänderung, auf die, durch die Veränderungen des Pollengehaltes geschlossen werden könnte, bestimmen?
4. Sind auch die kleineren in den Diagrammen verzeichneten Schwankungen gesetzmäßig?

Zu diesen Fragen kann gesagt werden:

Die Bestimmung der Pollen ist z. T. mangelhaft, da ein Teil unbestimmbar bleibt und nur die Feststellung der Familien oder Gattungen möglich ist, wie bei den *Cyperaceae* und *Apiaceae*, die sich durch einförmige Pollen auszeichnen. Der Polleniederschlag wird nur ein verzerrtes Bild vom Aufbau der pollenerzeugenden Vegetation geben, da Pollenerzeugung, Alter bei der ersten Blüte, Blühhäufigkeit und Verwehbarkeit der Pollen zusammen mit Erhaltungsfähigkeit und Sedimentation zu große Unterschiede aufweisen und daher die Ausbildung des Pollenspektrums verfälschen können.

Durch Oberflächenproben aus Moospolstern und Glyzerinschälchen wurde die Tragweite dieser Fehlerquellen erkannt. Die Abbildung 34 zeigt das Verhältnis der rezenten Pollenablagerung zu der Zusammensetzung der umgebenden Wälder im Riesengebirge. Die Oberflächenprobe 1 stammt aus der Stufe der Mischwälder, in denen etwa 10% des Bestandes von der Buche, der überwiegende Teil jedoch von der Fichte gebildet wird. Probe 2 ist aus der Stufe des fast nur von der Fichte bestehenden Waldes genommen, Probe 3 aus der Grenzzone zur Krummholzstufe, in der die Probe 4 liegt, während Probe 5 aus der alpinen Stufe jenseits der Baumgrenze stammt. Aus den beigefügten Pollenspektren für die einzelnen Oberflächenproben ist zu ersehen, daß sich Beziehungen zwischen Pollenniederschlag und damit zwischen Pollenspektrum und Vegetationszusammensetzung ergeben.

Allerdings ist auch zu erkennen, daß die Kiefer selbst in den unteren Höhenstufen, in denen sie in der Vege-

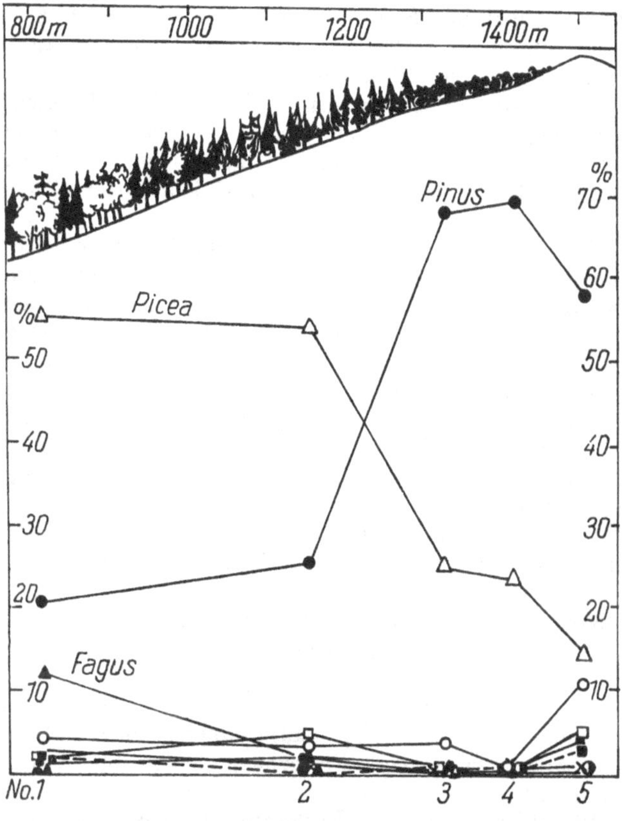

Abb. 34. Verhältnis der rezenten Pollenablagerungen zur Zusammensetzung der umgebenden Wälder im Riesengebirge. Aus WALTER, 1954.

tation fehlt, im Pollenspektrum noch mit 20% vertreten ist. Andererseits sind die Laubhölzer auch in der Fichten- und Krummholzstufe, in der sie im Pflanzenbestand fehlen, im Pollenspektrum vorhanden, ja sie erfahren sogar im Pollenspektrum der Probe aus der alpinen, baumlosen Stufe einen deutlichen Anstieg. Hier macht sich offenbar der Ferntransport der Pollen durch Aufwind bemerkbar, der in der baumlosen Stufe wirksamer ist als in den Baumbeständen der unteren Höhenstufen. Wir können daraus erkennen, daß eine völlige Übereinstimmung zwischen Pollenspektrum und Vegetation nicht vorhanden ist, sondern daß vielmehr an den Werten der Pollenspektren gewisse Korrekturen vorgenommen werden müssen.

Es ist zu berücksichtigen, daß in die Moore und Seeablagerungen vorwiegend der Pollen von Windblütlern gelangt. Der Pollen von insektenblütigen Pflanzen (*Tilia*, *Rosaceae*, bestimmte *Acer*-Arten, die meisten Kräuter) kann dagegen nur zufällig in die Lagerstätten geraten, da er ja kaum vom Wind verweht wird. Man unterscheidet deshalb Pflanzen, deren Pollen in den Pollenspektren übervertreten sind, z. B. *Corylus*, *Pinus*, *Alnus*, *Betula*; Pflanzen, deren Pollenerzeugung ihrer Häufigkeit entspricht, z. B. *Abies*, *Carpinus*, *Picea* und solche Arten, deren Pollen im Spektrum untervertreten sind, wie z. B. *Fagus*, *Quercus*, *Castanea*, *Tilia* und *Salix*.

Nach den Herkunftsgebieten des Pollens empfiehlt sich die Unterscheidung folgender Bereiche:

1. Örtlicher Niederschlag
2. Umgebungsniederschlag (Entfernungen bis 500 m)
3. Nahflugniederschlag (Entfernungen von 500 m bis 10 km)
4. Weitflugniederschlag (Entfernungen von 10 km bis 100 km)
5. Fernflugniederschlag (Entfernungen von über 100 km)

Bei einem Pollenanteil von 1% kann nicht mehr mit Sicherheit angenommen werden, daß die Pflanze in der Vegetation der Umgebung vorhanden war.

Durch das Auftreten des Grenzhorizontes, der eine deutliche Grenze zwischen älterem, stark zersetztem und jüngerem, weniger zersetztem Sphagnum-Torf darstellt und in sehr vielen Hochmoorprofilen vorhanden ist, durch ^{14}C-Bestimmungen und durch vorgeschichtliche Funde läßt sich das Alter der einzelnen Großschwankungen im Pollengehalt in den Pollendiagrammen zeitlich recht genau festlegen.

Obwohl kleinere Schwankungen im Pollengehalt nur sehr vorsichtig ausgewertet werden können, lassen sich bei eng liegenden Pollenentnahmen ($\approx$ 5 cm) doch einige gesetzmäßige kleinere Schwankungen erkennen. Zusammenfassend kann festgestellt werden, daß trotz der Fehlerquellen unverkennbare Gesetzmäßigkeiten in der Pollenzusammensetzung zu beobachten sind, die als Ausdruck einer entsprechenden Florenwandlung und Vegetationsentwicklung gelten können.

Nachstehend sei ein allgemeiner Überblick über die Hauptabschnitte der nacheiszeitlichen mitteleuropäischen Waldgeschichte gegeben, wie wir sie auf Grund der pollenanalytischen Untersuchungsergebnisse annehmen dürfen:

A. Spätglazial, Späteiszeit

1. *Ältere Dryaszeit*, (auch ältere waldlose oder waldarme Zeit oder ältere Tundrenzeit genannt). Reicht zeitlich vom Ausklang des Hochglazials bis zum Beginn der Wiederbewaldung (von 20000 bis 10000 v. d. Zw.)
   a) Älteste waldlose Zeit: Auch in größerer Entfernung vom Inlandeis geringe Walddichte bzw. Waldlosigkeit. In Pollenspektren viel NBP und *Salix*, *Selaginella-Sporen* und *Hippophaë*-Pollen sind nicht selten.
   b) Ältere subarktische Zeit, auch älteste Birken-Kiefern-Zeit genannt. Viel Pollen von *Betula* und *Pinus* in den Pollenspektren, Rückgang der NBP und der *Salix*-Pollen; Zunahme der Pollendichte als Zeichen der ersten Wiederausbreitung der Gehölze.

2. *Allerödzeit* (auch mittlere subarktische Zeit oder Kiefern-Birkenzeit genannt, von 10000 bis 9000 v. d. Zw.). In den Pollenspektren fehlen die Pollen der Glazialpflanzen oder sie treten stark zurück. Anfangs sind vielfach noch die Pollen von *Betula*, später die von *Pinus* stärker vertreten; die Pollendichte ist verhältnismäßig groß. Pollen wärmeliebender Holzarten fehlen völlig, mit Ausnahme einiger klimatisch begünstigter Landschaften im Süden und im Zentrum Mitteleuropas.

3. *Jüngere Dryaszeit* (auch jüngere subarktische Zeit oder jüngere Tundrenzeit genannt). In großen Teilen des nordmitteleuropäischen Flachlandes, aber auch weiter südlich im Pollendiagramm durch Anstieg der NBP und Rückgang der Pollendichte gut ausgeprägt. Ein erneuter Gipfel in der Pollenhäufigkeit von *Salix* und ein neuerliches Hervortreten von *Selaginella*, *Hippophaë* und *Artemisia* sind bemerkenswert. In einigen Landschaften ist dieser Zeitabschnitt im Pollendiagramm jedoch nur durch den Anstieg der Pollenprozente von *Salix* oder *Pinus mugo* gekennzeichnet.

B. Postglazial, Nacheiszeit

4. *Vorwärmezeit* (auch Präboreal oder frühpostglaziale Birken-Kiefern-Zeit genannt, von 7200 bis 6800 v. d. Zw.). Im Pollendiagramm herrschen die Pollen von *Pinus* und *Betula* vor. Im Verlauf dieses Zeitabschnittes erscheinen erstmalig regelmäßig die Pollen von *Corylus*, *Quercus* und *Ulmus*. NBP kommen etwa in dem Maße ihres Anteils an den Pflanzengesellschaften vor. Die Pollendichte ist hoch, *Selaginella* und *Hippophaë* fehlen oder sind ganz selten.

5. *Frühe Wärmezeit* (auch Boreal oder Haselzeit genannt, von 6800 bis 5500 v. d. Zw.). Im Pollendiagramm ausgezeichnet durch den Anstieg, den

Gipfel und den folgenden Abfall der Pollenkurve von *Corylus*. Pollen von *Betula* und *Pinus* sind häufig. Dieser Zeitabschnitt läßt sich weiter untergliedern.

a) Kiefern-Hasel-Zeit. Die Elemente des Eichenmischwaldes (EMW) und die Pollen von *Alnus* sind im Pollendiagramm noch spärlich vertreten, der Pollen von *Pinus* ist dagegen häufig und der Pollenanteil von *Corylus* wird größer.

b) Eichenmischwald-Kiefern-Hasel-Zeit. Im Pollendiagramm sind die Pollen von *Pinus* und vielfach auch von *Corylus* bereits im Rückgang begriffen, dafür werden die Pollen der Elemente des Eichenmischwaldes, besonders *Quercus* und *Ulmus*, häufiger. Am Ende des Abschnittes beginnen sich in den meisten Landschaften *Tilia* und *Alnus* auszubreiten, was sich in einem Anstieg ihrer Pollenprozente ausdrückt.

6. *Älterer Teil der mittleren Wärmezeit* (auch älterer Teil des Atlantikums bzw. der EMW-Zeit genannt, von 5500 bis 4000 v. d. Zw.). In den Pollendiagrammen herrschen die Elemente des Eichenmischwaldes sowie *Corylus* und *Alnus* vor, in den östlichen Mittelgebirgslandschaften auch *Picea*. *Pinus* geht in den westlichen Landschaften in ihrem Pollenanteil zurück, bleibt aber stark in den östlichen Gebieten Mitteleuropas. Neben dem Pollen von *Quercus* und *Ulmus* spielt jetzt auch der von *Tilia* eine große Rolle. Pollen von *Fagus*, *Abies* und *Carpinus* fehlen in den meisten Landschaften oder sind sehr selten.

7. *Jüngerer Teil der mittleren Wärmezeit* (auch jüngerer Teil des Atlantikums bzw. der Eichenmischwald-Zeit genannt, von 4000 bis 2500 v. d. Zw.). Je nach der Landschaft herrschen im Pollendiagramm weiterhin die Elemente des Eichenmischwaldes, *Corylus* und *Alnus* oder *Pinus* bzw. *Picea* vor. Von den

Elementen des Eichenmischwaldes treten *Ulmus* und auch *Tilia* etwas zurück, dafür wird *Fraxinus* häufiger. Charakteristisch sind die regelmäßigen Vorkommen von *Fagus* und *Abies* vor allem im Südwesten Mitteleuropas und die ersten Spuren von Getreidepollen.

8. *Späte Wärmezeit* (auch Subboreal oder Eichenmischwald-Buchen-Zeit genannt, von 2500 bis 800 oder 500 v. d. Zw. reichend und das Vollneolithikum und die Bronzezeit umfassend). Im Pollendiagramm allmählicher Rückgang der Elemente des Eichenmischwaldes und von *Corylus* sowie fortschreitendes Ausbreiten von *Fagus*, *Abies* und *Carpinus*, im Nordosten auch von *Picea*. Im Eichenmischwald wird das Übergewicht von *Quercus* über *Ulmus* und *Tilia* immer deutlicher. In den Altsiedlungsgebieten ist Getreidepollen nicht selten.
9. *Ältere Nachwärmezeit* (auch älterer Teil des Subatlantikums oder Buchenzeit genannt, von 800 bzw. 500 v. d. Zw. bis 600 oder 1300 n. d. Zw.; die Hallstatt- und La-Tène-Zeit gehören zu diesem Zeitabschnitt). Bemerkenswert ist im Pollendiagramm das starke Hervortreten von *Fagus*, *Abies* und *Carpinus*, während *Corylus* und die Elemente des Eichenmischwaldes stark zurücktreten. NBP und Getreidepollen sind noch spärlich, wie auch Hinweise auf stärkere, wirtschaftsbedingte Veränderungen in der Zusammensetzung der Wälder noch gering sind.
10. *Jüngste Zeit* (auch jüngere Nachwärmezeit, jüngerer Teil des Subatlantikums oder Zeit der stark genutzten Wälder und Forste genannt; vom Mittelalter bis zur Gegenwart).
    Je nach dem Zeitpunkt der Besiedlung nimmt der Anteil der NBP und der Getreidepollen zu und die Bewaldung ab. In diesem Zeitabschnitt setzt auch eine wirtschaftsbedingte Zunahme bestimmter Holzarten ein. So ist zunächst ein Häufigerwerden von

Quercus und lichtliebenden Hölzern wie *Corylus*, *Betula* und *Alnus* als Ausdruck eines regellosen Plenterbetriebes und der Schweinemast festzustellen. Später folgt ein starker Anstieg der Pollenanteilkurve von *Pinus* und *Picea* der vielfach zur völligen Herrschaft dieser Pollenarten führt. Er ist ein Ausdruck der zunehmenden Förderung dieser Bäume durch die Forstwirtschaft. Seltener und nur vorübergehend ist eine ähnliche Zunahme von *Fagus* festzustellen.

Um die Ausbreitung einer einzelnen Art zu studieren, können sogenannte Isopollenkarten angelegt werden, die für eine bestimmte Zeit Gebiete gleicher Pollenhäufigkeit wiedergeben. So zeigen z. B. Isopollenkarten der Rotbuche (*Fagus sylvatica*), daß sie bereits in der frühen Wärmezeit in den Südostalpen vorkam; von dort aus läßt sich dann ihr Vordringen in der mittleren und späteren Wärmezeit nach Norden sehr gut verfolgen, bis ihre Ausbreitung in der älteren Nachwärmezeit ihr Maximum erreicht. Das westliche Dänemark und Westschweden wurden von *Fagus sylvatica* erst um die Zeitenwende erreicht.

Ganz anders kam dagegen das heutige Areal von *Pinus sylvestris* zustande. Die Waldkiefer war in der frühen Wärmezeit sehr weit in Mitteleuropa verbreitet. In den folgenden Zeitabschnitten wurde die Kiefer jedoch auf arme Standorte und nach Osten zurückgedrängt. Ihr Areal ist auf einen Reduktionsvorgang zurückzuführen.

Im Gegensatz zu *Fagus*, die vom Südwesten in unser Gebiet einwanderte, ist bei dem Fichtenareal eine östliche Tönung von vornherein sehr deutlich. Im Boreal übersteigt z. B. der Pollenanteil von *Picea abies* in den Pollendiagrammen aus den Ostalpen 50%, während in den Westalpen die Fichte ganz fehlt. Im Antlantikum erscheint dann das Areal dieser Pflanze dreigeteilt. Hier läßt sich ein stärkerer Pollenanteil der Fichte in den Mooren Nordpolens, in den östlichen Mittelgebirgen und in den Alpen nachweisen. Diese Dreiteilung des Fichtenareals in Mitteleuropa bleibt bis zum Subatlantikum erhalten.

Alle diese Erscheinungen sind erklärbar, wenn wir in der Nacheiszeit eine von Klimaveränderungen abhängige Veränderung der Flora und Vegetation annehmen. Es sind ja nicht nur die heutigen, sondern auch die Arealformen der Vergangenheit Ausdruck der jeweils herrschenden Umweltverhältnisse.

6. Durch den Menschen bedingte jüngste Floren- und Vegetationsveränderungen

Mitteleuropa gehört zum eurosibirischen Waldgebiet. Der Wald würde deshalb bei einer ungestörten Vegetationsentwicklung vom Subboreal bis zur Gegenwart etwa 99% der Gesamtfläche Mitteleuropas einnehmen. Gegenwärtig sind aber nur 26% der Bodenoberfläche Mitteleuropas vom Wald bedeckt. Dieser Rückgang des Waldes auf fast ein Viertel seines ursprünglichen Areals ist im wesentlichen auf die Tätigkeit des Menschen zurückzuführen.

Der Mensch hat in das ursprüngliche Waldbild schon sehr zeitig eingegriffen. Der vorwiegend von Jagd und Fischfang und in kleinen Sippen lebende Mensch der älteren Steinzeit wird die Landschaft noch wenig beeinflußt haben. Die Menschen des Vollneolithikums, die bereits Ackerbau trieben, und in noch stärkerem Maße die Ackerbauer der Bronze-, Hallstatt- und La-Tène-Zeit werden dagegen durch umfangreiche Rodungen sehr stark verändernd in den Waldbestand eingegriffen haben. Der primitive Pflanzenbau und die Unkenntnis der Düngung führten dazu, daß die bebauten Flächen durch die eintretende Bodenerschöpfung innerhalb kurzer Zeit im Ertrag nachließen. Durch Anlegen neuer Rodungen entstanden neue Äcker. Das ausgezehrte Land überließ man sich selbst. Der Wald wurde durch das in den Wäldern weidende Vieh geschädigt und zurückgedrängt, denn durch den Verbiß war die natürliche Verjüngung in den Wäldern in Siedlungsnähe sehr in Frage gestellt.

Der praehistorische Mensch bevorzugte für die Anlage seiner Siedlungen die wärmebegünstigten Landschaften, Gebiete mit fruchtbaren Böden, also vor allem Lößböden und Humuskarbonatböden, Orte, an denen Trinkwasser sehr leicht erreichbar war und die eine bestimmte Sicherheit boten, und schließlich Orte, die Fischfang ermöglichten. Besonders wichtige, deshalb auch in dieser Zeit bereits stark entwaldete Gebiete waren in praehistorischer Zeit in Süddeutschland der niedere Teil des Alpenvorlandes vom Jura bis Niederösterreich, große Teile der Oberrheinischen Tiefebene, das Saargebiet, der Schwäbische und Fränkische Jura, sowie das Nahe- und Moseltal. Im herzynischen Raum sind vor allem die Landschaften von der Nordabdachung der Mittelgebirge von Sachsen und Thüringen bis zum Harz und Westfalen alte Siedlungsgebiete.

Nach der Völkerwanderung setzte mit der Karolingerzeit die große Rodungsperiode ein. Die Urwaldgebiete wurden soweit verkleinert, daß bereits mit dem Ausgang des 12. Jahrhunderts der Wald annähernd in seiner heutigen Flächenausdehnung vorhanden war. Auf diese große Rodungsperiode folgte bald ein Rückschlag, die sogenannte negative Siedlungsperiode, die wohl vor allem in den schlechten wirtschaftlichen Verhältnissen der neugegründeten Ortschaften, deren Felder oftmals auf für Ackerbau ungünstigen Standorten lagen, ihre Ursache hatte. Die Fehden des Mittelalters, Seuchen und das Aufblühen der Städte hatten jedoch auch einen gewissen Anteil am Rückgang der Fläche des in Kultur genommenen Landes.

War bis zu dieser Zeit der Mensch nur als Feind des Waldes aufgetreten, der ihn zurückdrängte, um neues Kulturland zu gewinnen, so trat in Mitteleuropa anschließend ein allmählicher Umschwung im Verhalten des Menschen zum Wald ein; er versuchte, den Wald zu schützen und zu erhalten. Gleichzeitig wurde er jedoch in seinem Holzartenbestand für die Ziele des Menschen verändert und umgestaltet. So wurde z. B. für die Schweinemast im Mittelalter die Eiche besonders geschützt und gepflegt, so daß es zu einer großen Ausbreitung von Eichenwäldern kam. Als man nach der Einführung der Kartoffel im 18. Jahrhundert zur Stallfütterung der Schweine überging, wurde die Eiche nicht mehr gefördert und die Buche begann in vielen Landschaften die Oberhand über die Eiche zu gewinnen. Schließlich wurde seit dem 19. Jahrhundert der Anteil der Nadelhölzer auf Kosten der Laubhölzer sehr stark erhöht. Die Ursachen dafür liegen u. a. in der größeren Rentabilität des schneller wachsenden Nadelholzes und in den im allgemeinen geringeren Bodenansprüchen der Nadelhölzer. Alle diese Veränderungen und Umwandlungen in der Waldfläche und Waldzusammensetzung müssen berücksichtigt werden, will man den Problemen der jüngsten Florenwandlungen nachgehen.

Nicht nur durch Veränderung des Waldbildes, sondern auch auf andere Weise greift der Mensch planmäßig oder unbeabsichtigt in die Pflanzenverbreitung ein.

Planmäßiges Eingreifen liegt z. B. bei dem Anbau von Nutzpflanzen auf Äckern und Wiesen, in Forsten, Plantagen, Parks und Gärten vor. Planmäßig erfolgt auch der Schutz bestimmter Sippen aus praktischen oder ideellen Gründen, bewußt und mit Absicht geschieht auch die Beseitigung von Pflanzen, die Rodung von Wald, die Bekämpfung von Unkräutern und die Förderung bzw. Hemmung von Pflanzensippen durch Melioration oder Düngung.

Nicht beabsichtigte unmittelbare Einwirkung auf die Ausbreitung der Pflanzen erfolgt durch die Verschleppung der Diasporen durch den Menschen. Unbeabsichtigt sind auch meist die mittelbaren Wirkungen, die sich aus den Kulturmaßnahmen des

Menschen ergeben; es sei nur an die weiträumigen Veränderungen der Lebensbedingungen (Böden, Grundwasser, Klima, Tierwelt) und an die Veränderung der Konkurrenz zwischen den Pflanzensippen erinnert.

Alle diese Einflüsse des Menschen haben für die Pflanzensippen entweder eine Einschränkung oder eine Vergrößerung ihres Areals zur Folge. Treffende Beispiele für eine durch den Menschen bedingte Arealvergrößerung sind bei den Pflanzen zu finden, die in Mitteleuropa nicht einheimisch sind, sondern erst in jüngster Zeit unter Mitwirkung des Menschen hierher gelangten. Diese Sippen werden als Adventivpflanzen bezeichnet. Nach dem Grade ihrer Einbürgerung, der Zeit ihrer Ankunft und der Art ihrer Verbreitung können mehrere Gruppen unterschieden werden:

1. Die Ankömmlinge, auch Passanten oder Ephemerophyten genannt, sind Pflanzen, die im Gefolge des Menschen nur vorübergehend und vereinzelt auftreten. Sie finden sich seltener an Segetalstandorten, häufiger dagegen an Ruderalstellen, vor allem in der Nähe von Häfen und Eisenbahnanlagen, Stapelplätzen usw. Diese Ephemerophyten, die zufällig verschleppt worden sind, keimen zwar, finden jedoch nicht die ihnen zusagenden Standortbedingungen und verschwinden deshalb bald wieder, ohne sich eingebürgert zu haben.
2. Die Kulturpflanzen (Ergasiophyten), die vom Menschen absichtlich als Nutz- und Zierpflanzen eingeführt und in der Land-, Garten- und z. T. in der Forstwirtschaft angebaut werden. Sie können mit der einheimischen Vegetation nicht konkurrieren und müssen deshalb durch Züchtung, Bestandespflege, Unkraut- und Schädlingsbekämpfung leistungsfähig erhalten werden.
3. Als Ansiedler oder Kolonisten werden die Pflanzen bezeichnet, die der Mensch zusammen mit den

Kulturpflanzen unbeabsichtigt einführte und die sich nun dauernd auf Ruderal- oder Segetalstandorten halten können. Verschwinden die vom Menschen geschaffenen Standorte dieser Pflanzen, so erlischt auch das Vorkommen der betreffenden Sippe. Zu dieser Gruppe gehören zahlreiche Ackerunkräuter und Ruderalpflanzen, z. B. *Delphinium consolida*, *Papaver rhoeas*, *Lepidium ruderale*, *Agrostemma githago* und *Lolium temulentum*, auch die Leinunkräuter *Lolium remotum*, *Silene linicola*, *Camelina sativa* und *Cuscuta epilinum*.

4. Neubürger endlich sind diejenigen Pflanzen, die vom Menschen erst in ein bestimmtes Gebiet gebracht wurden, sich hier aber einzubürgern vermochten. Dabei lassen sich zwei Gruppen unterscheiden:

   a) die Archaeophyten, die schon in prähistorischer oder frühester geschichtlicher Zeit in unser Gebiet gelangten und b) die Neophyten, deren Einbürgerung in die historische Zeit fällt. Bei ihnen ist in vielen Fällen das Jahr ihres ersten Auftretens genau bekannt.

Die Archaeophyten meiden, obwohl sie schon sehr lange zur heimischen Flora gehören, im allgemeinen noch die natürlichen und halbnatürlichen Pflanzengesellschaften. Sie bilden zusammen mit den Apophyten, den Arten der ursprünglichen Vegetation an einem anthropogenen Standort, den Grundstock der mitteleuropäischen Segetal- und Ruderalflora. Außerhalb der mitteleuropäischen Flora kommen diese Pflanzen natürlich auch spontan vor.

So ist z. B. *Nonnea pulla* in Transsylvanien (Siebenbürgen) ein regelmäßiger Bestandteil der Wiesensteppe, bei uns jedoch entweder Wegrainpflanze oder Ackerunkraut. *Orlaya grandiflora*, die in Mitteleuropa als Segetalpflanze auftritt, ist in Südeuropa in Felsheiden ursprünglich.

Einige Ruderalpflanzen wie *Urtica urens*, *Plantago lanceolata* und *Plantago major* wurden bereits in mesolithischen Siedlungen nachgewiesen. Die eigentliche Ausbreitung der Kulturpflanzen und damit der Ruderal- und Segetalflora erfolgte jedoch erst im Neolithikum. Viele Ackerunkräuter (*Stellaria media, Arenaria serpyllifolia, Chenopodium album, Polygonum persicaria, Polygonum lapathifolium* u. a. m.) sind demnach bereits vor 5000 Jahren verbreitet gewesen, andere Ruderal- und Segetalarten allerdings wie *Chelidonium majus, Sherardia arvensis, Portulaca oleracea, Ballota nigra* und *Nepeta cataria* sind erst durch die Römer verbreitet worden. Diese Pflanzen leiten bereits zu den Neophyten über, die auf verschiedene Weise nach Mitteleuropa gekommen sein können. Sie können als Zier- und Arzneipflanzen kultiviert worden und dann als Garten- oder Kulturflüchter (Ergasiophygophyten) ins Freie gelangt sein und sich in der heimischen Vegetation eingebürgert haben, wobei der Einbürgerungsprozeß (Naturalisation) verschieden weit gediehen sein kann. Solche Kulturflüchtlinge sind z. B. *Ornithogalum nutans, Aristolochia clematitis, Parietaria officinalis, Leonurus cardiaca, Linaria cymbalaria* und *Marrubium vulgare.* Andere Neophyten wurden mit Absicht außerhalb von Gärten und Feldern angepflanzt und haben sich dann von selbst weiter ausgebreitet. Solche Überreste fremder Kulturpflanzen (Ergasiolipophyten) sind z. B. *Robinia pseudacacia* und *Acorus calamus.* Schließlich gibt es Neubürger, die eingeschleppt wurden und sich zu lästigen Unkräutern entwickelten, wie *Oxalis stricta* und *Erigeron canadensis.* Viele dieser Pflanzen bevorzugen offene Standorte und zeigen dadurch noch ihre fremde Abstammung an, andere dagegen kommen auch innerhalb geschlossener natürlicher Pflanzengesellschaften vor und ihre fremde Abstammung ist ihnen nicht mehr anzusehen (*Impatiens parviflora*).

Im Folgenden sei die Ausbreitungsgeschichte einiger Arten etwas näher geschildert.

Bei *Chrysanthemum parthenium,* dem Mutterkraut, spielt sich der Einbürgerungsprozeß, der Übergang von

Gartenzierpflanze zu Gartenunkraut, in Mitteleuropa in der Gegenwart ab. In Südeuropa hat sich dagegen diese aus dem Kaukasus stammende Pflanze bereits eingebürgert.

Die Wasserpest (*Elodea canadensis*) stammt aus den gemäßigten Breiten Nordamerikas, wo sie einen ozeanischen Verbreitungscharakter aufweist. Nach Europa ist sie anscheinend mit kanadischen Holzschwellen eingeschleppt worden. Die ersten Daten ihres Vorkommens sind 1836 Verristown in Irland und 1841 Dunse Castle in Berwickshire in Schottland. Die darauf folgende Massenentwicklung in England führte sogar zu einer Störung der dortigen Schiffahrt. Von England aus gelangte die Wasserpest in die Teiche und Flüsse des nordmitteleuropäischen Flachlandes. Teilweise ging die Ausbreitung auch von Botanischen Gärten aus (Abb. 35). Absichtliche Anpflanzungen, Schiffahrt und Wassergeflügel sorgten für ihre schnelle Verbreitung. In Nord- und Osteuropa konnte sie jedoch nur vereinzelt Fuß fassen. So ist sie in Fennoskandinavien nur in den südlichen Bezirken zu finden, in der UdSSR nur an einem einzigen Vorpostenstandort im Ob-Bezirk in Westsibirien. Diese Tatsache ist insofern bemerkenswert, als daraus hervorgeht, daß die Wasserpest auch in Europa die ozeanisch beeinflußten Gebiete bei ihrer Verbreitung eindeutig bevorzugt.

Genaue Aufzeichnungen liegen auch über die Arealentfaltung des Frühlings-Greiskrautes, *Senecio vernalis*, vor (Abb. 36). Es ist vor allem in den süd- und mittelrussischen Steppen verbreitet, also ein kontinentales Gewächs. Bei uns gedeiht es vorzugsweise auf Äckern und in Sandgrasfluren, also in künstlichen bzw. halbnatürlichen Pflanzengemeinschaften. *Senecio vernalis* tauchte in Mitteleuropa erstmalig im 18. Jahrhundert im äußersten Nordosten auf. Im Jahre 1860 hatte das Frühlings-Greiskraut bereits in geschlossener Front vorrückend die Elbelinie erreicht. Anschließend drang es ins nordmitteleuropäische Flachland und in die Oberrheinische

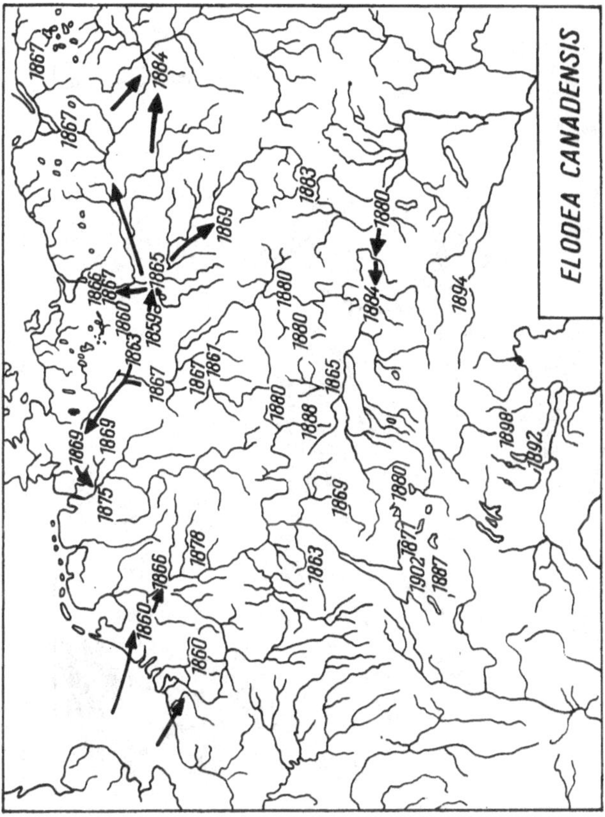

Abb. 35. Die Ausbreitung der Wasserpest (*Elodea canadensis*) in Mitteleuropa. Nach LINKOLA, aus MEUSEL, Vergleichende Arealkunde, Berlin, 1943.

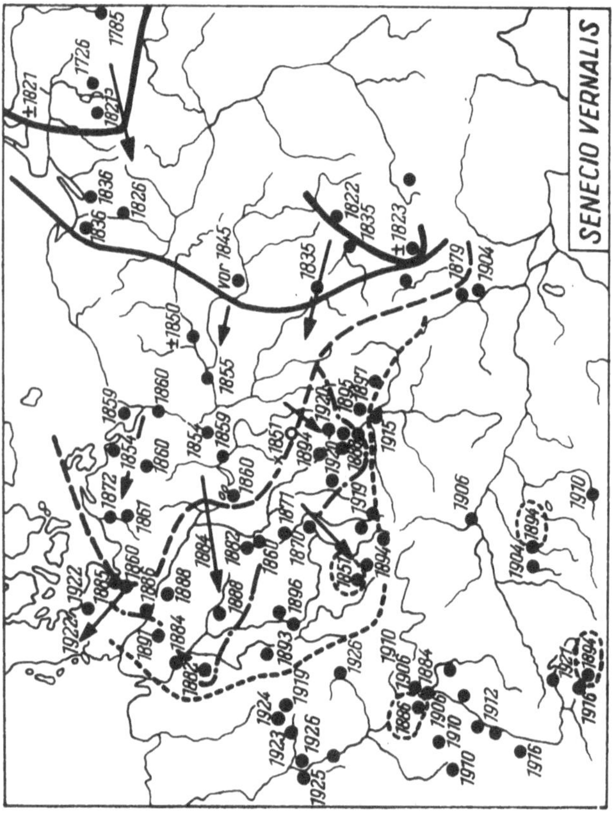

Abb. 36. Die Ausbreitung des Frühlingsgreiskrautes (*Senecio vernalis*) in Mitteleuropa. Nach LINKOLA, aus MEUSEL, Vergleichende Arealkunde, Berlin, 1943.

Tiefebene vor. Heute ist das Vordringen der Art bereits stark ins Stocken geraten, was nicht verwundert, da diese kontinentale Pflanze immer mehr in stärker ozeanische Gebiete gelangt, die klimatischen Bedingungen für sie also immer ungünstiger werden.

In den beiden beschriebenen Fällen hat der Mensch erst die Vorbedingungen für die Ausbreitung geschaffen. Diese kann jedoch auch wie z. B. bei *Lactuca tatarica*, dem Tatarenlattich, durch natürliche Faktoren ausgelöst werden. Der Tatarenlattich ist in Zentralasien und im pontischen Gebiet heimisch. Er wurde erstmalig 1902 im Bereich des Greifswalder Boddens an der Ostsee beobachtet, wohin er anscheinend durch den winterlichen Zug der Steppenhühner gebracht worden war. Die Pflanze hat seitdem eine 100 km lange Strandzone besiedelt.

Bei der Wanderung der Neophyten kann endlich auch eine Veränderung der Sippe selbst eine Rolle spielen. So tauchte 1870 das Gras *Spartina townsendii* als neue Sippe in Südengland auf und breitete sich dort und an der französischen Küste sehr schnell aus. Dieses Gras ist ein polyploider Bastard von *Spartina stricta* und der aus Amerika eingebürgerten *Spartina alternifolia*.

IV. Ökologische Pflanzengeographie

Die ökologische Pflanzengeographie untersucht die Beziehungen der Pflanzen zu den gegenwärtig von außen auf sie einwirkenden Kräfte also zu ihrer heutigen Umwelt. Überall, wo der Mensch nicht zu stark verändernd auf die Vegetation einwirkt, paßt sich das Pflanzenkleid allen Besonderheiten der Umwelt auf das engste an. Alle exogenen Faktoren der unbelebten Umwelt der Pflanzen lassen sich zu den beiden großen Faktorenkomplexen Klima und Boden zusammenfassen, die selbst wieder miteinander in enger Wechselbeziehung stehen. Die biologischen Wirkungen von Klima und

Boden sind oft nur schwer in genauen Maßeinheiten zu bestimmen oder gar in ihren zusammenwirkenden Faktoren zu analysieren.

1. Abhängigkeit der Pflanzenverbreitung von Klimafaktoren

Die Areale der Pflanzen erreichen häufig ihre Grenzen an Meeren oder Gebirgen, die von den Diasporen nicht überwunden werden können. Gelegentlich verlaufen jedoch Arealgrenzen mitten durch Gebiete, in denen solche Verbreitungshindernisse nicht vorkommen. Wenn den Pflanzen für ihre Ausbreitung genügend Zeit zur Verfügung stand, müssen solche Verbreitungsgrenzen durch ökologische Faktoren bedingt sein. Dabei braucht es sich nicht allein um Klima- und Bodenfaktoren zu handeln, da diese Pflanzen oft weit über ihr natürliches Areal hinaus in Gärten und Parkanlagen kultiviert werden können. Es wird häufig der Konkurrenzfaktor im Zusammenwirken mit Klima- und Bodenfaktoren für eine Begrenzung des Areals entscheidend sein. Für die Ausdehung des Areals einer Pflanze muß den Diasporen die Möglichkeit gegeben sein, an einen bestimmten Standort zu gelangen. Die Verbreitungseinheiten müssen keimen, sich bewurzeln und sich im Wettbewerb mit den anderen Arten behaupten. Die Ansiedlung gelingt einer Pflanze natürlich am leichtesten, wenn sie geeignete Standortbedingungen vorfindet und vor allem auch wenn die Konkurrenz anderer Pflanzen gering ist. Ihre natürliche Verbreitungsgrenze erreicht (nach WALTER 1954) eine Pflanzensippe in einem Gebiet ohne Ausbreitungsschranken an den Orten, an denen durch die sich verändernden Standortbedingungen ihre Wettbewerbsfähigkeit gegenüber den Konkurrenten so stark herabgesetzt wird, daß sie sich nicht mehr durchsetzen kann, d. h. sich nicht mehr in genügendem Maße reproduzieren kann.

Dabei spielt naturgemäß in großen Gebieten die Veränderung der klimatischen Gegebenheiten eine große

Rolle. Bemühungen, die Pflanzenverbreitung auf das Klima zurückzuführen, sind deshalb sehr alt. So versuchten schon WAHLENBERG, Alexander VON HUMBOLDT, DE CANDOLLE und KERNER die Grenzlinien der Verbreitung mit bestimmten Mitteltemperaturen in Übereinstimmung zu bringen. Diese Versuche waren meist von geringem Erfolg, da das Klima als ein Faktorenkomplex auf die Pflanzen einwirkt und bestimmte Klimabedingungen auch durch Bodenfaktoren ersetzt werden können. Trotzdem gibt es Beispiele, bei denen Klimalinien und Verbreitungsgrenzen gut übereinstimmen. Daraus darf natürlich nicht gefolgert werden, daß gerade diese Klimalinien die Verbreitung der bestimmten Pflanzensippe einschränken.

So stimmt z. B. bei der Stechpalme (*Ilex aquifolium*) die Ostgrenze des Areals gut überein mit der 0°-Januar-Isotherme, und der Linie, welche die Orte einschließt, an denen an 345 Tagen im Jahre eine Temperatur von mehr als 0 °C erreicht wird (Abb. 37). Aus dieser Übereinstimmung darf aber nur der Schluß gezogen werden, daß es die nach Osten zunehmende Länge und Härte der Winter ist, die für *Ilex aquifolium* arealbegrenzend wirkt. Daß nicht die Januartemperaturen unter 0 °C das verbreitungshemmende Moment darstellen, ist daraus ersichtlich, daß die Stechpalme in dem harten Winter 1928/1929 im östlichen Teil ihres Areals erst Frostschäden zeigte, als die Temperaturen unter −20 °C sanken.

Sehr gute Übereinstimmungen ergeben sich auch zwischen der Verbreitung der Fichte und bestimmten Klimalinien (Abb. 38). Beispielsweise ergibt sich eine gewisse Parallele zwischen nördlicher Arealgrnze der Fichte (*Picea abies*) und der Klimalinie, die Orte umschließt, an denen 65 Sommertage mit einem Tagesmaximum von +12,5 °C erreicht werden. Die Südostgrenze folgt der Klimalinie, innerhalb der an 65 Sommertagen ein Temperaturmaximum von +24 °C zu verzeichnen ist und die Westgrenze schließlich einer

Abb. 37. Areal des Hülsen (*Ilex aquifolium*) (schraffiert) im Vergleich mit zwei Klimalinien. Nach ENQUIST, Medd. Lunds Univ. Geogr. Inst. C 47, 1929.

Klimalinie, die Orte umgrenzt, an denen in 120 Wintertagen die Temperaturen bis 0 °C absinken. Daraus könnte nun abgeleitet werden, daß für die Arealgrenze der Fichte im Norden die abnehmende Sommerwärme, im Südosten die zunehmende, mit Trockenheit verbundene Sommerhitze und im Westen die die Rotfäule begünstigende Wintermilde die entscheidenden arealbildenden klimatischen Faktoren sind. Aber auch in diesem Fall ist Vorsicht geboten, denn es ist bekannt, daß die Baumgrenze der Fichte im Norden und im Gebirge nicht nur durch die kurze Vegetationszeit, sondern auch durch die Wintertrockenheit bedingt wird und ein

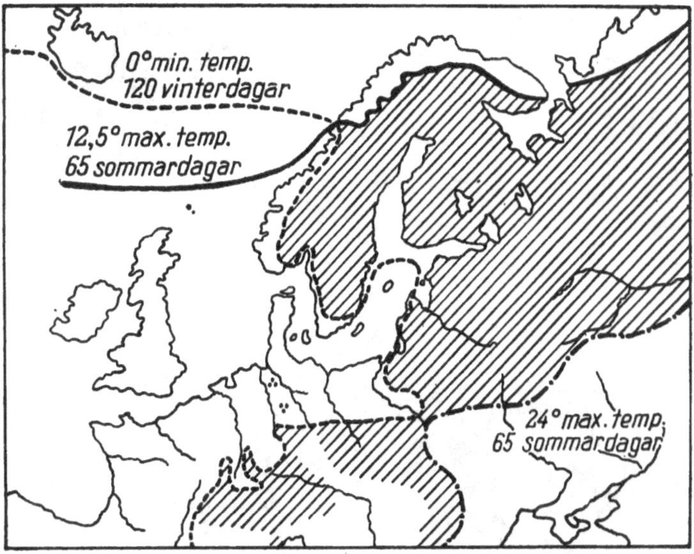

Abb. 38. Die Verbreitungsgrenzen der Fichte (*Picea abies*) in Europa und der Verlauf einiger Klimalinien. Nach ENQUIST, Medd. Lunds. Univ. Geogr. Inst. C 27, 1929.

sehr kompliziertes Problem darstellt. Aus solchen Beispielen wird deutlich, daß die Isothermen nur als Symbol für einen bestimmten Klimacharakter zu werten sind.

Wesentlich klarer erscheinen oftmals die Beziehungen zwischen Klimafaktoren und Pflanzenverbreitung bei Teilarealen. So ergibt sich z. B. im Zentrum Mitteleuropas eine gute Übereinstimmung zwischen der Verbreitung von Frühlings-Adonisröschen (*Adonis vernalis*) (vgl. Abb. 3), Dänischen Tragant (*Astragalus danicus*) und Stengellosem Tragant (*Astragalus exscapus*) (Abb. 39) und dem Gebiet mit jährlichen Niederschlägen von weniger als 500 mm. Diese Arten der Wiesen- und Waldsteppen Eurasiens kommen in Mitteleuropa vornehmlich in Trockengebieten vor.

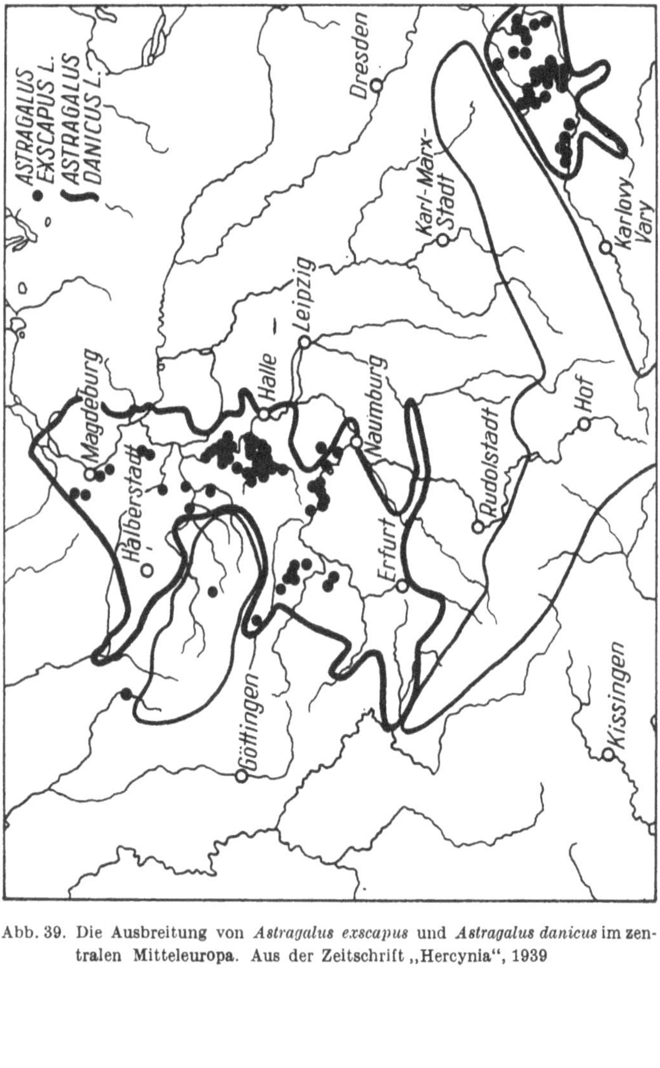

Abb. 39. Die Ausbreitung von *Astragalus exscapus* und *Astragalus danicus* im zentralen Mitteleuropa. Aus der Zeitschrift „Hercynia“, 1939

Direkte kausale Beziehungen zwischen Verbreitungsgrenzen und bestimmten Klimalinien bestehen aus folgenden Gründen nur in seltenen Fällen:

Nur Bäume sind dem Großklima, wie es der Meteorologe erfaßt, ausgesetzt, für die anderen Pflanzen ist das Mikroklima maßgebend, das auch für die klimatisch empfindlicheren Jungpflanzen der Bäume entscheidend ist.

Soweit Großklimawerte von Bedeutung sind, spielen die aus den Beobachtungen vieler Jahre errechneten Mittelwerte meist nur eine indirekte Rolle. Wichtiger sind die Klimaverhältnisse von Extremjahren, z. B. die kalten Winter 1928/1929 oder 1962/1963 und die Trockenjahre 1947, 1949 u. 1976. Schließlich muß noch einmal betont werden, daß der Konkurrenzfaktor für die Ausbreitung einer Art von entscheidender Bedeutung ist.

Wenn nun die Arealform wegen ihrer Abhängigkeit von den Umweltfaktoren Ausdruck der ökologischen Eigenheit der Art ist, so nimmt es nicht wunder, daß auch die Areale von Pflanzensippen höherer Rangstufe, etwa einer Gattung, gewisse Aussagen über die Klimaansprüche zulassen. So kann für die gesamte Gattung *Genista* eine mehr oder weniger starke Bindung an ozeanisches Klima beobachtet werden. Ihr Entfaltungszentrum befindet sich auf der Iberischen Halbinsel, wo die meisten ihrer Arten zusagende Lebensbedingungen finden. Von den bis in unser Gebiet hinein verbreiteten Arten ist *G. anglica* (vgl. Abb. 26) ganz an die Gebiete mit ozeanischem Klima gebunden, während *G. pilosa* (Abb. 40), *G. germanica* und *G. tinctoria* (vgl. Abb. 25) immer weiter nach Osten übergreifen.

Zeigen sich somit bei den Arten einer Gattung verschiedene Grade der Bindung an bestimmte Klimabedingungen, so ist dasselbe naturgemäß auch für die Untereinheiten einer Art festzustellen. Die Waldkiefer (*Pinus sylvestris*) weist z. B. eine Reihe sich von Ost nach West und von Nord nach Süd ablösende sogenannte Klimarassen (Provenienzen) auf. Vergleichende Versuchs-

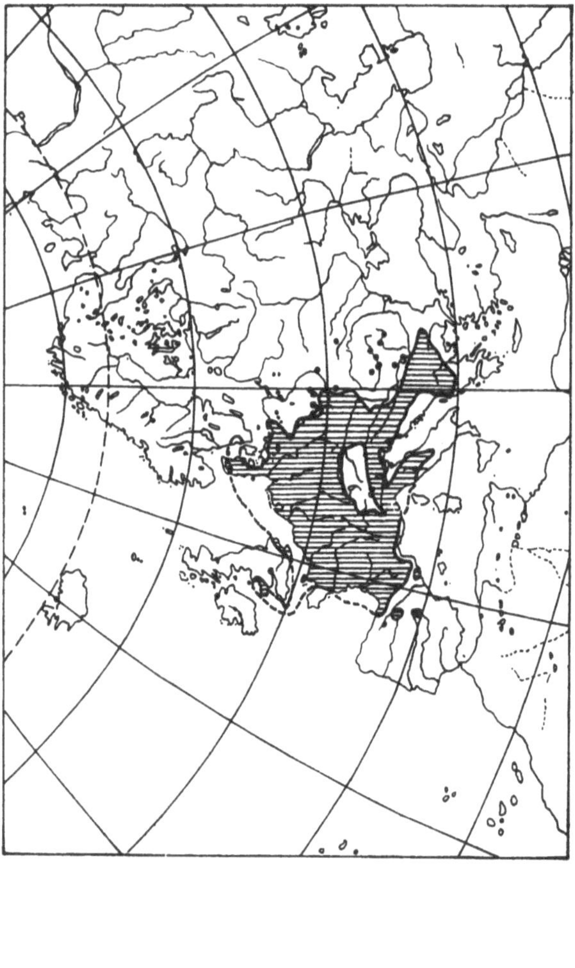

Abb. 40. Die Verbreitung von *Genista pilosa*. Aus SCHUBERT, Die zwergstrauchreichen Pflanzengesellschaften Mitteldeutschlands, Pflanzensoziologie, Band 11, Jena, 1960.

pflanzungen haben ergeben, daß die im jeweiligen Gebiet endemische Klimarasse dort auch die besten Wuchsleistungen aufwies. Werden allerdings die Wuchsleistungen aller Rassen betrachtet, so zeigt sich, daß die östlichen Rassen die besten Wuchsleistungen aufweisen. Dies ist um so beachtenswerter, weil der Kiefer als borealkontinentaler Art in der Dichte ihrer ursprünglichen Siedlungen ein deutliches Ost-Westgefälle eigen ist.

Gelegentlich ist eine bestimmte Pflanzensippe in den verschiedenen Gebieten, die ihr Areal umfaßt, an verschiedene Standorte gebunden. Diese Tatsache berechtigt noch nicht zu der Annahme, daß hier eine Änderung des ökologischen Verhaltens vorliegt, denn ein Standortwechsel muß nicht gleichbedeutend sein mit einer Änderung der ökologischen Eigenschaften. Es liegt vielmehr oft ein Fall der relativen Standortkonstanz vor, d. h. eine Pflanze, die an bestimmte Klimabedingungen gebunden ist, kommt in anderen für sie ungünstigeren Klimaten nur an den Standorten vor, bei denen noch die ihr zusagenden klimatischen Verhältnisse herrschen, wobei es zu einer Ersetzbarkeit der einzelnen Faktoren kommen kann. Es kommt ja den Pflanzen nicht auf die großklimatischen Verhältnisse an ihrem Wuchsort, sondern auf die speziellen Bedingungen ihres Standortes an, so daß eine Standortkonstanz durch einen Biotopwechsel erreicht werden kann.

So kann man z. B. bei der Verbreitung der kühle, relativ frische Standorte bevorzugenden Fichte im Gebirge beobachten, daß sie in niederen Lagen nur in tiefen, kalten Schluchten vorkommt. In etwas größeren Höhen geht sie zunächst auf die Nordhänge über, um dann auch auf den ebeneren Flächen und an der Baumgrenze schließlich auf den Südhängen zu erscheinen.

Ein anderes Beispiel stellt das Heidekraut (*Calluna vulgaris*) dar, das in den niederschlagsreichen, atlantischen Gebieten sein Wuchsoptimum besitzt (Abb. 41). Während es im Westen Europas weite offene Flächen bedeckt, finden wir es im Regenschattengebiet des Harzes

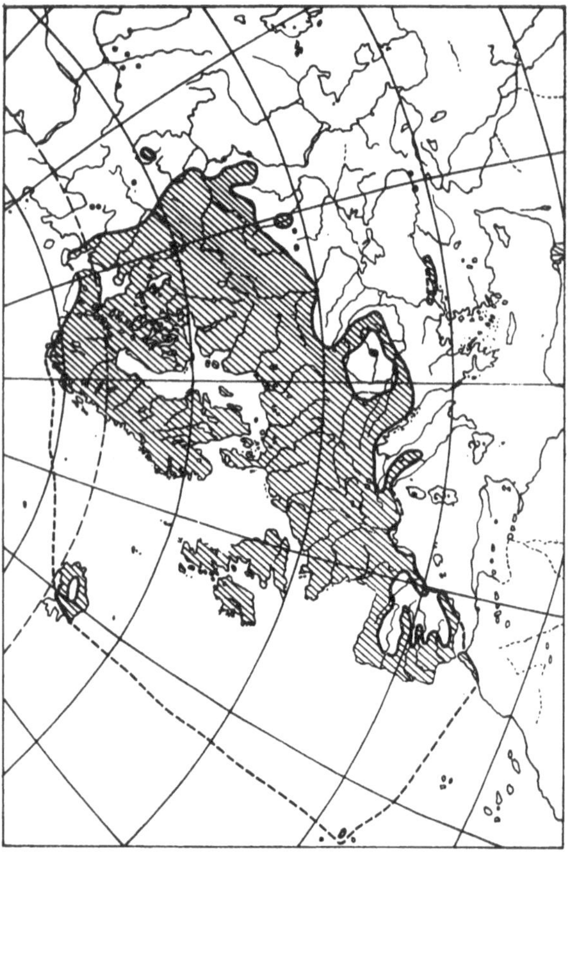

Abb. 41. Die Verbreitung von *Calluna vulgaris*. Aus SCHUBERT, Die zwergstrauchreichen azidiphilen Pflanzengesellschaften Mitteldeutschlands. Pflanzensoziologie, Band 11, 1960.

nur auf Nordhängen von kleinen Hügeln aus sauren Gesteinen, und in den kontinentalen Klimaten Osteuropas nur als Pflanze lichterer Kiefernwälder (vgl. SCHUBERT, 1960). Noch stärker ist die Bindung an ein humides Klima bei dem Hirschzungenfarn (*Phyllitis scolopendrium*). Er wächst an der Atlantikküste in offener Lage, während er in Mitteleuropa eine Art feuchter Schluchten ist.

Ein entscheidender Faktor für diesen Biotopwechsel ist vor allem bei dichter Vegetation die Konkurrenz durch die anderen Pflanzen. Wenn z. B. in Mitteleuropa die kontinentalen Steppenpflanzen vorwiegend auf trockenem Löß und Kalkhängen sowie auf Felskuppen zu finden sind, so nicht nur deshalb, weil diese Standorte in Südexposition die höchsten Sommertemperaturen besitzen, sondern auch, weil sie dort vor der Konkurrenz raschwüchsiger Arten geschützt sind.

Als weiteres Beispiel mag die Verbreitung der Frühlingsmiere (*Minuartia verna*) in Europa angeführt werden. *Minuartia verna* ist in den Alpen und in den Tundrengebieten weit verbreitet (vgl. Abb. 20). Im übrigen Teil Mitteleuropas ist sie nur auf schwermetallsalzhaltigen Böden zu finden. Dort werden die meisten anderen Pflanzen so stark geschädigt, daß sie nicht zu gedeihen vermögen, während die Frühlingsmiere nur geringfügig in ihrem Wuchs beeinträchtigt wird. Nur an diesen Standorten vermochte sie sich deshalb seit der Nacheiszeit gegenüber den anderen konkurrenzstärkeren Arten zu behaupten (vgl. SCHUBERT, 1954).

Durch den Biotopwechsel kann auch eine Bodenstetigkeit vorgetäuscht werden. *Aster linosyris* ist z. B. an der Nordgrenze ihrer Verbreitung in Schweden an das Vorkommen von Kalk im Boden gebunden, während sie in Mitteleuropa und vor allem in Osteuropa nicht nur auf kalkreichen Standorten zu finden ist. *Jurinea cyanoides*, die in Mitteleuropa als eine Art der trockenen Sande gilt, findet sich im kontinentalen Osteuropa auch auf Löß und Schwarzerde.

Alle genannten Beispiele lassen sich in dem Gesetz der relativen Standortkonstanz zusammenfassen, das sich nach WALTER (1954) folgendermaßen formulieren läßt: „Wenn innerhalb des Wohnbezirks oder Areals einer Pflanzenart das Klima sich in einer bestimmten Richtung ändert, so tritt bei dieser Art ein Wuchsort- oder Biotopwechsel ein, durch den die Klimaänderung mehr oder weniger aufgehoben wird, d. h. der Standort der Pflanzenart bleibt hinsichtlich des Temperatur- oder Hydraturfaktors innerhalb ihres Areals verhältnismäßig konstant".

2. *Abhängigkeit der Pflanzenverbreitung von Bodenfaktoren*

Die mannigfaltigen Wechselbeziehungen, die zwischen Pflanze und Boden bestehen, können an dieser Stelle nicht näher besprochen werden (vgl. WTB „Pflanzenökologie"). In diesem Band sollen nur einige Beispiele für die Abhängigkeit der großflächigen Pflanzenverbreitung von den Bodenfaktoren gebracht werden. Auf die Bindung einiger Pflanzensippen an bestimmte Böden in Teilen ihres Areals, die durch Biotopwechsel und das Gesetz der relativen Standortkonstanz bedingt sind, wurde bereits am Beispiel von *Minuartia verna* und *Jurinea cyanoïdes* hingewiesen.

Eine sehr deutliche Abhängigkeit der Gesamtverbreitung von edaphischen Faktoren ist bei den Salzpflanzen (Halophyten) zu erkennen. So haben beispielsweise der Meerstrand-Beifuß (*Artemisia maritima*) und die Salzmelde (*Obione portulacoïdes*) ihre Hauptverbreitung auf Salzböden der Halbwüsten des turanisch-orientalischen Gebietes. Von dort aus dringen sie zu den Binnensalzstellen Mitteleuropas und an die Küsten des Mittelmeeres sowie des Atlantik vor. Hier bestimmt demnach der Salzgehalt des Bodens, ein edaphischer Faktor, das Areal und erst in zweiter Linie das Klima. Ein weiteres Beispiel für die Abhängigkeit der Areal-

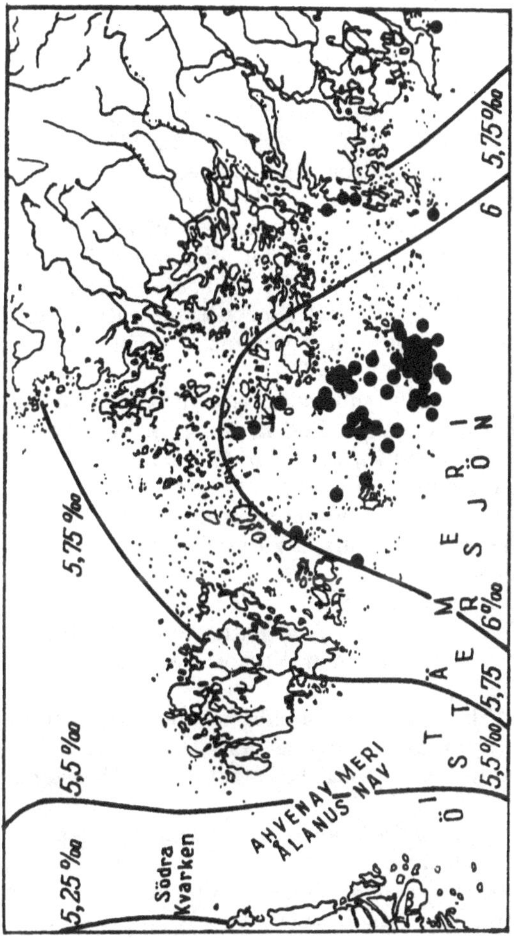

Abb. 42. Die Verbreitung von *Crambe maritima* im Schärengebiet Südwestfinnlands. Zum Vergleich dazu die ‰ Isohalinen. Aus Eklund, Acta Bot. Fennica, Band 8, Helsingfors, 1931.

grenze von edaphischen Faktoren ist die Nordgrenze von *Zostera marina*. Nach SERNANDER (1901) stimmt diese Verbreitungsgrenze weitgehend überein mit der 6‰ Isohaline, d. h. mit der Linie, die Orte einschließt, deren Wasser mehr als 6‰ Salzgehalt besitzt. Auch die Verbreitungszone von *Crambe maritima* im Schärenmeer Südostfinnlands soll nach EKLUND (1931) mit der 6‰ Isohaline übereinstimmen (Abb. 42). Sie ist dort nur auf stärker salzhaltigen Strandstellen zu finden.

Während das Klima oft für die Verbreitung in ihren großen Zügen maßgebend ist, bedingen die edaphischen Faktoren mehr die Verteilung der Pflanzen auf kleineren Flächen. Außer den schon erwähnten Bindungen der Pflanzen an bestimmte Bodeneigenschaften seien noch einige Beispiele von bodenanzeigenden Pflanzen erwähnt, deren Zahl sehr groß ist.

So verlangen viele submediterrane Arten in Mitteleuropa einen kalkhaltigen Boden, wie z. B. die Fliegenragwurz (*Ophrys muscifera* (Abb. 43 und 44)). Dabei scheint es meist weniger eine Bindung an den Calciumgehalt des Bodens zu sein, als vielmehr an die basische Reaktion des Bodens, seine Erwärmbarkeit und Wasserdurchlässigkeit.

Interessant ist auch die Abhängigkeit der Verbreitung der Felsnelke (*Tunica prolifera*) im mittelvogtländischen Gebiet um Plauen von den Vorkommen von Diabasdurchbrüchen.

Andere Pflanzen wie Büschliges und Kriechendes Gipskraut (*Gypsophila fastigiata* und *G. repens*) weisen in Mitteleuropa eine deutliche Bindung an Gipsstandorte auf.

Bekannt sind endlich auch die Abhängigkeiten der sogenannten Hochmoorpflanzen von frischen, kühlen, rohhumusreichen, sauren Böden. Als Beispiele seien nur Rosmarinheide (*Andromeda polifolia*) und die Moosbeere (*Vaccinium oxycoccus*) genannt. Standorte, die den genannten Bedingungen entsprechen, finden diese Pflanzen in Mitteleuropa nur auf Hoch- und Zwischen-

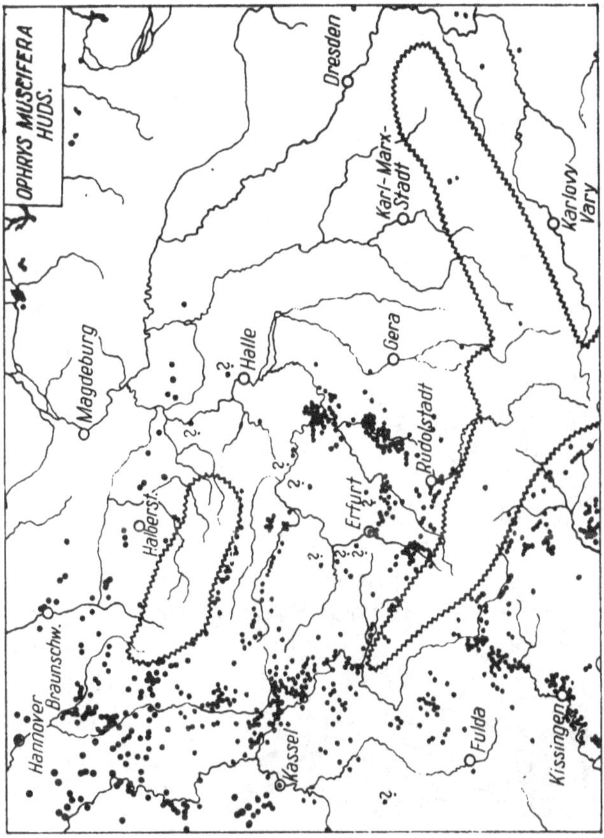

Abb. 43. Punktkarte der Verbreitung der Fliegen-Ragwurz (*Ophrys muscifera*) im zentralen Mitteleuropa. Aus der Zeitschrift „Hercynia“, 1940.

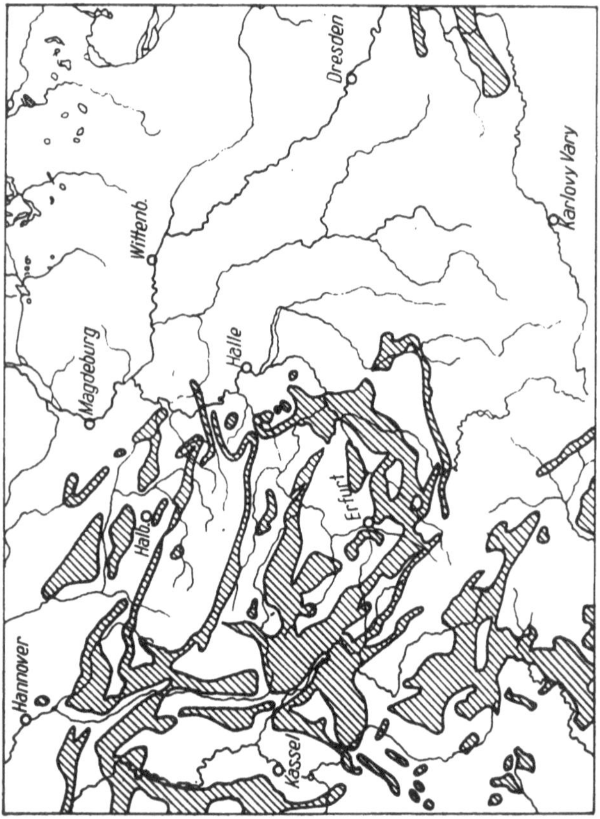

Abb. 44. Die Verbreitung kalkreicher Böden im zentralen Mitteleuropa. Aus MEUSEL, Vergleichende Arealkunde, Berlin 1943.

mooren, auf denen diese, die Stickstoff- und Nährstoffarmut der nassen und kalten Böden ertragenden Arten, geschützt vor der Konkurrenz anderer Arten, gedeihen können.

Eine extreme Bindung an bestimmte edaphische Faktoren liegt bei Pflanzen vor, die schwermetallsalzhaltige Böden anzeigen. Von ihnen wurde *Minuartia verna* bereits genannt. Bei der Grasnelke (*Armeria*), die zahlreiche Kleinarten ausbildet, kam es im Verlaufe der Nacheiszeit an verschiedenen Orten auf schwermetallsalzhaltigen Böden zur Entstehung abweichend gestalteter, schwermetallsalzresistenter Arten, die an die lokalen, metallhaltigen Böden angepaßt sind. Da diese besonderen Standorte oft sehr isoliert sind, können sich diese neuen Arten nicht ausbreiten und sind nur auf begrenzter Fläche zu finden, stellen also Neoendemiten dar. Als Beispiele seien *Armeria bottendorfensis*, die nur auf den schwermetallsalzhaltigen Standorten bei Bottendorf an der Unstrut vorkommt, und *Armeria hornburgensis*, die nur auf den genannten Sonderstandorten bei Hornburg auftritt, genannt (vgl. SCHUBERT, 1953 und 1954).

In diesem Zusammenhang sei auch auf die Erscheinung der Vikarianz hingewiesen, die dann gegeben ist, wenn verwandte Sippen einander ersetzen und sich dabei in ihrem Vorkommen gegenseitig ausschließen. Bei der edaphischen Vikarianz vertreten sich dabei sehr nahestehende Sippen in einem bestimmten Gebiet hinsichtlich ihrer Bodenansprüche. Bekannte Beispiele dafür sind die Behaarte Alpenrose (*Rhododendron hirsutum*), die in den Gebirgen nur auf Kalk, und die Rostblättrige Alpenrose (*Rhododendron ferrugineum*), die nur auf Urgestein vorkommt. Ein zweites Artenpaar stellt die in ihrem Vorkommen an Kalk gebundene Aurikel (*Primula auricula*) und die nur auf Urgestein zu findende Behaarte Primel (*Primula hirsuta*) dar.

Außer dieser edaphischen Vikarianz gibt es noch eine geographische, eine jahreszeitliche und eine ökologische

Vikarianz, wobei sich die einzelnen Sippen geographisch, jahreszeitlich oder ökologisch ablösen, ohne daß eine unmittelbare Abhängigkeit von einer bestimmten Bodenunterlage besteht. Als Beispiel für eine geographische Vikarianz sei der Alpenmohn (*Papaver alpinum*) angeführt. Er erscheint in den Südalpen in einer gelbblühenden und in den Nordalpen in einer weißblühenden Sippe. Die ästivalen und autumnalen Kleinarten (Sommer- und Herbstformen) des Gemeinen Augentrostes (*Euphrasia suecica* und *E. stricta*) sind Beispiele für eine jahreszeitliche Vikarianz. Beispiele für ökologische Vikarianz stellen einige Arten der Gattung *Festuca* in Mitteleuropa dar. So erscheint *Festuca glauca* auf trockenen, grobskelettreichen Standorten, *Festuca psammophila* auf sandigen Böden, *Festuca valesiaca* an feinerdereichen, trockenen, *Festuca ovina* an frischeren Standorten.

Von einer Pseudovikarianz spricht man, wenn sich ökologisch und morphologisch ähnliche Sippen, die aber nicht miteinander verwandt sind, in verschiedenen Gebieten vertreten z. B. die Kakteen (*Cactaceae*), die in Amerika vorkommen, und die sukkulenten Wolfsmilchgewächse (*Euphorbiaceae*), die in Afrika die Stelle der Kakteen einnehmen.

Alle erwähnten klimatischen und edaphischen Faktoren, die das Areal in seiner Gestalt und Entwicklung bestimmen, lassen sich in ihrer Bedeutung oftmals nur sehr schwer abschätzen. Sie stehen mit zahlreichen anderen Faktoren, von denen auch die geschichtliche Entwicklung der Flora als einer der wesentlichsten genannt sei, in enger Verbindung und selbst untereinander in inniger Wechselbeziehung, so daß nur in seltenen Fällen, zu denen die obengenannten Beispiele zählen, eine genauere Aussage gemacht werden kann. Das nachstehende Schema mag einen Teil der Beziehungen, die zwischen der Pflanze, dem Klima, dem Boden, der Tierwelt eines bestimmten Gebietes und den menschlichen Gesellschaften bestehen, wiedergeben. Dabei treten in den jeweils höheren, komplexeren Organisationsstufen der lebenden Materie neue Gesetzmäßigkeiten auf. Die Hauptarbeitsbereiche der sich mit den Ökosystemen und dem Mensch-Ökosystemkomplex befassenden Wissenschaftsdisziplinen sind dargestellt (Abb. 45).

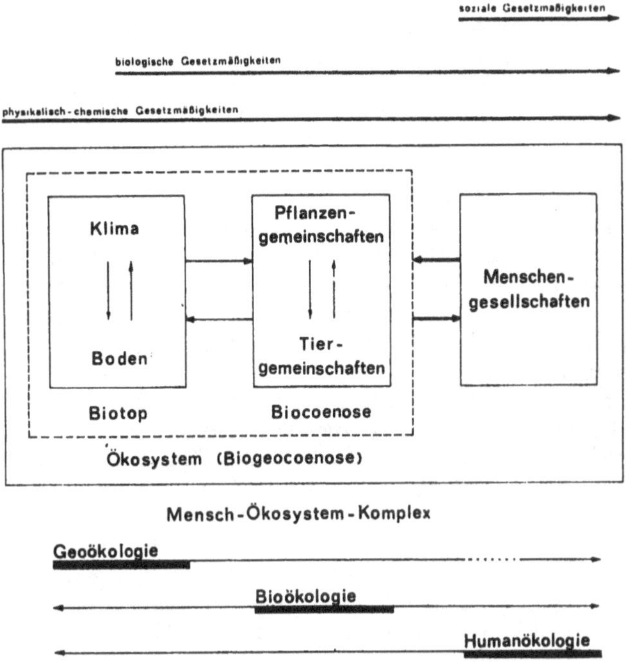

Abb. 45. Mensch-Ökosystem Komplex mit den vorherrschenden Gesetzmäßigkeiten und Wissenschaftsgebieten.

3. *Wuchs- und Lebensformen der Pflanzen*

In der Pflanzenwelt lassen sich sehr häufig Konvergenzen der Formen bei Sippen in ähnlichen Umweltverhältnissen feststellen, d. h. daß genetisch nicht miteinander verwandte Pflanzen bei ähnlichen Standortverhältnissen ähnliche Wuchsformen haben. Dabei betrifft die Konvergenz in erster Linie Gestalteigentümlichkeiten, die mit einzelnen Faktoren oder mit dem Gesamtcharakter der Umwelt in Einklang stehen und damit die Eignung der Pflanzen für die besonderen Standorte bedingen.

Gelegentlich wird in der Literatur zwischen Wuchsform und Lebensform unterschieden, wobei unter Wuchsform der Habitus einer Pflanze verstanden wird (Schopfbaum, Polsterstaude) und unter Lebensform mehr die Beziehung der Pflanze zur Umwelt (Schwimmpflanzen, haftende Pflanzen). Eine scharfe Trennung beider Begriffe ist jedoch kaum möglich, denn auch die Wuchsformen sind den Biotopen der Pflanzen in hohem Maße angepaßt. Alle Eigenschaften, durch die eine Pflanzensippe an ihre Umweltbedingungen angepaßt erscheint, werden als Anpassungsmerkmale bezeichnet, wobei diese genetisch auf verschiedene Weise zustande kommen können (Progression, Selektion der in bezug auf die Anpassung nicht gerichteten Mutationen). Im Gegensatz dazu stehen die Verwandtschaftsmerkmale, auf die sich die Zugehörigkeit der Sippen zu solchen höheren Ranges begründet und die meist wenig auffällige genetische Merkmale im Bau der Fortpflanzungsorgane darstellen; doch können auch Form und Bau der vegetativen Organe Verwandtschaftsmerkmale, d. h. genetisch bedingte Sippeneigentümlichkeiten sein. Verwandtschaftsmerkmale und Anpassungsmerkmale sind also nicht immer zu trennen.

Es kann daher auch keine scharfe Grenze zwischen einer physiognomischen und einer mehr auf Anpassungsmerkmalen beruhenden ökologischen Einteilung der Pflanzenformen geben. Außerdem ist aus dem Dargestellten zu ersehen, daß es kaum möglich ist, ein allgemein gültiges System der Pflanzenformen zu finden, sondern daß Zweckmäßigkeitserwägungen eine große Rolle spielen müssen, d. h., daß je nach dem Zweck einer solchen Übersicht der eine oder andere Gesichtspunkt in den Vordergrund rücken wird.

Bereits Alexander von Humboldt versuchte, die Pflanzen nach ihrer Wuchsform, nach ihrer Physiognomie einzuteilen. Sein System wurde später von Grisebach, Kerner, Hult, Drude, Ginzberger und Stadlmann weiter ausgebaut, wobei das ökologische Verhalten der einzelnen Pflanzen immer stärker Berücksichtigung fand. Alle diese Systeme konnten jedoch nicht recht befriedigen. Als wirklich wertvoller Ausdruck des ökologischen Verhaltens der einzelnen Arten hat sich das System von Raunkiaer bewährt. Er stellt die Art der Überdauerung der für die Pflanzensippe jeweils ungünstigen Jahreszeit in den Vordergrund der Betrachtung. Dieses System ist in seiner Form verschiedentlich modifiziert worden (Rübel, 1922; Rothmaler, 1950; Braun-Blanquet, 1951; Ellenberg, 1956; Schmidthüsen, 1961) und wird heute in der Pflanzengeographie häufig verwendet.

Da die Wuchsformen für den Aufbau der im 2. Teil dieses Taschenbuches geschilderten Formationen eine entscheidende Bedeutung haben, sei das genannte Lebensformensystem in Anlehnung an die von Ellenberg (1956) veröffentlichte Gliederung nachstehend angeführt:

A. Wurzelnde Pflanzen (Radikante)

I. Baumartige Pflanzen, Makrophanerophyta (Abkürzung MP oder M).

Überdauerungsorgane bei erwachsenen Pflanzen mehr als 2 m über dem Boden.

1. *Eigentliche Bäume*, Eu- Makrophanerophyta (M) mit verholztem Stamm, Astkrone und nicht schopfig angeordneten Blättern

a) Immergrüne:

aa) Immergrüne Regenwaldbäume, Ombro-MP (oM)

Ohne Knospenschutz, großblättrig. Beispiel: Bäume des tropischen Regenwaldes, *Amherstia nobilis.*

ab) Mangrovebäume, Halo-MP (hM)
Ohne Knospenschutz und hartblättrig, Atemwurzeln. Beispiel; *Avicennia officinalis*

ac) Immergrüne Weichlaubbäume, Daphno-MP (dM)
Mit Knospenschutz, aber nicht hartblättrig. Beispiel: *Viburnum tinus.*

ad) Immergrüne Hartlaubbäume, Sklero-MP (sM)
Mit Knospenschutz und Hartlaubblättern. Beispiel: *Quercus ilex.*

ae) Immergrüne Nadelbäume, Belonido-MP (bM)
Mit nadelartigen Blättern. Beispiel: *Pinus sylvestris.*

b) Sommergrüne:

ba) Sommer-Laubbäume, Thero-MP (tM)
Mit Knospenschutz im Winter und sommergrünen Blättern. Beispiel: *Fagus sylvatica.*

bb) Sommer-Nadelbäume, Thero-Belonido-MP (tbM)
Mit nadelartigen sommergrünen Blättern. Beispiel: *Larix europaea.*

c) Regengrüne:

Regen-Laubbäume, Cheimo-MP (cM)
Bäume der Subtropen mit regengrünen Blättern. Beispiel *Bombax malebarica.*

2. *Baumgräser*, Macrophanerophyta graminidea (M gram)
Verholzende Gräser mit schnellem Wachstum. Beispiel: *Bambusa arundinacea.*

3. *Schopfbäume*, Macrophanerophyta scaposa (M scap)
   Hohe, meist unverzweigte, immergrüne Holzgewächse mit großen, endständigen Blattrosetten.
   a) Hygromorphe Schopfbäume [Hygro-MP scap (hM scap)]
      Unverzweigte Bäume mit einem Schopf weicher, hygromorpher Blätter. Beispiel: *Cyathea caesariana.*
   b) Xeromorphe Schopfbäume, (Xero-MP scap) (xM scap)
      Meist unverzweigte Bäume mit endständigen Rosetten xeromorpher, immergrüner Blätter. Beispiel: *Cocos nucifera.*
4. *Krautstämme*, Macrophanerophyta herbacea (M herb)
   Großblättrige, ausdauernde Krautpflanzen mit bis 10 m hohen Scheinstämmen aus einander dicht umschließenden Blattscheiden oder -stielen Beispiel: *Musa paradisiaca.*
5. *Hochstamm-Sukkulente*, Macrophanerophyta succulenta (M suc)
   Mit fleischigen, schwach verholzten Sprossen mit assimilierender grüner Rinde und wasserspeicherndem Gewebe. Beispiel: *Cereus peruvianus.*
6. *Zwergbäume*, Chamae-Macrophanerophyta (M cham)
   In Stamm und Blattschopf gegliederte niedrige Holzpflanzen, seltene Pflanzenform. Beispiel: *Chamaerops humilis.*
7. *Baumwürger*, Macrophanerophyta suffocantes (M suff)
   Epiphytisch keimende Holzpflanzen, die dicke Luftwurzeln zum Boden senden, die den Stützbaum allseitig einklammern und zum Absterben bringen können. Beispiel: *Ficus bengalensis.*

8. *Lianen*, Macrophanerophyta scandentia (M scand) Mehrjährige, meist verholzte Kletterpflanzen. Beispiel: *Hedera helix*.

II. Strauchartige Pflanzen, Nanophanerophyta (NP oder N)

Von Grund auf verzweigte, nicht im Stamm und Krone gegliederte, ausdauernde Holzgewächse. Erneuerungsknospe meist mehr als 25 cm, jedoch meist weniger als 2 m über dem Boden.
Eigentliche Sträucher: Sträucher mit gut entwikkelten Blättern ohne starke Dornbildung und Sukkulenz. Eu- Nanophanerophyta (N)

1. *Immergrüne:*
   - a) Hygromorphe immergrüne Sträucher (Ombro-Nanophanerophyta (oN))
     Ohne Knospenschutz mit großen weichen Laubblättern. Beispiel: Schattenpflanzen feucht-tropischer Wälder: *Urtica macrophylla.*
   - b) Immergrüne, mesomorphe Weichlaubsträucher (Daphno-Nanophanerophyta (dN))
     Mit Knospenschutz, aber nicht hartblättrig. Beispiel: *Fatsia japonica.*
   - c) Immergrüne Hartlaubsträucher (Sklero-Nanophanerophyta (sN))
     Mit Knospenschutz und Hartlaubblättern. Beispiel: *Buxus sempervirens.*
   - d) Immergrüne Nadelsträucher (Belonido-Nanophanerophyta (bN))
     Mit nadelartigen Blättern. Beispiel: *Juniperus communis.*

2. *Sommergrüne:*
   - a) Sommergrüne Sträucher mit Weichlaubblättern (Thero-Nanophanerophyta hygromorpha (tNh))
     Mit Knospenschutz und sommergrünen, weichen Laubblättern. Beispiel: *Corylus avellana.*

b) Sommergrüne Sträucher mit Hartlaubblättern (Thero-Nanophanerophyta xeromorpha (tNx)) Mit Knospenschutz und sommergrünen Hartlaubblättern. Beispiel: *Ligustrum vulgare.*

3. *Regengrüne:*
Regengrüne Sträucher (Cheimo-Nanophanerophyta (cN))
Sträucher mit regengrünen Blättern. Beispiel: *Ziziphus jujuba.*

4. *Schuppenblättrige oder blattlose Rutensträucher,* Nanophanerophyta aphylla (N a)
Nichtsukkulente Sträucher mit assimilierenden Sprossen und reduzierten Blättern. Beispiel: *Sarothamnus scoparius.*

5. *Xeromorphe Dornsträucher:*
   a) Xeromorphe laubabwerfende Dornsträucher (Xero-Thero-Nanophanerophyta (t Nx)) Dornig, mit Knospenschutz und saisongrünen Blättern. Beispiel: *Berberis jamesiana.*
   b) Xeromorphe immergrüne Dornsträucher (Xero-Sklero-Nanophanerophyta (s Nx)) Dornig, mit Knospenschutz und immergrünen Blättern. Beispiel: *Colletia cruciata.*

6. *Hartpolstersträucher,* Nanophanerophyta pulvinata (Np)
Dichte, oft stark verharzte und harte, bis meterhohe Pflanzenpolster. Beispiel: *Raoulia.*

7. *Sukkulente Sträucher,* Nanophanerophyta succulenta (Nsucc)
Sträucher mit stark sukkulenten Sprossen. Beispiel: *Euphorbia nereifolia.*

III. **Oberflächenpflanzen, Chamaephyta** (Ch)

Erneuerungsknospen über dem Erdboden, jedoch selten höher als 30 cm, deshalb Schneeschutz oder Vorteile des bodennahen Mikroklimas genießend.

1. *Zwergsträucher*, Chamaephyta frutescentia (Ch frut)
   Vollständig verholzt, niedrig bleibend.
   a) Immergrüne:
      aa) Immergrüne Weichlaub-Zwergsträucher, Daphno-Chamaephyta frutescentia (dCh frut)
      Mit relativ großen Weichlaubblättern. Beispiel: *Daphne striata.*
      ab) Immergrüne Hartlaub-Zwergsträucher, Sclero-Chamaephyta frutescentia (sCh frut)
      Mit immergrünen, meist harten Hartlaubblättern. Beispiel: *Calluna vulgaris.*
   b) Blattlose Zwergsträucher, Aphyllo-Chamaephyta frutescentia (aCh frut)
   Mit rückgebildeten Blättern. Beispiel: *Ephedra distachya.*
   c) Sommergrüne Zwergsträucher, Thero-Chamaephyta frutescentia (t Ch frut)
   Mit sommergrünen Blättern. Beispiel: *Vaccinium myrtillus.*
   d) Polster-Zwergsträucher, Chamaephyta frutescentia pulvinata Ch frut pulv)
   Flachgewölbte bis halbkugelige, dem Boden anliegende Polster aus dicht verzweigten Ästen. Beispiel: *Acantholimon* spec.
2. *Spaliersträucher*, Chamaephyta velantia (Ch vel)
   Kriechende, dem Boden anliegende Sträucher u. Halbsträucher. Beispiel: *Dryas octopetala.*
3. *Halbsträucher*, Chamaephyta suffrutescentia (Ch suffr)
   Nur die unteren Teile der Triebe verholzt. Beispiel: *Helianthemum nummularium.*
4. *Polsterstauden*, Chamaephyta pulvinata (Ch pulv)
   Nicht verholzte, dicht polsterartig wachsende, ausdauernde Arten.

a) Kugelpolster: *Androsace helvetica*
b) Flachpolster: *Silene acaulis*

5. *Kriechstauden*, Chamaephyta reptantia (Ch rept)
Kräuter oder grasartige Pflanzen mit niederliegenden Trieben oder Ausläufern, deren Knospen über der Erde überdauern.
a) Immergrün oder überwinternd-grün: Beispiel: *Linnaea borealis*
b) Sommergrün: Beispiel: *Trifolium repens.*

6. *Aufrechte Blattstauden*, Chamaephyta erecta (Cha erect)
Aufrechte ausdauernde krautige Pflanzen mit Überdauerungsknospen dicht über der Erdoberfläche. Keine Ausläufer, niederliegende Triebe und Polsterbildung.
a) Hygromorphe Blattstauden:
ohne jahreszeitliche Periodizität. Beispiel: *Begonia* spec.
b) Mesomorphe Blattstauden:
mit periodischer hygro- und mesomorpher Belaubung. Beispiel: *Dryopteris filix-mas.*

7. *Bodennahe Dauerklimmer*, Chamaephyta scandentia (Ch scand)
Ausdauernde, meist spreizend klimmende, nicht verholzende Pflanzen. Beispiel: *Brachypodium ramosum.*

8. *Zwerg-Sukkulenten*, Chamaephyta succulenta (Ch succ)
Niedrige Stauden mit sukkulenten, ausdauernden Organen
a) Blattsukkulente, Beispiel: *Sedum acre*
b) Beblätterte Stengelsukkulente, Beispiel: *Oxalis carnosa*
c) Unverzweigte blattlose Zwerg-Sukkulente, Beispiel: *Mamillaria elephantidens*
d) Verzweigte blattlose Zwerg-Sukkulente, Beispiel: *Taveresia barklyi*

9. *Hartgräser*, Chamaephyta graminidea (Ch gram) Dauernd assimilationsfähige, hochschäftige Gräser und Grasartige. Beispiel: *Stipa tenacissima*

IV. Erdschürfepflanzen, Hemicryptophyta (H)

Erneuerungsknospen während der ungünstigen Jahreszeit unmittelbar an der Bodenoberfläche, meist durch lebende oder tote Blätter geschützt.

1. *Holz-Hemikryptophyten*, Hemicryptophyta frutescentia (H frut)
   Pflanzen mit unterirdischen, verholzten Sprossen Bodenteppichgehölze. Beispiel: *Salix herbacea.*
2. *Horst-Hemikryptophyten*, Hemicryptophytacaespitosa (H caesp)
   Gräser und Grasartige, die durch Bestockung dichte Horste bilden. Beispiel: *Arrhenatherum elatius.*
3. *Kriech-Hemikryptophyten*, Hemicryptophyta reptantia (H rept)
   Ausläufertreibende Gräser und Grasartige, deren Erneuerungsknospen sich an der Erdoberfläche befinden. Beispiel: *Festuca rubra* var. *genuina.*
4. *Rosetten-Hemikryptophyten*, Hemicryptophyta rosulata (H ros)
   Mit rosettenförmig angeordneten Grundblättern und blattlosen oder schwach beblätterten Stengeln. Beispiel: *Bellis perennis.*
5. *Halbrosetten-Hemikryptophyten*, Hemicryptophyta hemirosulata (H hem)
   Außer der grundständigen Blattrosette ist auch ein beblätterter Schaft vorhanden. Beispiel: *Sanguisorba officinalis.*
6. *Schaft-Hemikryptophyten*, Hemicryptophyta scaposa (H scap)
   Keine grundständige Blattrosette, hochwüchsige Stauden mit beblättertem Stengel. Beispiel: *Scrophularia nodosa.*

7. *Klimm-Hemikryptophyten*, Hemicryptophyta scandentia (H scand)
Mit klimmendem, alljährlich absterbendem Stengel. Beispiel: *Convolvulus sepium.*
8. *Wasser-Hemikryptophyten*, Hydro-Hemicryptophyta (Hyd H)
Wasserpflanzen mit Erneuerungsknospen an der Erdoberfläche. Beispiele: *Isoëtes lacustris.*
9. *Zweijährige Pflanzen*, Bienne (B)
Entwicklung auf zwei Vegetationsperioden verteilt. Eine Ruhezeit wird als Samen überdauert. In der ersten Vegetationsperiode heranwachsend zur Blattrosette, in diesem Stadium überdauert die Pflanze die zweite Ruheperiode; in der zweiten Vegetationsperiode nach Ausbildung von fruchtenden Sprossen Absterben der Pflanzen. Beispiel: *Digitalis purpurea.*

V. Erdpflanzen, Geophyta (G)

Überdauerungsorgane im Boden und dadurch geschützt.

1. *Wurzelknospen-Geophyten*, Geophyta radicigemma (G rad)
Wurzelbürtige Überdauerungsorgane am Stengelgrund unter der Erdoberfläche. Beispiel: *Cirsium arvense.*
2. *Rhizom-Geophyten*, Geophyta rhizomatosa (G rhiz)
Mit mehr oder minder weit wandernden Rhizomen. Beispiel: *Convallaria majalis.*
3. *Zwiebel-Geophyten*, Geophyta bulbosa (G bulb)
Mit einer Zwiebel im Boden überdauernde Pflanzen. Beispiel: *Galanthus nivalis.*
3. *Sproßknollen Geophyten*, Geophyta cauli-tuberosa (G caul-tub)
Mit ausdauernden oder alljährlich an Seiten-

sprossen neu gebildeten Knollen im Boden überdauernde Pflanzen. Beispiel: *Solanum tuberosum.*

5. *Wurzelknollen-Geophyten*, Geophyta radici-tuberosa (G rad-tub)
Mit Wurzelknollen überdauernde Pflanzen. Beispiel: *Dactylorhiza majalis*
6. *Wurzelschmarotzer-Geophyten*, Geophyta radiciparasitica (G rad par)
Unterirdisch überdauernde Pflanzen, die ihre Nahrung den Wurzeln anderer Pflanzen entnehmen. Beispiel: *Orobanche caryophyllacea.*
7. *Wasser-Geophyten*, Hydro-Geophyta (Hyd G)
Pflanzen, die mit Rhizomen im Boden von Gewässern überdauern. Beispiel: *Nymphaea alba.*

VI. Einjährige, Therophyta (T)

Ungünstige Zeit wird in Form von Samen überdauert.

1. *Horst-Therophyten*, Therophyta caespitosa (T caesp)
Durch Bestockung Horste bildend. Beispiel: *Avena fatua.*
2. *Kriech-Therophyten*, Therophyta reptantia (T rept)
Mit meist oberirdischen Ausläufern oder niederliegenden Sprossen, die sich bewurzeln. Beispiel: *Euphorbia peplis.*
3. *Rosetten Therophyten*, Therophyta rosulata (T ros)
Mit grundständiger Blattrosette. Beispiel: *Arnoseris minima.*
4. *Halbrosetten-Therophyten*, Therophyta hemirosulata (T hem)
Anfänglich mit Blattrosette, später einen beblätterten Stengel bildend. Beispiel: *Centaurea cyanus.*

5. *Schaft-Therophyten*, Therophyta scaposa (T scap) Ohne Blattrosette. Beispiel: *Ranunculus arvensis.*
6. *Klimm-Therophyten*, Therophyta scandentia (T scand) Rankend oder windend. Beispiel: *Polygonum convolvulus.*
7. *Parasiten-Therophyten*, Therophyta parasitica (T paras) Parasitisch lebend. Beispiel: *Cuscuta epithymum.*
8. *Wasser-Therophyten*, Hydro-Therophyta (Hyd T) Im Wasser lebend. Beispiel: *Potamogeton pusillus.*

B. Haftende Pflanzen (Adnate)

Auf Rinden, Steinen, an der Erdoberfläche haftende, nicht im Erdboden wurzelnde Pflanzen.

I. Gefäß-Epiphyten, Kormo-Epiphyta (K Ep)

Oberirdisch auf anderen Pflanzen haftende Kormophyten. Beispiel: *Cymbidium pendulum.*

II. Thallus-Epiphyten, Thallo-Epiphyta (Th Ep)

Oberirdisch auf anderen Pflanzen lebende Moose, Flechten, Pilze und Algen. Beispiel: *Usnea barbata*

III. Thallus-Chamaephyten, Thallo-Chamaephyta (Th Ch)

Bultbildende Torfmoose, weiche Decken oder Polster bildende Moose und Strauchflechten.

1. *Bultenmoose*, Bryochamaephyta sphagnoidea (Br Ch sp) Bultbildende, unbegrenzt wachsende Sumpfmoose. Beispiel: *Sphagnum fuscum.*

2. *Polstermoose*, Bryochamaephyta pulvinata (Br Ch pulv)
   Mehr oder minder dichte Polster bildende, ausdauernde Moose. Beispiel: *Leucobryum glaucum.*
3. *Deckenmoose*, Bryochamaephyta reptantia (Br Ch rept)
   Kriechende, lockere Teppiche bildende, ausdauernde Moose. Beispiel: *Hylocomium splendens.*
4. *Strauchflechten*, Lichenochamaephyta (L Ch)
   Flechten mit aufrechtem, strauchartigem Thallus. Beispiel: *Cetraria islandica.*
5. *Wasserhafter*, Hydro-Chamaephyta adnata (Hyd Cham ad)
   Am Substrat im Wasser haftende Algen, Pilze oder Moose. Beispiel: *Fontinalis antipyretica.*

IV. Thallus-Hemikryptophyten, Thallo-Hemikryptophyta (Th G)

Direkt dem Boden anliegende Moose, Laub- und Krustenflechten, Haftalgen.

1. *Niederliegende Moose*, Bryohemikryptophyta (Br H)
   Ausdauernde Lebermoose und dem Boden angedrückte Laubmoose. Beispiel: *Marchantia polymorpha.*
2. *Laubflechten*, Lichenohemikryptophyta (L H)
   Flechten mit blattartigem Thallus. Beispiel: *Peltigera canina.*
3. *Krustenflechten*, Lichenohemikryptophyta epipetria (L H ep)
   Flechten mit krustenförmigem Thallus auf Erde oder Steinen. Beispiel: *Placodium saxicolum.*
4. *Haftalgen*, Phycohemikryptophyta (Phyc H)
   Auf Erde oder Steinen haftende Algen. Beispiel: *Botrydium granulatum.*

V. Thallus-Geophyten, Thallo-Geophyta (Th G)

Bodenbewohnende Pilze und endolithische Flechten, Pilze und Algen.

1. *Pilzgeophyten*, Mycetogeophyta (Myc G)
   Im Boden lebende Pilze. Beispiel: *Boletus edulis.*
2. *Endolithophyten*, Endolithophyta (End)
   In Gestein eindringende Flechten, Algen und Pilze
   Beispiel: *Verrucaria calciseda.*

VI. Thallus-Therophyten, Thallo-Therophyta (Th T)

Kurzlebige Moose, Flechten und Pilze:

1. *Kurzlebige Pilze*, Myceto-Therophyta (Myc T)
   Beispiel: *Coprinus porcellanus*
2. *Kurzlebige Moose* (Br. T.)
   Beispiel: *Riccia glauca*

C. Bewegliche Pflanzen (Errante)

Passiv oder aktiv bewegliche Pflanzen in verschiedenen Medien.

I. Höhere Schwimmpflanzen, Kormo-Hydrophyta natantia (K Hyd nat)

Freischwimmende Kormophyten. Beispiel: *Lemna minor.*

II. Niedere Schwimmpflanzen, Thallo-Hydrophyta natantia

Freischwimmende Thallus-Pflanzen. Beispiel: *Ricciocarpus natans.*

III. Wasserschweber, Hydro-Planktophyta (Hyd Pl)

Im Wasser freischwebende Pflanzen. Beispiel: *Hydrodictyon reticulatum*

IV. Eis- und Schneebewohner, Kryo-Planktophyta (Kr Pl)

Im Eis und Schnee lebende Pflanzen. Beispiel: *Chlamydomonas nivalis.*

V. Bodenbewohner, Edaphophyta (Ed)

Im Boden frei bewegliche Pflanzen, Beispiel: *Navicula* spec.

VI. Parasitische, freibewegliche Pflanzen, Endophyta (End)

In Pflanzen und Tierkörper lebende, freibewegliche Pflanzen.

B. Vegetation der Erde

I. Beziehungen zwischen Klima- und Vegetationszonen der Erde

Bei einer Darstellung der Vegetation der Erde ist es meist nicht möglich, von relativ kleinen Vegetationstypen wie etwa den Assoziationen auszugehen, sondern es sind größere soziologische Einheiten wie Formationen bzw. Formationsgruppen in den Mittelpunkt der Betrachtungen zu stellen, Pflanzengemeinschaften, die sich durch einheitliche Physiognomie auszeichnen, vegetationstopographisch selbständige Einheiten sind und verschiedene Assoziationen umfassen können. Diese Formationen sind vom Nordpol zum Äquator und von diesem zum Südpol in verschiedenen Vegetationszonen angeordnet, die wiederum weitgehend den großen Klima- und Bodenzonen entsprechen. Da Klima, Boden und Pflanzendecke in enger Wechselbeziehung zueinander stehen, kann das Pflanzenkleid als Ausdruck des jeweils herrschenden Klimas und der Bodenverhältnisse gewertet werden. Dabei soll unter dem Klima die Gesamtheit der Witterungsfaktoren in ihrem durchschnittlichen jahreszeitlichen und tageszeitlichen Ablauf verstanden werden. Von allen Faktoren werden Temperatur und Hydratur den größten Einfluß auf die Ausbildung der Pflanzenwelt nehmen.

Für die Temperaturverteilung sind die folgenden Gesetzmäßigkeiten entscheidend:

1. Da in Richtung zu den Polen die von der Flächeneinheit empfangene Summe der Sonneneinstrahlung wegen des kleineren Einfallswinkels der Sonnenstrahlen immer geringer wird, zeigt das Jahresmittel der Temperatur vom Äquator zu den höheren Breiten eine ständige Abnahme.
2. Entsprechend den jahreszeitlichen Unterschieden der Strahlung nehmen die Temperaturunterschiede der Jahreszeiten vom Äquator nach den Polen zu.
3. Werden die Temperaturverhältnisse über dem Wasser und über dem Festland verglichen, so ist zu bemerken, daß infolge der Beweglichkeit und des Wärmespeichervermögens des Wassers über diesem die Abnahme des Jahresmittels der Temperatur polwärts geringer ist als über dem Festland. Auch die Temperaturunterschiede der Jahres- und Tageszeiten sind über dem Festland größer als über dem Meer; im Winter kühlt sich allerdings mit dickem Eis bedecktes Wasser wie Land ab.
4. Die Temperaturverteilung auf der Erde wird durch Winde und Meeresströmungen beeinflußt. Von den Polen bringen Winde und Meeresströmungen kalte, vom Äquator dagegen warme Luft- bzw. Wassermassen heran. Von der See kommende Winde gleichen die Temperaturen über dem Festland denen über dem Meere an. Bei Behinderung der Winde durch Gebirge können lokale Temperaturabweichungen entstehen.
5. In Gebirgen nehmen die mittleren Temperaturen mit zunehmender Höhe ab, die Temperaturextreme dagegen zu, dabei können wegen zeitweiser Temperaturinversion die Tal- und Gipfellagen ein abweichendes Verhalten aufweisen.

Für die Verteilung der Niederschläge auf der Erde sind in erster Linie die planetarischen Winde bestimmend, durch die ein bestimmter Luftkreislauf zustande kommt (Abb. 46).

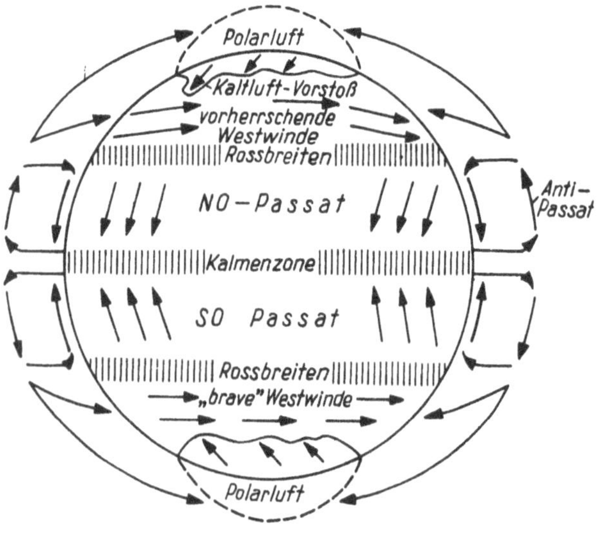

Abb. 46. Das planetarische Windsystem zur Zeit der Tag- und Nachtgleiche. Nach GEBAUER, aus WALTER, 1960.

Im Frühjahr oder Herbst steht die Sonne um 12 Uhr senkrecht über dem Äquator, sie steht im Zenit. Die Luft wird deshalb über dem Äquator am stärksten erhitzt und steigt nach oben. Durch die aufsteigende Luftströmung entsteht an der Erdoberfläche eine Zone geringeren Luftdruckes. Beim Aufstieg kühlen sich die Luftmassen ab und es kommt einige Zeit nach dem täglichen Sonnenhöchststand zu den Zenitalregen. Die Luftmassen selbst fließen in größerer Höhe nach Norden und Süden ab und senken sich dabei etwa am 40. Breitengrad wieder zur Erde nieder. Diese absteigenden Luftmassen erwärmen sich beim Absinken und werden dabei sehr trocken. Wie am Äquator kommt es zu windstillen Kalmenzonen, die hier als Roßbreiten bezeichnet werden und sich durch hohen Luftdruck und Niederschlagslosigkeit auszeichnen. Von diesen Zonen hohen Luftdruckes strömen die Luftmassen an der Erde wieder zur Tiefdruckzone am Äquator. Die Winde werden dabei durch die Erdrotation auf der Nordhalbkugel nach rechts und auf der Südhalbkugel nach links abgelenkt, es entstehen auf diese Weise der Nordost- und der Südostpassat.

In den höheren Breiten (50 bis 60°) herrschen Westwinde vor, die vor allem auf der Südhalbkugel mit großer Regelmäßigkeit wehen. In den Polargebieten herrscht wieder eine östliche Windrichtung, da hier die kalte Polarluft von den Polarkalotten äquatorwärts abfließt. An der Grenze zwischen der Polarluft und der wärmeren Luft der niederen Breiten kommt es ständig zur Ausbildung großer Wirbel, die als Zyklonen, als Tiefdruckgebiete, vom Westen nach Osten wandern, dabei mehr oder weniger weit nach Süden übergreifen und sich allmählich auflösen. Durch die Berührung von kalten und warmen Luftmassen kommt es im Bereich der Zyklonen zu den zyklonalen Regen. Während diese Regen an keine Jahreszeit gebunden sind, fallen die Zenitalregen nur, wenn die Sonne im Zenit steht. Da sich jedoch der Sonnenstand im Laufe des Jahres ändert und die Sonne im Nordsommer ihren Zenitstand über dem nördlichen Wendekreis und im Südsommer über dem südlichen Wendekreis hat, werden sich die Zone der Zenitalregen und überhaupt die beiden Luftströmungswalzen um den Äquator einmal nach Norden und einmal nach Süden verschieben. Damit erfährt allerdings auch das Gebiet der zyklonalen Regen eine gewisse Verlagerung; so greifen die Zugstraßen der Zyklonen im Winter der Nordhemisphäre bis fast zum 40. Breitengrad nördlicher Breite aus (Abb. 47).

Da für die Pflanzenwelt nicht nur die Menge der Niederschläge, sondern auch die potentielle Verdunstung von Bedeutung ist, die ihreseits sowohl von der Niederschlagsmenge als auch von der Temperatur abhängt, müssen beim Festlegen der für die Pflanzen maßgebenden Klimazonen gleichzeitig Temperatur, Niederschlagshöhe und Niederschlagsverteilung berücksichtigt werden.

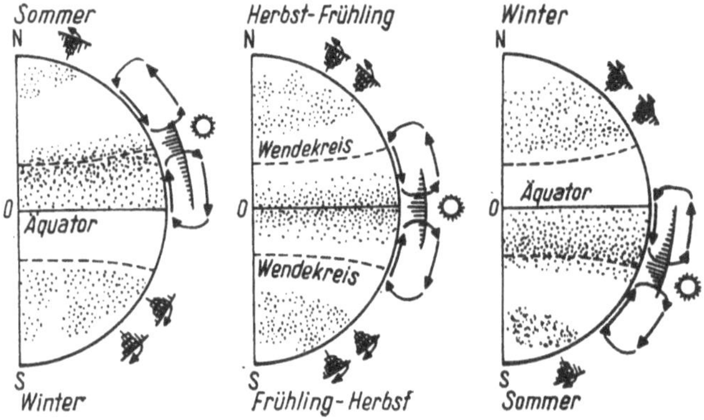

Abb. 47. Die Verlagerung der Niederschlagsgebiete und Windsysteme in Abhängigkeit vom Sonnenstand (zenitale Regen gleichmäßig, zyklonale Regen ungleichmäßig punktiert). Aus WALTER, 1960.

Es ergeben sich 9 Hauptklimazonen:

1. Die äquatoriale Zone mit zwei Regenzeiten entsprechend den beiden Zenitständen der Sonne. Jahresniederschläge und Feuchtigkeit sind sehr hoch, die Jahresschwankung der Temperatur nur gering. Diese Gebiete reichen von 10° nördlicher bis 10° südlicher Breite.
2. Tropische Zone mit einer feuchten Sommerregenzeit und einer Trockenperiode während der kühleren Jahreszeit, die aber im allgemeinen noch frostfrei ist. Die mittleren Jahresniederschläge nehmen mit der Entfernung vom Äquator ab. Sie erstreckt sich nördlich und südlich der äquatorialen Zone bis etwa zum 30. Breitengrad.
3. Subtropische Trockenzone. Niederschläge und Luftfeuchtigkeit sind sehr gering, Jahres- und Tages-

schwankungen der Temperatur dagegen durch die starke nächtliche Ausstrahlung und die Trockenheit der Luft sehr groß. Nachtfröste sind stark. Dieses Gebiet entspricht den Roßbreiten.

4. Übergangszone mit Etesienklima, weist eine Winterregenzeit und eine Sommerdürre auf, da sie im Sommer in den Bereich der absteigenden, trockenen Luftmassen und des hohen Luftdruckes gerät, im Winter dagegen bereits von durchziehenden Zyklonen der Westwinddrift gestreift wird. Nachtfröste kommen im Winter häufiger vor. Charakteristisch für das Mittelmeergebiet, für Kalifornien, Süd- und Südwestaustralien, das Kapland und den Südwesten Südamerikas.

5. Warmtemperierte, gemäßigte Zone im Bereich der Westwinddrift mit genügend Niederschlägen zu allen Jahreszeiten und relativ warmen Wintern.

6. Typische gemäßigte Zone mit kaltem, aber nicht zu lange anhaltendem Winter oder mit fast frostfreiem Winter, aber sehr kühlem Sommer.

7. Aride, gemäßigte Zone mit kontinentalem Klimacharakter, geringen Niederschlägen und niedriger Luftfeuchtigkeit.

8. Kalte gemäßigte Zone mit kühlen und feuchten Sommern und kalten, über ein halbes Jahr währenden Wintern. Bezeichnend für große Teile des nördlichen Nordamerikas und Nordeurasiens.

9. Arktische und antarktische Zone mit geringen, über das ganze Jahr verteilten Niederschlägen, die meist als Schnee fallen. Sommer mit fast ununterbrochenem Tageslicht. Die Luftfeuchtigkeit ist meist hoch. Diese Zone liegt im Bereich der polaren Luftströmungen.

Die Großzonierung des Klimas wird sehr stark gestört durch die unterschiedliche Verteilung von Land und Meer, durch die Winde hemmenden Gebirge und durch die Monsune (Abb. 48).

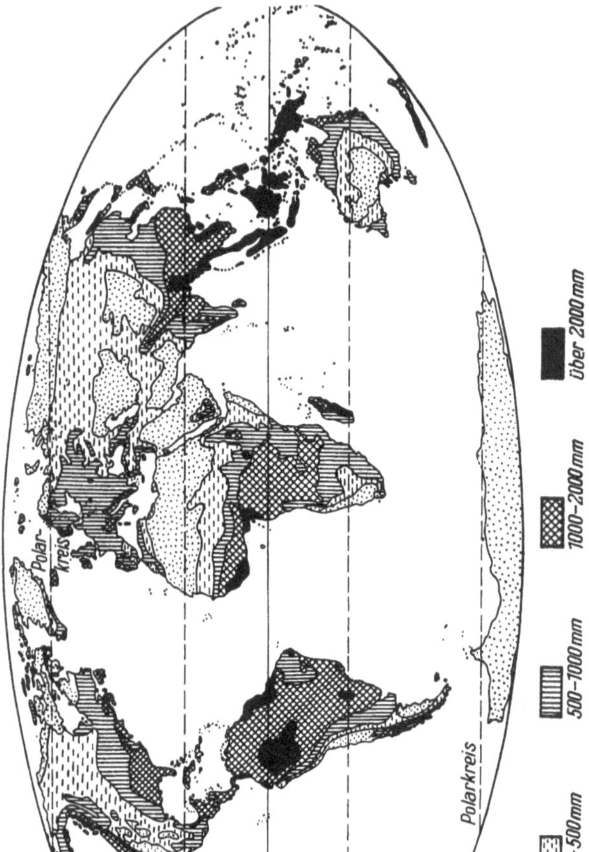

Abb. 48. Karte der mittleren Jahresniederschläge auf der Erde. Aus WALTER, Klimadiagramm-Weltatlas, Jena, 1960.

Monsunwinde treten besonders ausgeprägt auf der Süd- und Ostseite Asiens, aber auch in Nord-Australien, an der Westküste Afrikas, am Golf von Guinea und an der Ostküste Nordamerikas auf. An der europäischen Westküste werden die monsunalen Winde meist durch die Zyklonen überdeckt. Die Monsune entstehen dadurch, daß in der warmen Jahreszeit die über den Kontinenten entstehenden Tiefdruckgebiete aus den über den Ozeanen liegenden Hochdruckgebieten Luftmassen ansaugen, während in der kälteren Jahreszeit das Verhältnis umgekehrt ist.

Überall dort, wo die vom Meer auf das Land wehenden Winde auf Gebirge auftreffen, kommt es bei ihrem Aufsteigen an den Luvseiten zu Steigungsregen, während die Gebiete im Lee relativ trocken bleiben, da sie im Regenschatten dieser Bergbarrieren liegen. Gebirge zeichnen sich deshalb gegenüber ihrer Umgebung durch größere Feuchtigkeit aus. Nur die über die unteren Luftströmungen sich erhebenden Gipfel zeigen wiederum eine Abnahme der Niederschläge.

Gebiete, die in der Nähe der Ozeane liegen, besitzen meist geringere Schwankungen der Jahrestemperaturen und höhere Niederschläge, soweit nicht durch kalte Meeresströmungen die feuchtigkeitsbringenden Winde vor ihrem Auftreffen auf das Festland zum Abregnen gezwungen werden. Das Innere der Kontinente zeichnet sich dagegen durch geringere Niederschläge und größere Tages- und Jahresschwankungen der Temperatur aus.

Dieses Zusammenspiel der einzelnen Klimaelemente, das seinen Ausdruck in den verschiedenen Klimadiagrammen findet, wie sie von Walter (1960) für die verschiedensten Orte der Welt in seinem „Klimadiagramm-Weltatlas" zusammengestellt worden sind, ergibt das Gesamtklima der einzelnen Großlandschaften, in dem auch die Besonderheiten des Klimas Berücksichtigung finden.

Die am meisten benutzte Klassifikation der Klimagebiete nach der Temperatur, den Niederschlägen und deren jahreszeitlicher Verteilung ist die von KÖPPEN. Er unterscheidet die folgenden Großklimate:

Af = Tropische Regenwaldklimate; beständig feucht; regenärmster Monat wenigstens 60 mm Niederschläge, kältester Monat über +18 °C.
Am = Klima des tropischen Regenwaldes mit Monsunregen
As = Periodisch trockene Savannenklimate, regenarme Periode im Sommer, regenärmster Monat unter 60 mm Niederschläge
Aw = Periodisch trockene Savannenklimate; regenarme Periode im Winter, regenärmster Monat unter 60 mm Niederschläge
BS = Steppenklimate } nach dem Verhältnis von Niederschlägen zu Temperatur gegliedert.
BW = Wüstenklimate }
Cf = Feuchttemperierte Klimate mit mehr oder weniger gleichmäßiger Verteilung der Niederschläge im Jahr.
Cw = Warme, wintertrockene Klimate.
Cs = Warme, sommertrockene Klimate (Etesien).
Df = Feuchtwinterkalte Klimate } kältester Monat unter −3 °C wärmster Monat über +10 °C.
Dw = Wintertrockenkalte Klimate }
E = Schneeklimate; wärmster Monat unter +10 °C.
F = Klimate des ewigen Frostes; wärmster Monat unter 0 °C.

Die Grenzen zwischen Klima- und Vegetationsgebieten laufen meist nicht genau zusammen, obwohl sie oft einen ähnlichen Verlauf haben. Dies hat seinen Grund darin, daß die Vegetation nicht nur vom Klima, sondern auch von den Bodenverhältnissen abhängig ist. So kann z. B. in Osteuropa der Wald auf Sandböden weit in den Bereich der Steppenzonen vorstoßen. Andererseits ist es natürlich so, daß auch der Boden, vor allem in seinen reiferen Stadien, weitgehend vom Klima und von der Vegetation bestimmt wird, allerdings wird bei seiner

Bildung das Muttergestein stets eine entscheidende Rolle mitspielen, ebenso wie die Vegetation in ihrer Zusammensetzung von der Florengeschichte abhängig ist. Deshalb kann auch keine völlige Übereinstimmung zwischen Klima-, Boden- und Vegetationsgebieten bestehen.

Bei der Betrachtung der Vegetation der Erde wird die zonale Vegetation im Vordergrund stehen (Abb. 49). Wir wollen darunter mit WALTER (1962) „sehr weitgefaßte Vegetationseinheiten verstehen, die unter natürlichen Bedingungen in vom Menschen nicht gestörten Gebieten den größten Teil der Erdoberfläche bedecken". Es ist dies die Vegetation auf ebenen Flächen, auf denen den Pflanzen nur das Niederschlagswasser zur Verfügung steht und mittlere Böden vorkommen, die das Wasser weder zu rasch durchsickern lassen, noch stark stauen und die nicht zu nährstoffarm oder -reich sind. Wird die Vegetation weitgehend durch die Bodenverhältnisse und nicht durch das der Zone entsprechende Klima bestimmt, so spricht man von azonaler Vegetation, wobei aber selbst diese Pflanzengemeinschaften nicht unabhängig vom Klima sind. Kommt eine zonale Vegetation in benachbarten Zonen an für sie günstigen Standorten vor, an denen die Änderung des Regionalklimas durch lokale Verhältnisse kompensiert wird (Gesetz der relativen Standortkonstanz), so wird sie als extrazonale Vegetation bezeichnet. Zum Beispiel dringt der Wald in feuchten Flußtälern weit in die Steppenzonen hinein und umgekehrt die Vegetation der Steppe an trockenwarmen Standorten in die Waldzone.

Im Gebirge werden die Pflanzengemeinschaftskomplexe im weiteren Sinne, die sich mit zunehmender Höhe ablösen und der zonalen Vegetation des Flachlandes entsprechen, als Höhenstufen bezeichnet. Auch sie sollten nur in ebener Lage in ihrer Zusammensetzung studiert werden, da bei Hangneigung viele Umweltfaktoren geändert werden. Außerdem sollte berücksichtigt werden, daß die Vegetationsgliederung in vertikaler Richtung nicht der horizontalen gleichzusetzen ist, was schon aus den ver-

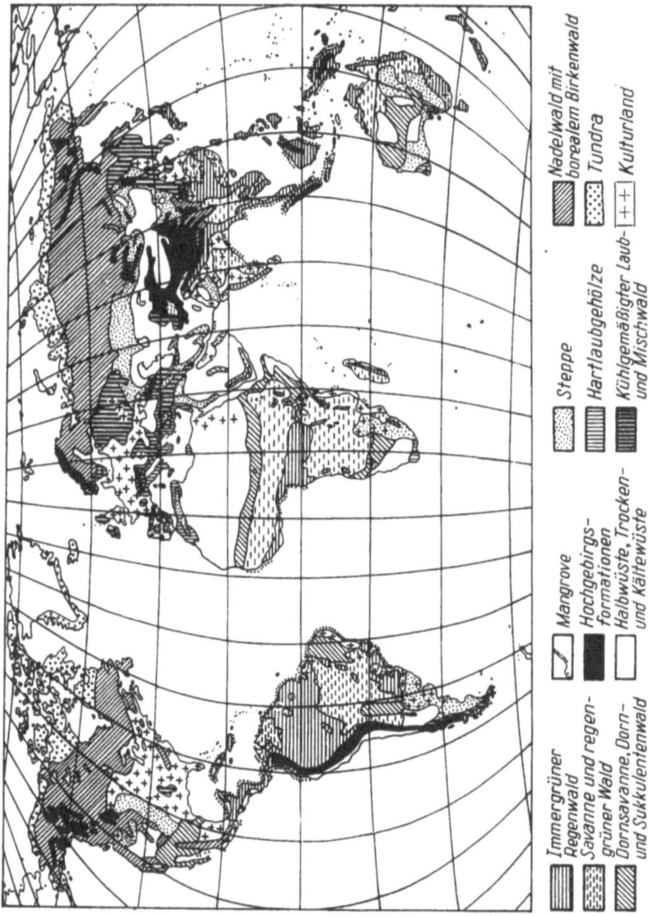
Immergrüner Regenwald
Savanne und regengrüner Wald
Dornsavanne, Dorn- und Sukkulentenwald
Mangrove
Hochgebirgsformationen
Halbwüste, Trocken- und Kältewüste
Steppe
Hartlaubgehölze
Kühlgemäßigter Laub- und Mischwald
Nadelwald mit borealem Birkenwald
Tundra
Kulturland

schiedenen Klimaten hervorgeht. Selbst in Europa darf das Klima der alpinen Stufe nicht mit dem der Arktis gleichgesetzt werden. Durch die längeren Tage, die geringeren Tagesschwankungen der Temperatur ist z. B. das Klima der Arktis während der Vegetationszeit, die wie in der alpinen Stufe kurz ist, viel ausgeglichener als das Klima in den Gebirgen mit den großen Tagesschwankungen der Temperatur. Das Klima der tropischen Gebirge ist schließlich weder mit dem der Arktis noch mit dem der mitteleuropäischen Gebirge zu vergleichen. Hier sind große Temperaturtagesschwankungen zu verzeichnen, aber kaum Jahresschwankungen der Tagesmittel der Temperatur. Daraus folgt, daß bei der Besprechung der Vegetation nicht nur die horizontale Gliederung vom Äquator nach Nord bzw. Süd berücksichtigt werden muß, sondern auch die vertikale Vegetationsgliederung.

Zu beachten ist ferner, daß die Nord- und Südhemisphäre eine asymmetrische Verteilung der Klimazonen aufweisen. Das Klima der Südhalbkugel ist infolge der großen Wassermassen wesentlich ozeanischer, der geschlossene Wüstengürtel fehlt und auch die gemäßigten Breiten fallen fast völlig aus, so daß subtropische und polare Vegetation relativ dicht beeinander liegen können.

Der asymmetrischen Klimaverteilung entspricht eine Asymmetrie der Vegetationszonen. Die Vegetationsgliederung der Nordhalbkugel findet kein Spiegelbild auf der Südhalbkugel. Das gleiche gilt natürlich auch in demselben Maße für die Höhenstufengliederung. Diese Tatsachen mag die folgende, von C. Troll stammende Abbildung erläutern, welche die Asymmetrie der Höhenstufen im humiden Bereich in einem schematischen Vegetationsprofil von der Arktis bis zur Antarktis zeigt (Abb. 50). Aus diesen Differenzierungen der Vegetation, des Klimas und der Böden ergibt sich die jährliche Primärproduktion auf den Kontinenten, wie sie auf der von den sowjetischen Wissenschaftlern Rodin, Bazilevich und Rozov 1975 entwickelten, nachstehenden Karte dargestellt ist (Abb. 51).

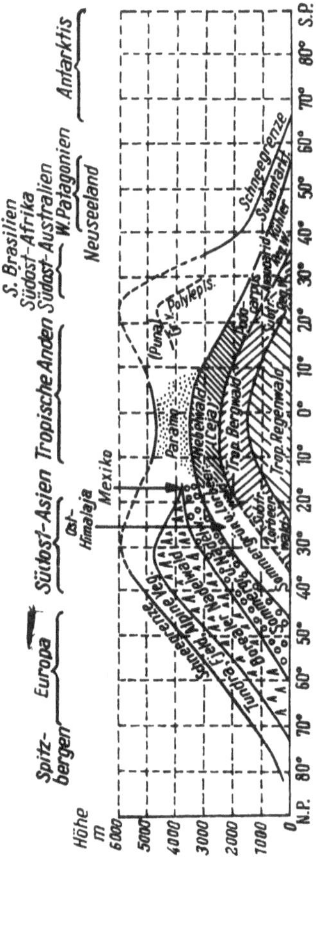

Abb. 50. Schematisches Vegetationsprofil der Erde von der Arktis bis zur Antarktis. Nach TROLL, aus WALTER, 1962.

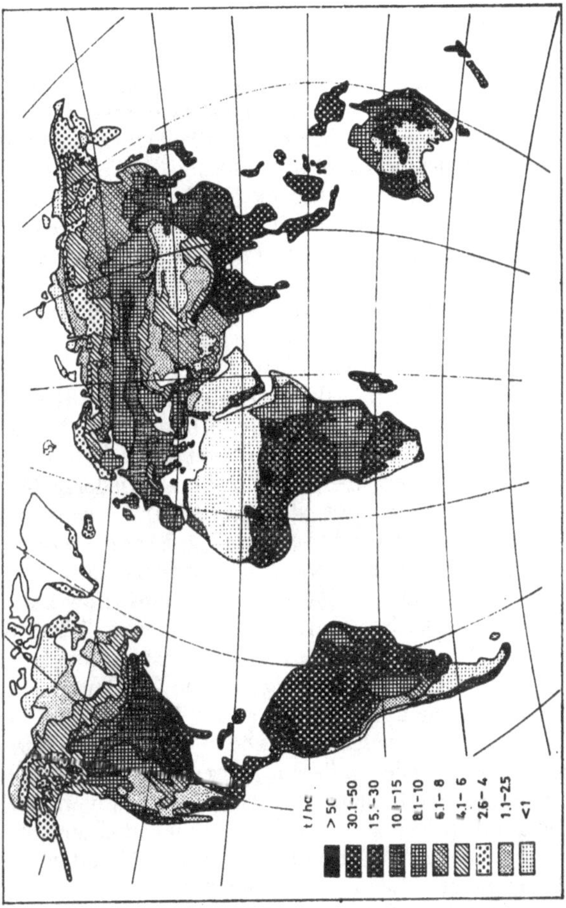

Abb. 51. Jährliche Primärproduktion auf den Kontinenten (nach RODIN, BAZILEVICH und ROZOV, 1975).

II. Tropische Regenwälder

1. Klimatische Verhältnisse

Der tropische Regenwald, Ausdruck üppigster Vegetation, ist im wesentlichen in der äquatorialen Klimazone zwischen 10° nördlicher bis zu 10° südlicher Breite entwickelt. Hier ist die Jahresschwankung der Temperatur äußerst gering und die Jahresniederschläge sind außerordentlich hoch und gleichmäßig über das Jahr verteilt, wenngleich auch im typischen Fall zwei Maxima, dem zweimaligen Zenitstand der Sonne entsprechend, zu erkennen sind. Einen Begriff von den durchschnittlichen klimatischen Verhältnissen mögen die Klimadiagramme dreier in den feuchten Tropen gelegenen Beobachtungsstationen geben. Die jährlichen Regenmengen erreichen z. T. außerordentlich hohe Werte. So fallen auf dem Gipfel der Hawaii-Insel Kauai 12500 mm, am Fuße des Kamerunberges 10500 mm Niederschläge im Jahr. Allerdings kommt es auch noch zur Ausbildung eines tropischen Regenwaldes, wenn die Regenverteilung nicht dem äquatorialen Typ folgt, sondern sich eine, allerdings meist sehr lange Regenzeit und eine kurze Dürrezeit abwechseln. Untersuchungen von WALTER (1962) in Indien ergaben, daß bei einer viermonatigen Trockenzeit Jahresniederschläge von 3500 mm, bei einer dreimonatigen Dürrezeit von 2750 mm und bei einer zwei Monate währenden Dürre 2250 mm Niederschläge im Jahr fallen müssen, wenn es noch zur Ausbildung eines tropischen Regenwaldes kommen soll. Die Temperaturen sinken in keinem Monat im Jahr unter +18 °C im Mittel. Während jedoch die Monatsmittel der Temperatur und der Niederschläge meistens im Verlaufe des Jahres nur geringe Schwankungen aufweisen, sind die Temperatur- und Feuchtigkeitsschwankungen im Laufe eines Tages beträchtlich. Wir haben es im Bereich des tropischen Regenwaldes weniger mit einem Jahreszeitenklima als vielmehr mit einem Tageszeitenklima zu tun.

Als Beispiel für das Tageszeitenklima im Gebiet des tropischen Regenwaldes werden die Klimaverhältnisse von Bogor, ehemals Buitenzorg (Java) (aus Stocker, 1935) wiedergegeben.

Der Jahresniederschlag beträgt 4370 mm. Die Monatsmittel der Temperatur schwanken nur um 1 °C, der kälteste Monat ist der Februar mit einem Monatsmittel von +24,3 °C, der wärmste Monat der Oktober mit +25,3 °C. Der regenärmste Monat ist der August mit 230 mm Regen, der regenreichste Monat, der Januar, bringt 450 mm Niederschlag. An sonnigen Tagen im November kann jedoch die Temperatur an einem Tag um 9 °C schwanken. Es ist möglich, daß z. B. um 6 Uhr +23,4 °C und um 14 Uhr +32,4 °C gemessen werden. Diese Schwankungen können allerdings an trüben Tagen bis auf 2°C absinken. Die täglichen Temperaturschwankungen haben naturgemäß eine starke Änderung der Luftfeuchtigkeit zur Folge, die zwischen 100% und 40% (gelegentlich bis 25%) schwanken kann und dementsprechend hohe Sättigungsdefizite erzeugt. Solche Sättigungsdefizite, wie sie sonst nur für Steppengebiete charakteristisch sind, halten jedoch meist nur wenige Stunden bis zum Einsetzen des Zenitalregens an. Nachts ist die Luft fast stets wasserdampfgesättigt und es kommt zu starken Taufällen.

Die hohe Luftfeuchtigkeit hat zur Folge, daß nur ein geringer Teil der Sonnenstrahlung die Bodenoberfläche erreicht. Durch die Zenitalregen ist der Vormittag meist sonniger als der Nachmittag. Dementsprechend weist die Verdunstung auch ein ausgesprochenes Maximum um die Mittagszeit auf, um dann rasch geringer zu werden.

Ein wichtiger, oft vernachlässigter Klimafaktor ist für die tropischen Regenwaldgebiete das Auftreten von Zyklonen, die im Bereich ihrer Zugbahnen oft weite Waldflächen zerstören.

Die angegebenen Klimaverhältnisse wirken sich natürlich in vollem Umfange nur auf die obere Baumschicht des tropischen Regenwaldes aus, während die tieferen Vegetationsschichten ein z. T. erheblich abweichendes Bestandesklima besitzen.

Da der tropische Regenwald kein geschlossenes Kronendach hat, dringt viel Sonnenlicht in das Waldesinnere ein. Es wird jedoch bereits in den tieferen Baumschichten durch die zahlreichen Lianen und schließlich durch die hohe Krautschicht so stark abgefangen, daß nur noch sehr geringe Lichtintensitäten ($\approx$ 0,1%) auf den Waldboden gelangen. Entgegengesetzt zur Strahlung verhält sich die Luftfeuchtigkeit, die in Bodennähe meist ständig hoch bleibt. Auch die Temperaturschwankungen sind hier außerordentlich gering.

Die geschilderten Klimaverhältnisse und damit die tropischen Regenwälder sind am weitesten verbreitet in Amerika im Amazonasbecken bis zum Ostabhang der Anden, im Indo-Malayischen Gebiet und in Westafrika um den Golf von Guinea bis ins Kongobecken hinein. Außerhalb dieser drei großen Regenwaldgebiete ist dieser Vegetationstyp an den regenreichen Hängen der Gebirgsketten und kleineren Gebirgsmassive, die sich innerhalb der Wendekreise erheben, ausgebildet (z. B. Ostbrasilien, Nordostaustralien, Indien).

2. *Edaphische Verhältnisse*

Die Böden des tropischen Regenwaldes sind mit Ausnahme der vulkanischen Böden sehr alte Bildungen, da sich die Eiszeiten in der äquatorialen Zone wohl kaum in einem so hohen Maße ausgewirkt haben, daß eine Zerstörung der Böden eintrat. Die Verwitterungsschicht ist deshalb meist sehr mächtig, z. T. über 20 m stark. Die ständig hohen Temperaturen und die hohen Niederschläge haben einen weitgehenden Zerfall der Silikatgesteine und eine Auswaschung der Kieselsäure und der Basen zur Folge. Übrig bleiben vor allem Al_2O_3 und Fe_2O_3. Zu einer Humusanreicherung kommt es meist nicht. Diesen Vorgang der Bodenbildung wie er für die größten Teile der Regenwaldgebiete charakteristisch ist, bezeichnen wir als Lateritisierung. Der pH-Wert dieser Lateritböden ist niedrig (pH = 5,3 bis 4,6) (alle Werte nach Milne in Walter 1962), das Bodenprofil zeigt keine mit bloßem Auge erkennbare Profilierung, die Wasserdurchlässigkeit ist gut. Das C/N-Verhältnis der meist in gelöster Form vorliegenden Humussubstanz ist ziemlich konstant (C/N = 12 bis 13). Der Nährstoffgehalt der Böden ist oft außerordentlich gering, so fehlt $CaCO_3$ meist völlig, ebenso Ammoniakstickstoff. Nitratstickstoff ist nur in Spuren vorhanden, ebenso Phosphorverbindungen.

Trotz dieser schlechten Nährstoffverhältnisse ist ein üppiges Pflanzenwachstum möglich, da alle Nährstoffe, die von den absterbenden Pflanzenteilen in den Boden gelangen, dort mineralisiert und sofort von den flachstreichenden Wurzeln der Pflanzen des tropischen Regenwaldes wieder aufgenommen werden. Das gesamte Nährstoffkapital liegt also in der lebenden Pflanze und in der noch unzersetzten toten Pflanzensubstanz. Die Nährstoffe befinden sich in einem ständigen Kreislauf, in den der Boden mit eingeschlossen ist. Wird dieses dynamische Gleichgewicht durch den Menschen gestört, etwa durch Abholzen des Waldes, so kann es zu schweren, z. T. irreversiblen Schäden kommen, da dann das Nährstoffkapital des Bodens ausgewaschen wird und den Pflanzen unwiederbringlich verlorengeht. Selbstverständlich gehören nicht alle Böden der tropischen Regenwälder zu den geschilderten lateritischen Rotlehmen. Es gibt auch Gebiete mit anstehenden Kalkgesteinen, die durch ihre Wasserdurchlässigkeit trockenere Standorte bedingen. Auch auf Sandsteinen, sehr sauren, kieselsäurereichen Eruptivgesteinen und alluvialen Sanden, die zu wenig zu Ton zerfallende Mineralien enthalten, können sich keine Laterite bilden. Hier kommt es durch die hohen

Niederschläge zu Podsolböden mit stärkeren Humusanreicherungen. Die Vegetation weicht auf solchen Standorten naturgemäß vom typischen tropischen Regenwald sehr stark ab. Solche Podsole sind z. B. im Gebiet des Rio Negro im Amazonasgebiet weit verbreitet. Durch die ausgewaschenen Humussäuren wird die dunkle Farbe dieses Flusses bedingt, während sonst die Flüsse der tropischen Regenwälder nur geringfügig Humussäuren führen.

Außer diesen Podsolböden gibt es auch noch Naßböden, die durch einen dauernd hohen Grundwasserstand gebildet werden. Bei eutrophen Verhältnissen handelt es sich dabei um mineralische, humusarme Böden, die aus grauen oder gelblichen Tonen aufgebaut sind und den Gleyböden nahestehen. Unter oligotrophen Verhältnissen entstehen Torfböden mit z. T. mächtigen (bis 7 m) Torfschichten, die sehr niedrige pH-Werte (pH 3) aufweisen können. Die Mannigfaltigkeit der Böden in den Tropen spiegelt sich verständlicherweise auch in der Vegetationszusammensetzung wider, allerdings sind die Beziehungen zwischen Vegetation und Boden in den tropischen Gebieten noch in vielen Fällen ungeklärt.

3. Aufbau des tropischen Regenwaldes

Die geschilderten optimalen Wuchsbedingungen in der äquatorialen Klimazone kommen im Vegetationsaufbau des tropischen Regenwaldes zum Ausdruck, in seinem Reichtum an Pflanzen, in dem Auftreten der mannigfaltigen Wuchsformen und der starken Gliederung der Wälder. Es sei gleich anfangs betont, daß es auch im Bereich des tropischen Regenwaldes die verschiedensten Waldtypen gibt, auf die hier jedoch nicht eingegangen werden kann. Es soll vielmehr versucht werden, das für viele dieser Typen Gemeinsame herauszuarbeiten.

Am Aufbau der Baumschicht des tropischen Regenwaldes sind meist viele Arten beteiligt. Es können über 100 Arten auf einem Hektar festgestellt werden, jedoch gibt es auch seltenere Fälle, wo nur wenige Arten den Bestand aufbauen. Der Umriß des tropischen Regenwaldes ist deshalb sehr unruhig, es kommt oft nicht zur Ausbildung eines regelmäßigen Kronendaches. Von 10 bis 30 m läßt sich keine Schichtung erkennen, erst bei 30 m ist gelegentlich eine durchgehende Baumkronenschicht vorhanden, die von einigen Riesenbäumen durchstoßen wird (Abb. 52). Anders sieht das Waldbild aus, wenn eine dominante Holzart vorhanden ist. Es kommt dann zu einem geschlossenen Kronendach wie in unseren mitteleuropäischen Wäldern. Die unteren Baumschichten sind in diesem Fall wenig entwickelt.

Die Kronen der Bäume sind oft sehr schmal, sie verzweigen sich erst wenig unterhalb der Spitze. Die Stämme

Abb. 52. Vegetationsaufbau eines gemischten *Dipterocarpus*-Waldes vom Mount Dulit auf Kalimantan (ehemals Borneo). Es sind nur die über 7,6 m hohen Bäume dargestellt, die auf einem 61 m langen und 7,6 m breiten Streifen wachsen. Nach RICHARDS, aus WALTER, 1962.

sind schlank und glatt, sie entwickeln keine stärkere Borkenbildung, auch Stacheln und Dornen sind nur selten zu finden. Auffallend sind die bei vielen, vor allem bei den große Höhe erreichenden Bäumen des tropischen Regenwaldes an der Stammbasis befindlichen Brettwurzeln, die dem Baum bei dem flach streichenden Wurzelsystem einen festen Stand verleihen (Abb. 53).

Abb. 53. Brettwurzelbildung bei *Pterygota alata* im Botanischen Garten von Kalkutta.

Vielschäftigkeit und Stelzwurzelbildungen sind schon etwas seltener zu finden, dienen jedoch gleichfalls der Standfestigkeit. Die geringe Größe der Baumkronen ist anscheinend, abgesehen von Bäumen mit schopfartig gehäuften Blättern, wie z. B. Palmen, die aber im Waldesinneren selten auftreten, eine Folge des dichten Zusammenwuchses mit anderen Arten. Bei den erwähnten Schopfbäumen ist oftmals ein Übergang zu krautigen Pflanzen zu beobachten, wie z. B. bei der Banane, die einen Scheinstamm aus zusammengewickelten Blattbasen aufweist.

Der Melonenbaum (*Carica papaya*), dessen Stamm nur wenig verholzt ist, stellt einen Übergang vom Baum zum Kraut dar.

Über das Alter der Bäume des tropischen Regenwaldes ist, da sie keine Jahresringe bilden, nichts Sicheres bekannt. Auf Grund von Zuwachsmessungen wurde das Alter in einigen Fällen auf 200 bis 250 Jahre geschätzt. Die alten Bäume werden entweder umgeworfen und reißen dann oft große Lücken in das Waldbild, die allerdings von den anderen Pflanzen schnell geschlossen werden, oder sie werden stehend von Termiten oder Pilzen zerstört und brechen in sich zusammen.

Die Bäume des tropischen Regenwaldes sind durch große, immergrüne und verhältnismäßig derbe Blätter ausgezeichnet, die oft eine Träufelspitze besitzen. Die Blattgröße nimmt im allgemeinen mit der Höhe der Baumarten ab, zugleich werden die Blätter in größerer Höhe lederiger. Hierin kommen die besonderen klimatischen Bedingungen in den oberen Baumschichten zum Ausdruck, denn die Bäume des tropischen Regenwaldes sind für einige Stunden einer Trockenheit ausgesetzt, die kaum weniger extrem als in ariden Gebieten ist. Durch xeromorphe Blattstrukturen erhalten die Arten die Möglichkeit, eine ausgeglichene Wasserbilanz aufrechtzuerhalten (z. B. durch Verschluß der Spaltöffnungen bei gleichzeitig dicker Kutikula). Allerdings ergibt sich dabei oft eine starke Übertemperatur, da die abkühlende Wirkung der Wasserverdunstung wegfällt.

Sehr wenig ist über die photosynthetische Leistung der Baumarten des tropischen Regenwaldes bekannt. Wie Testversuche ergaben (vgl. GUTTENBERG, 1931, STOCKER, 1935), liegen die gewonnenen Werte im Vergleich zu denen anderer Klimagebiete keineswegs höher, nur ist eben die assimilierende Fläche das ganze Jahr hindurch photosynthetisch wirksam.

Die jungen Blattanlagen stehen meist ungeschützt an den Triebachsen. Ein gewisser Schutz kommt häufig nur durch Haare, Schleim oder besonders ausgebildete

Nebenblätter zustande. Sind Knospenschuppen ausgebildet, so sind sie grün und saftig. Die Neutriebe werden oft schubweise gebildet, wobei es bei raschem Streckungswachstum zu einem Zurückbleiben der Ausbildung der Festigungselemente kommt, wodurch die jungen Triebspitzen mit den Blättern schlaff herunterhängen. Die Blätter sind dabei noch bleich oder durch Anthozyan rot gefärbt und dadurch besonders auffallend. Erst nach einiger Zeit ergrünen sie und bilden Festigungsgewebe aus. Da die jungen Triebe nur sehr wenig gegen Vertrocknen geschützt sind, ist dieser auffallende Vorgang des Laubschiebens nur in feuchten Klimaten zu beobachten (Abb. 54).

Die Lauberneuerung erfolgt bei den Bäumen des tropischen Regenwaldes im allgemeinen unregelmäßig. Es gibt Bäume, die alle ihre Blätter abwerfen und dann einige Zeit kahl stehen, wobei die Individuen einer Art die Lauberneuerung zu verschiedenen Zeiten durchführen können. Bei anderen Bäumen fallen die alten

Abb. 54. Laubschub bei *Amherstia nobilis* im Botanischen Garten von Kalkutta

Blätter erst nach der Entfaltung der neuen ab. Es können auch die einzelnen Astsysteme eines Baumes verschieden reagieren, so daß neben belaubten auch unbelaubte Zweige an einem Baum zu finden sind. Es gibt aber andererseits auch Arten mit einer regelmäßigen Lauberneuerung, die eine bestimmte Periodizität von 6, 9, 12, 32 Monaten aufweist. Hier handelt es sich wohl um Arten, die bereits auf geringe jahreszeitliche Änderungen der Klimafaktoren reagieren. Ihre autonome Periodizität paßt sich an eine Periodizität der Außenfaktoren an.

Eine nicht periodisch eintretende Besonderheit der Blüten- und Fruchtbildung ist die Kauliflorie, die Stammblütigkeit. Blüten und Früchte bilden sich an blattlosen, verholzten Stämmen aus ruhenden axillären Knospen, die erst nach vielen Jahren die Rinde durchbrechen. Ob es sich bei der Kauliflorie um eine Anpassung an die Bestäubung durch Flughunde handelt, ist noch nicht sicher erwiesen.

Eine ökologisch auch noch nicht gedeutete Besonderheit der Bäume des tropischen Regenwaldes ist die Ausbildung von Wasserkelchen. Die Blütenknospe bleibt hier bis kurz vor der Anthese in dem durch die Tätigkeit von Hydathoden mit Wasser gefüllten, geschlossenen Kelch.

In der Strauchschicht des tropischen Regenwaldes spielen die eigentlichen Sträucher nur eine sehr untergeordnete Rolle. Diese Schicht wird hauptsächlich vom Jungwuchs der Bäume und von hohen Stauden gebildet. Sie stellen oft, da sie leicht verholzen, Übergänge zu den Sträuchern dar, z. B. die großblättrige Brennessel (*Urtica macrophylla*) oder der Ingwer (*Zingiber officinale*).

Die niedere Feldschicht kann sich nur dort entwickeln, wo durch die starke Gliederung des Waldes noch genügend Licht auf den Boden fällt. Durch den Mangel an Licht und die in der Feldschicht ständig hohe Luftfeuchtigkeit zeigen die Bodenpflanzen eine ganz andere Form der Beblätterung als die Arten der Baumschicht. Sie besitzen meist glasig-saftige Sprosse. Die Blüten sind vielfach unscheinbar und erscheinen meist ohne Regelmäßigkeit. Die Blätter sind zart, haben eine schwach entwickelte Kutikula und einen samtartigen Charakter. Es gibt jedoch auch Arten wie die Begonien, die etwas sukkulente Blätter aufweisen. Auffallend ist das häufige Auftreten von Buntblättrigkeit und die Asymmetrie der Blätter. die Schattenpflanzen der Feldschicht transpirieren wie schon FABER (1915) nachweisen konnte, nur sehr schwach. Allerdings guttieren sie, namentlich nachts, meist stark, so daß die Wassergabe in flüssiger Form die in Dampfform weit übersteigt. Über die photosynthetische Tätigkeit der Krautflora des tropischen Regenwaldes ist wenig bekannt. Allerdings weisen die Kräuter eine gewisse Stoffproduktion selbst bei sehr schwachem Licht auf. Diese positive Stoffbilanz wird sicherlich durch die sehr geringe Atmung erleichtert. Ein Beispiel dafür ist die Fleischerpalme (*Aspidistra elatior*), die deshalb als Zimmerpflanze in der dunkelsten Ecke weiterzuwachsen vermag.

In der Bodenschicht des tropischen Regenwaldes sind Moose oder Flechten recht selten, dafür kommen Pilze, die sich von der organischen Substanz ernähren und auch saprophytisch lebende höhere Pflanzen häufiger vor. Von den Monokotylen sind es vor allem die *Burmanniaceae*, die *Orchidaceae* und *Liliaceae*, unter den Dikotylen die *Gentianaceae* und *Polygalaceae*, die als Saprophyten auftreten. Zu erwähnen sind auch die Parasiten, die entweder den *Balanophoraceae* oder den *Rafflesiaceae* angehören, Holoparasiten sind und zu den Wurzelschmarotzern zählen. Sie bilden oft merkwürdige Pflanzengestalten aus, so z. B. die *Rafflesia arnoldii*, deren leuchtend rot bis rotbraune Blüte einen Durchmesser bis zu 1 m erreicht, während die vegetativen Organe zu myzelartigen Strängen reduziert sind.

Weitverbreitet ist im tropischen Regenwald die Wuchsform der Lianen. Es sind dies krautige Gewächse und vor allem Gehölzpflanzen, die sich zunächst am Boden entwickeln, später aber durch Streckung der

Sprosse und Festhalten an anderen Pflanzen in die lichtreichen Schichten des Waldes vorstoßen. Erst dort gelangen sie zur vollen Entwicklung; vorher weisen sie oft nur reduzierte Beblätterung und keine Blütenbildung auf. Ohne großen Aufwand an Baustoffen können so die Lianen die dem vollen Tageslicht ausgesetzten Baumkronen erreichen. Sie müssen allerdings in der Jugend mit dem am Boden vorhandenen Licht auskommen, was erklärt, daß die Lianen besonders gehäuft an gelichteten Stellen zu finden sind. Die Hauptachse bleibt zunächst unverzweigt und behält durch ihr anomales Dickenwachstum ihre Biegungsfestigkeit bei. Die Wasserversorgung der sich allmählich sehr stark entwickelnden Krone erfolgt durch den sehr langen und dünnen Stamm mit Hilfe von querwandlosen, großen Gefäßen.

Die Lianen gehören verschiedenen Typen an. Die Spreizklimmer sind Pflanzen mit spreizenden Zweigen, die in das Zweigsystem anderer Pflanzen hineinwachsen und sich so stützen. Das Abrutschen kann durch Stacheln oder Dornen verhindert werden. Ein bekanntes Beispiel für einen Spreizklimmer ist die Rotangpalme (*Calamus*), die zur Familie der *Arecaceae* gehört, deren Vertreter sich sonst durch gestauchte Internodien auszeichnen. Bei *Calamus* sind die Sprosse jedoch dünn, bis über 200 m lang und klimmen durch die mit biegsamen Stacheln versehene und zu einem Flagellum verlängerte Rachis ihrer Blätter an anderen Pflanzen hoch. Bei den Wurzelkletterern werden dünne Wurzeln ausgebildet, mit denen sich die Lianen an der Rinde eines Baumstammes anheften. Hierher sind viele *Araceae*, z. B. *Monstera* und *Philodendron* und die Vanille, zu stellen.

Die Windepflanzen schließlich haben eine rasch wachsende Achsenspitze mit sehr langen Internodien, sie winden sich um eine feste Stütze und schmiegen sich dieser fest an. Später kann sich der windende Sproß verdicken und verholzen. Hierher gehören *Wistaria sinensis* und viele Osterluzeigewächse (*Aristolochia*).

Schließlich sind noch die Rankenpflanzen zu nennen, die gegen Berührung empfindliche Greiforgane, Ranken, haben, mittels derer sie sich an anderen Pflanzen emporranken. Später können diese Ranken ebenfalls verholzen. Zu dieser Gruppe ist die mit Sproßranken versehene Passionsblume (*Passiflora*) zu rechnen.

Viele krautige Pflanzen des tropischen Regenwaldes leben als Epiphyten auf den Stämmen und Ästen der Gehölze hoch in den Baumkronen. Nur so können sie in den Genuß des Sonnenlichtes kommen. Da die Wurzeln der Epiphyten in erster Linie dem Festhalten der Pflanze an der Unterlage dienen und erst in zweiter Linie der Nährsalz- und Wasseraufnahme, müssen bei ihnen Einrichtungen vorhanden sein, die den Wasserhaushalt der Pflanzen, vor allem in den Stunden relativer Lufttrockenheit, aufrechterhalten.

Die Anpassungen an die erschwerten Wasserverhältnisse sind mannigfacher Art. So fangen die *Bromeliaceae* das Niederschlagswasser und damit die darin befindlichen Nährstoffe durch ihre zu einer Zisterne zusammengestellten Blätter auf, die mittels Saugschuppen das Wasser aufnehmen. Bei Orchideen ist der Sproß vielfach als Wasserspeicher ausgebildet, was nicht ausschließt, daß nicht auch die Wurzeln Wasserspeichergewebe besitzen und durch ihren Mantel toter Zellen (Velamen) befähigt sind, Niederschlagswasser außerordentlich rasch aufzusaugen. Auch die *Nepenthes*-Arten vermögen das Wasser, das sie in ihren Kannen sammeln, für ihre Wasserbilanz auszunutzen.

Besondere Humussammeleinrichtungen zeigen die epiphytischen Farne der Gattung *Polypodium* (Tüpfelfarn) und *Platycerium* (Hirschgeweihfarn). Sie weisen Heterophyllie, Verschiedenblättrigkeit, auf. Die Trophophylle (Laubwedel) sind derb und lange haltbar, liegen vollständig dem Substrat an und dienen als Humusauffangorgane, während die Sporophylle, die fruchtbaren Wedel, vom Substrat abstehen und mehr oder weniger stark aufgegliedert sind. In diesen Humusanhäufungen der Epiphyten leben sehr viele Ameisen, ebenso in den mit Hohlräumen durchsetzten Knollen der *Myrmecodia-* und *Hydnophytum*-Arten. Andere Ameisen bauen in den Astgabeln der Bäume Nester, in denen die Samen der Epiphyten keimen, so daß diese Nester dann mit Pflanzen wie dem etwas sukkulenten *Phyllocactus*, der *Peperomia* u. a. durchsetzt erscheinen. Ob durch die Ameisen eine gewisse Stickstoffversorgung der Epiphyten stattfindet, ist noch nicht sicher nachgewiesen. SPANNER (1939) konnte jedoch zeigen, daß *Myrmecodia* Ammoniumstickstoff besser verwertet als Nitratstickstoff. Da die Samen der Epiphyten auf die Bäume gelangen müssen, sind sie oft staubfein (*Orchidaceae*) oder werden durch den Wind leicht verbreitet (*Asclepiadaceae* und *Gesneriaceae*). Gelegentlich spielt auch die Verbreitung durch Vögel eine Rolle wie bei den *Cactaceae* und *Bromeliaceae* und schließlich dürfte auch die Verbreitung durch Ameisen nicht unbedeutend sein.

Neben diesen Großepiphyten, die nach ihrem Standort gelegentlich in Sonnen- und Schattenepiphyten eingeteilt werden, gibt es natürlich auch zahlreiche Kleinepiphyten d. h. Moose, Flechten und Luftalgen, die oft die Äste der Bäume völlig umkleiden. Besonders die Moose können dabei auch meterlang von den Ästen herunterhängen. Eine besondere Gruppe bilden die Epiphyten, die auf der Oberfläche der langlebigeren Blätter wachsen. Flechten und Algen wie *Trentepohlia* und *Phycopeltis* sind die Erstbesiedler. Ihnen folgen dann Moose, von den Lebermoosen die Gattung *Metzgeriopsis*, von den Laubmoosen die Gattung *Ephemeropsis*. Bei diesen Moosen sind meist die Protonemata langlebig und gut entwickelt, während die eigentliche Moospflanze klein und unscheinbar bleibt.

Zwischen den Lianen und Epiphyten steht schließlich die Übergangsgruppe der Hemi-Epiphyten. Viele Aronstabgewächse (*Araceae*) des tropischen Regenwaldes entwickeln sich zunächst als Lianen, sterben dann aber in ihrem unteren Teil ab, verlieren damit die direkte

Verbindung mit dem Boden und werden so zu Epiphyten.

Andererseits gibt es Epiphyten (*Coussapoa fagifolia, Moraceae*), die zwar auf Bäumen keimen, aber schließlich so lange Wurzeln ausbilden, daß diese den Boden erreichen und über sie eine normale Versorgung der Pflanze mit Nährstoffen und Wasser aus dem Boden möglich ist.

Eine besondere Gruppe der Hemi-Epiphyten bilden die Würger, deren bekanntester Vertreter *Ficus bengalensis* ist, hierher sind aber auch *Metrosideros robusta* (*Myrtaceae*), *Griselinia littoralis* (*Cornaceae*) und *Nothopanax simplex* (*Araliaceae*) zu rechnen. Diese Pflanzen keimen als Epiphyten in den Astgabeln eines Baumes. Hier entwickeln sie ein kleines Sproßsystem und Luftwurzeln, die sich z. T. an den Stamm der Wirtspflanze anlegen. Bevor sie den Boden erreichen, anastomosieren sie häufig. Nach dem Eindringen in den Boden erstarken

Abb. 55. *Ficus bengalensis* mit zahlreichen anastomosierenden sproßbürtigen Wurzeln im Botanischen Garten von Kalkutta.

Abb. 56. Sproßbürtige Stützwurzeln bei *Ficus bengalensis* im Botanischen Garten von Kalkutta.

sie und die ganze Pflanze beginnt sich üppig zu entwickeln. Die den Stamm der Wirtspflanze umspinnenden Wurzeln hindern diese am Weiterwachsen und bringen sie zum Absterben. Von den Ästen des Würgers werden weitere Luftwurzeln zum Boden entsandt, die zu starken Stützpfeilern erstarken können. Dadurch können sich wie bei *Ficus bengalensis* Exemplare entwickeln, die einen Kronenumfang von mehreren hundert Metern haben und nicht ahnen lassen, daß sie einst als kleine Epiphyten in der Astgabel eines anderen Baumes keimten (Abb. 55 und 56).

4. Höhenstufen in der Zone des tropischen Regenwaldes

Am üppigsten sind die tropischen Regenwälder an den unteren Hängen der Gebirge der äquatorialen Zone entwickelt, wo es durch die Wolkenstauungen zu ergiebigen Niederschlägen kommt. In den Niederungen selbst, wo sehr oft durch Überschwemmungen und

Wechselfeuchtigkeit der Böden die Wuchsbedingungen für Bäume schlechter werden, ist der Regenwald meist etwas an Arten verarmt, besonders auch an Lianen und Epiphyten und durch das Auftreten von Palmen, welche die geschilderten Standortverhältnisse gut vertragen, gekennzeichnet.

Über dieser submontanen Stufe nehmen die Niederschläge bis zur Wolkenstufe weiterhin zu, während die mittlere Jahrestemperatur sinkt und auch gleichzeitig die Tagesschwankungen der Temperatur geringer werden. Der in dieser Höhenstufe (1200 bis 2500 m über NN) vorkommende montane tropische Regenwald unterscheidet sich nur wenig vom submontanen Typ, setzt sich z. T. aber schon aus anderen Baumarten zusammen. Die Baumfarne werden sehr zahlreich, der Lianen- und Epiphytenbesatz ist sehr groß. Unter den Epiphyten überwiegen die Farne und Bärlappe (*Lycopodium*). Auch die Hautfarne (*Hymenophyllaceae*) sind stark vertreten. Wo genügend Licht auf den Boden fällt, breiten sich Moosfarne (*Selaginella*) aus, an den feuchtesten Standorten bilden die Bambusarten einen dicken Unterwuchs.

In Höhen von 2500 bis 3000 m über NN nehmen die Niederschläge meist wieder ab, die mittlere Jahrestemperatur sinkt weiter, die Tagesschwankungen nehmen dagegen wieder zu. Die Tiefsttemperaturen nähern sich dem Gefrierpunkt. Hier tritt der subalpine tropische Regenwald auf, der bereits einen wesentlich anderen Charakter als der montane Regenwald aufweist. Das Laub der immergrünen Bäume ist kleiner und xeromorpher, die Orchideen unter den Epiphyten verschwinden und an ihre Stelle treten die Flechten, die dann oft in langen Bärten von den Baumkronen herabhängen.

In einer Höhe von 3200 bis 3500 m über NN nehmen die Frostwechseltage plötzlich stark zu und die Niederschlagsmengen ebenso rasch ab. Diese Änderung des Klimas bedingt einen völligen Wandel im Vegetationsbild, der Wald tritt zurück und es erscheint die alpine Vegetation, die in den äquatorialen Gebirgen Mittel- und Südamerikas als ‚Paramos‘ bezeichnet wird. Hier kommen große Horstgräser, Riesen-*Senecio*-Arten (Afrika), Baum-Espeletien (Südamerika) oder sehr große *Anaphalis*-Pflanzen (Indomalaya), stammbildende Farne und Wollkerzenpflanzen auf. Inwieweit diese Paramos durch den Menschen bedingte Degradationsstadien einer natürlichen Waldvegetation sind (vgl. Ellenberg, 1958) soll hier nicht näher behandelt werden.

Sind die Gebirge weiter vom Äquator entfernt, ändert sich der Charakter der alpinen Vegetation stark. Es treten Trockenzeiten auf und die Gesamtniederschlagssumme nimmt ab. Gleichzeitig werden die Temperaturschwankungen größer und können im Extrem 50 °C betragen. Dementsprechend wird die Vegetation xeromorpher, es treten Dornsukkulenten-Vegetationstypen auf und es kann sich eine wüstenähnliche Vegetation entwickeln. In den südamerikanischen Anden wird diese xeromorphere Vegetation als ‚Puna‘ bezeichnet.

Verständlicherweise sind die Höhenstufen der tropischen Gebirge in ihrer Vegetation nicht alle gleich.

5. *Abwandlungen des tropischen Regenwaldes an seinen Arealgrenzen*

In den meisten Gebieten der Erde macht sich mit zunehmender Entfernung vom Äquator eine längere Dürrezeit immer mehr in der Niederschlagsverteilung des Jahres bemerkbar. Die immergrünen Bäume des tropischen Regenwaldes werden allmählich, vor allem in den oberen Baumschichten, von laubwerfenden Arten ersetzt, der Wald wandelt sich von einem immergrünen in einen tropisch-halbimmergrünen Wald um. Wird die Trockenzeit immer ausgeprägter und länger, verschwinden die immergrünen Bäume fast völlig und es entstehen tropische, regengrüne Wälder, deren Bäume in der Dürrezeit alle entlaubt sind.

Es gibt nun aber Gebiete, wie z. B. an den Ostküsten von Australien, Afrika und Südamerika, wo das Klima auch in höheren Breiten ständig feucht bleibt und nur die Temperaturen langsam absinken, wobei sich allmählich eine warme und eine kühle Jahreszeit herausdifferenziert. Hier geht der tropische Regenwald in einen subtropischen immergrünen und in einen temperierten immergrünen Regenwald über. Die Blätter der Bäume werden dabei ständig kleiner, die Lianen und Epiphyten nehmen an Zahl ab und es erscheinen Baumfarne und Koniferen, z. B. *Araucaria* und *Podocarpus*, im Bestandesaufbau.

6. *Hauptentfaltungsgebiete der tropischen Regenwälder*

Es lassen sich drei Hauptverbreitungsgebiete des tropischen Regenwaldes unterscheiden:

1. Das südamerikanische Regenwaldgebiet, das ausgedehnteste Waldgebiet der Erde, in dessen Zentrum der Amazonas fließt und das von Humboldt den Namen ‚Hylaea‘ erhielt. Nach der Emporfaltung der Anden war dieses Gebiet zunächst ein Binnensee, der von Inseln durchsetzt war. Noch heute weisen diese früheren Inseln einen größeren Artenreichtum auf als die tieferliegenden, oft überschwemmten Gebiete, was zur Unterscheidung eines Igapo-Waldes im Überschwemmungsgebiet und eines Eté-Waldes auf den niemals überschwemmten Flächen führte. Die Hylaea reicht im Nordosten bis zu den Küstenländern von Guayana, im Westen bis an den Fuß der Anden, im Süden bis an die Fallinie der rechten Amazonasnebenströme, im Nordwesten bis an die Wasserscheide des Orinoko. Bezeichnende Elemente sind: Federharzbaum (*Hevea brasiliensis*), Paranußbaum (*Bertholletia excelsa*), Königliche Seerose (*Victoria amazonica*) (Abb. 57), viele *Bromeliaceae* und *Orchidaceae* (z. B. *Cattleya*).

Abb. 57. *Victoria amazonica* in einem Teich des Botanischen Gartens von Kalkutta.

2. Das afrikanische Regenwaldgebiet umsäumt den Golf von Guinea und umfaßt Südnigerien, Kamerun und das Kongobecken, von hier aus bis zum afrikanischen Seengebiet reichend. Bezeichnende Elemente: Ölpalme (*Elaeis*), Kautschukliane (*Landolphia*). Der auf der niederschlagsreichen Ostseite von Madagaskar wachsende Regenwald ist sehr reich an Endemiten und weist in seiner Flora mehr Beziehungen zu den entsprechenden Vegetationstypen Indiens auf.

3. Das asiatische Regenwaldgebiet. Stehen die Regenwälder Vorderindiens und Ceylons denen Madagaskars noch sehr nahe, so kann doch das malayische Regenwaldgebiet mit Recht als eigenständig angesehen werden, denn es ist an Ausdehnung und Artenreichtum durchaus der Hylaea Südamerikas gleichwertig. Bezeichnende Elemente: Sagopalme (*Metroxylon*), Rotangpalme (*Cala-*

mus), die Orchideen-Gattungen *Dendrobium* und *Vanda*, Kannenpflanzen (*Nepenthaceae*) und *Dipterocarpaceae*.

7. *Edaphisch bedingte Vegetationstypen im Bereich des tropischen Regenwaldes*

Von den verschiedenen, durch edaphische Faktoren bedingten Vegetationstypen im Bereich des tropischen Regenwaldes sind wohl die Mangroven am auffälligsten. Sie stellen die Gehölzformation der tropischen Küsten in der Gezeitenzone dar und können nur dort gedeihen, wo die Wucht des Wellenschlages durch vorgelagerte Korallenriffe oder Inseln gebrochen ist und der Boden periodisch vom Meereswasser überspült wird. Da sie von immergrünen Bäumen aufgebaut werden, die mit den Bäumen des tropischen Regenwaldes verwandt sind, ist es verständlich, daß sie nur in Gebieten vorkommen, die keine Fröste aufweisen und im Bereich des tropischen Regenwaldes am besten entwickelt sind. Sie erstrecken sich jedoch, wenngleich meist in stark verarmter Form, auch weit nach Norden oder Süden über die tropisch humide Zone hinaus. So erscheinen sie noch auf den Bermudas (32° nördlicher Breite), am Golf von Akaba (30° nördlicher Breite) und Südjapan (32° nördlicher Breite) bzw. bei Durban in Südafrika, in Australien (38° südlicher Breite) und auf der Insel Dhatham östlich von Neuseeland (44° südlicher Breite). Viele der die Mangroven aufbauenden Arten zeigen eine sehr weite Verbreitung, jedoch läßt sich floristisch eine reichere Mangrove des Indischen und Pazifischen Ozeans von einer ärmeren des Atlantischen Ozeans unterscheiden.

Im Vergleich mit dem tropischen Regenwald stellt die Mangrove eine sehr artenarme Vegetation dar, die sich hauptsächlich aus einigen spezialisierten Gehölzen aufbaut und keinen Unterwuchs, keine Lianen, nur einige Epiphyten aufweist. Die üppigste Entwicklung zeigt die Mangrove auf den sich ständig erhöhenden Ablagerungsschlickböden im Mündungsbereich der Flüsse der tropischen Gezeitenküste, während sie auf Böden, die aus Korallen aufgebaut sind, nur kümmerlich gedeiht. Für die Gliederung der Mangrove spielen die Häufigkeit und Dauer der Überschwemmung mit Meerwasser, die Beschaffenheit des Bodens und an Flußmündungen der Grad der Beimischung von Süßwasser

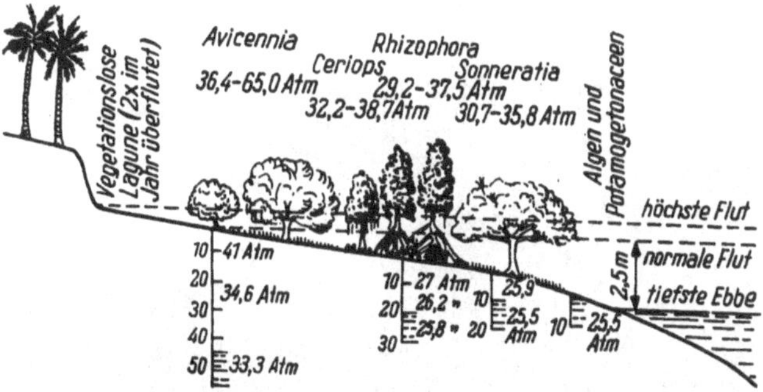

Abb. 58. Zonierung innerhalb einer Mangrovenvegetation mit Angabe der osmotischen Werte (Maximum und Minimum) der Mangroven-Arten und der Bodenlösungen in unterschiedlicher Tiefe. Aus WALTER, 1962.

eine große Rolle, da diese drei Faktoren die Wettbewerbsfähigkeit der Arten entscheidend beeinflussen. Auffallend ist bei den Mangroven die vor allem bei ostafrikanischen Mangroven am Innenrand ausgebildete vegetationslose Zone, die nur zweimal im Jahr während der Springfluten überspült wird. Danach kann durch Verdunstung die Salzkonzentration im Boden stark ansteigen und schließlich durch Regen das Salz im Boden wieder ausgewaschen werden. Unter diesen Bedingungen vermag keine Vegetation aufzukommen (Abb. 58). An das Leben an den sich erhöhenden, zeitweise mit Salzwasser überspülten Standorten sind die Arten der Mangroven in mannigfacher Weise angepaßt. Die Wasserbilanz der Mangrovenarten ist sehr ausgeglichen, die Blätter sind stark sukkulent und besitzen ein Wasserspeichergewebe; die Transpiration ist gering. Weitgehend unbekannt ist die Regulierung der Chloridkonzentration in den Blättern bei der ständigen Transpiration. Daß die Pflanzen Salz mit dem Wasser aus dem Boden aufnehmen, beweist der hohe Chloridanteil des Zellsaftes. *Avicennia*, ein weitverbreitetes Mangrovengehölz, besitzt allerdings Salzdrüsen, durch die eine Salzausscheidung stattfindet.

Abb. 59. *Rhizophora mangle* mit Stelzwurzeln aus Kuba (Foto F. EBEL).

Mannigfaltig sind auch die Anpassungen hinsichtlich der Bewurzelung an die besonderen Standortverhältnisse. Es lassen sich folgende Wurzelbildungen unterscheiden:

1. Stelzwurzeln: Wurzeln aus oberirdischen Stammteilen und Ästen. Sie können ein Stützwurzelsystem ergeben und gleichzeitig der Sauerstoffzufuhr zu den unterirdischen Pflanzenteilen dienen. Beispiele: *Rhizophora* (Abb. 59) und *Bruguiera*.

2. Orthotrope Luftwurzeln: Dicht unter der Erdoberfläche entlangstreichende Wurzeln, die neben positiv- und transversalgeotropischen auch negativ geotropische

Seitenwurzeln ausbilden. Diese ragen aus dem Boden heraus und vermitteln durch besondere Einrichtungen die Sauerstoffzufuhr zu den unterirdischen Pflanzenteilen; sie sind aber auch zugleich Träger von Nährwurzeln, die ganz dicht unter der Schlammoberfläche verlaufen. Beispiele: *Avicennia*, *Laguncularia*.

3. Wurzelknie: Waagerecht streichende Wurzeln, die sich aufbiegen, aus dem Boden herauswachsen, umbiegen und wieder in den Boden zurückkehren. Auch sie dienen der Sauerstoffzufuhr. Beispiel: *Ceriops*.

4. Brettwurzeln: Sie kommen durch einseitige Dickenwachstumsförderung der Oberseite flachstreichender Wurzeln zustande. Beispiel: *Xylocarpus*.

5. Wurzelknorren: Sie entstehen, wenn das einseitige Dickenwachstum nur auf enge, lokale Bereiche der Wurzel beschränkt ist. Beispiel: *Bruguiera*.

Eine weitere Anpassung an die Besonderheiten des Lebensraumes ist die bei einigen Mangrovenbäumen wie *Rhizophora* und *Avicennia* auftretende Viviparie. Hier keimt der Samen bereits an der Mutterpflanze, so daß der Keimling sich nach dem Ablösen gleich im Schlamm verankern kann und nicht von dem Gezeitenstrom verspült wird.

An den offenen Meeresküsten, die unter dem Einfluß einer starken Brandung stehen, fehlen die Mangroven, hier bildet sich ein mehr oder weniger breiter Sandstrand, der von einer typischen tropischen Strandvegetation besiedelt wird. Im indisch-pazifischen Gebiet stellen sich z. B. als Erstbesiedler *Ipomoea pes-caprae* und *Canavalia* ein, Arten, die einen gewissen Salzgehalt im Boden noch vertragen. Ihnen gesellen sich Gräser wie *Sporobolus* und *Spinifex* bei. Sehr bald jedoch werden diese Pflanzen von einem lichten Wald abgelöst, an dessen Aufbau sich *Barringtonia* maßgeblich beteiligt, weiterhin *Terminalia catappa*, *Pandanus tectorius*, *Calophyllum inophyllum* und *Casuarina equisetifolia*. Die Früchte dieser Pflanzen sind schwimmfähig, so daß sie weit verbreitet werden können. Hinter dieser *Barring-*

tonia-Gesellschaft bauen sich dann bereits die endgültigen Waldgesellschaften auf.

In den Süßwasserseen, Flußauen, in Sümpfen und Mooren bildet sich auch in den Tropen eine eigene Sumpf- und Wasservegetation aus, die sich jedoch von den entsprechenden Gesellschaften der gemäßigten Breiten nicht so grundlegend unterscheidet wie die Landvegetation.

Bei der Verlandungsvegetation spielen zunächst die untergetauchten und freischwimmenden Arten die größte Rolle. Es sind dies *Hydrilla verticillata, Ceratophyllum demersum, Myriophyllum-* und *Potamogeton*-Arten. Hinzu kommen *Eichhornia, Lemna, Azolla* und *Salvinia* und in der Neuen Welt *Jussieua natans*. Von Arten mit Schwimmblättern sind vor allem *Nymphaea lotus* und *N. caerulea, Limnanthemum, Trapa* und *Euryale* zu nennen. Im Amazonasgebiet kommt die berühmte *Victoria amazonica*, die Königliche Seerose vor. Vertreter der Sumpfpflanzen sind *Typha, Cladium, Phragmites, Nelumbium, Sagittaria, Pistia, Limnophyton* und *Cyperus papyrus*, das in Afrika riesige Bestände bilden kann. Gegen das freie Wasser zu kommt es gelegentlich zur Bildung von Schwingrasen, auf denen selbst *Sphagnum* und *Rhynchospora, Eriocaulon, Xyris, Utricularia* und in Indomalaya *Nepenthes* gefunden werden kann.

An diese Verlandungsgesellschaft schließen sich bald Vegetationstypen an, in denen baumförmige Monokotyle eine größere Rolle spielen z. B. *Pandanus, Raphia-* und *Calamus*-Arten, in Afrika *Phoenix reclinata*. In Sumpfwäldern kann es bei ständiger Vernässung und saurer Bodenreaktion zur Torfbildung kommen. Diese Wälder sind meist viel artenärmer und nicht so üppig entwickelt wie die Regenwälder, meist auch viel lichter, so daß der Bodenwuchs weitgehend von Sumpfpflanzen gebildet werden kann.

Extrem trockene Standorte sind im Bereich der feuchten Tropen selten. Trotzdem gibt es, wie LÖTSCHERT (1958) zeigen konnte, auch Beispiele dafür, daß an trockenen

Standorten eine eigene Vegetation auftritt. Das gezeigte Schema läßt erkennen, daß auf den trockenen, verkarsteten Bergen in Westkuba die Bestände durch flaschenförmige Bäume bestimmt werden (Abb. 60).

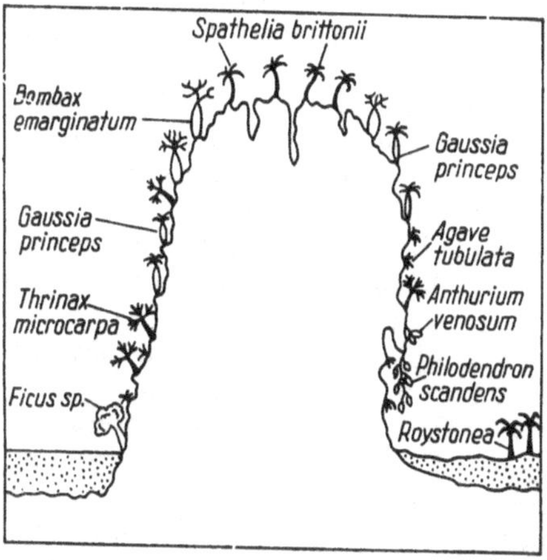

Abb. 60. Verkarsteter Kalkfels in der Sierra de los Organos auf Westkuba. Nach LÖTSCHERT, 1958.

8. *Kulturlandschaft im Bereich des tropischen Regenwaldes*

An die Stelle der primären tropischen Regenwälder sind heute bereits weithin Sekundärwälder getreten. Sie bestehen zum großen Teil aus anderen Arten als die primären Wälder und sind artenärmer und niedriger, jedoch oft dichter, undurchdringlicher und lianenreicher. Wird durch den Wanderackerbau nach einer gewissen Zeit auch dieser Sekundärwald gerodet und wiederum Mais, Yams, Maniok, Taro, Arrowroot oder Batate angebaut, so werden, da der Boden immer stärker degradiert, die nächstfolgenden Waldtypen immer ärmlicher, bis schließlich ein Gestrüpp übrigbleibt, in dem oft der Adlerfarn (*Pteridium aquilinum*) dominiert.

Auch durch unrationelle Holznutzung, bei der die wertvollen Stämme aus dem Bestand herausgeschlagen werden, wird der tropische Regenwald in seiner Artenzusammensetzung stark verändert. Mit der Umwandlung des Urwaldes in rationell bewirtschaftete Forste wurde bisher nur in wenigen Ländern (Indien, Malaya) begonnen.

Es entsteht so in den feuchten Tropen eine Kulturlandschaft, die einen savannenartigen Eindruck macht, da in ihr große Baumplantagen zur Gewinnung von Kautschuk, Kaffee, Kakao usw. mit größeren Grasflächen und zerstreut liegenden Äckern abwechseln. Die Entwaldung und Melioration großer Gebiete des tropischen Regenwaldes hat durch eine damit in Zusammenhang stehende Abnahme des Feuchtigkeitsgehaltes der im Tropenbereich aufsteigenden Luftmassen weitreichenden globalen Einfluß auf das Klima. Geringere Wolkenbildung, höhere Temperaturausstrahlungen und geringere Niederschläge sind die Folge.

Der Verwendung nach gruppiert, sind folgende Nutzpflanzen der tropischen Regenwaldgebiete besonders zu nennen:

Kautschuk, Gummisäfte oder Harze liefernde Bäume, Lianen und Sträucher: *Hevea*, Guttapercha, Balata, *Ficus*, Kautschukliane (*Landolphia*).

Genußmittel liefernde Bäume und Sträucher: Kakao, Kaffee, Tee, Cola.

Ölhaltige Früchte: Ölpalme, Kokosnußpalme, Paranuß.

Gewürze: Nelken, Muskat, Pfeffer, Piment, Zimt, Vanille.

Polier- und schnittfähige Edelhölzer: Ebenholz, Mahagoni, Guayate.

Farbhölzer: Rotholz, Blauholz, Gelbholz.

Ölhaltige Hölzer: Rosenholz.

Gerbstoffhaltige Hölzer: Mangrovenarten.

Außerdem sind noch als besonders wichtige Pflanzenarten die Bambuseen und nicht zuletzt die Bananen zu nennen.

III. Periodisch trockene, tropische Vegetationsgürtel mit Monsunwäldern, Trockenwäldern, Dorngebüschen und Savannen

Bei zunehmender Entfernung von der Äquatorialzone ist eine Abnahme der Jahresniederschläge und eine unregelmäßige Verteilung der Niederschläge im Jahresverlauf zu beobachten. Deutlich erkennbar sind eine Regenzeit im Sommer, in der die Zenitalregen fallen, und eine Trockenzeit im Winter.

Sowohl die geringeren Jahresniederschläge, die vorwiegend im Sommer fallen, als auch ihre Unregelmäßigkeit, begünstigen die Entwicklung tropischer Gräser. Sie kommen durch ihr intensives Wurzelsystem noch mit geringen Jahresniederschlägen aus, wenn diese während der Vegetationszeit, also im Sommer, fallen. Während der Ruhezeit im Winter wird von den Gräsern nur sehr wenig Wasser aus dem Boden aufgenommen. Da die Gräser, solange genügend Wasser im Boden vorhanden ist, immer weiter transpirieren und bei eintretendem Wassermangel zu welken beginnen, müssen die Böden eine relativ hohe Wasserkapazität besitzen, damit das intensive Wurzelsystem während der Vegetationszeit genügend Wasser aufnehmen kann. Die Böden dürfen also nicht zu grobkörnig sein.

Ist der Boden jedoch zu grobkörnig oder gar steinig bzw. felsig, so sind Gehölze durch ihr extensives Wurzelsystem, das sehr weit in horizontaler oder vertikaler Richtung streichen kann, den Gräsern im Wachstum überlegen. Sie dominieren auch über die Gräser, wenn größere Niederschlagsmengen zur Verfügung stehen, sofern allerdings auch während der Dürrezeit genügend Wasser im Boden vorhanden ist, um wenigstens eine gewisse Wasseraufnahme zu gewährleisten. Entsprechend diesen ökologischen Bedingungen, die Gehölze bzw. Gräser für ihr Wachstum benötigen, sind entweder Wälder oder Grasfluren bzw. Savannen entwickelt, in denen Gehölze und Gräser in einem Wettbewerbsgleichgewicht nebeneinander wachsen.

Die Gliederung der periodisch trockenen Tropen nach ihrem Vegetationscharakter ist noch nicht befriedigend durchgeführt, weil aus den eben angeführten Gründen und durch den jeweiligen spezifischen Klimacharakter der Kontinente die Ausbildung der Vegetationsformationen stark variiert wird.

Schmithüsen (1961) unterscheidet nach dem Feuchtigkeitsgrad drei Gürtel:

a) Den feuchtesten Vegetationsgürtel mit den tropischen Monsunwäldern, wie sie besonders in den asiatischen Tropen entwickelt sind, mit Hochgras-Savannen und mit immergrünen Galeriewäldern. Dieser Vegetationsgürtel entspricht dem Typ der Feuchtsavannen, wie er in der geographischen Literatur verwendet wird. Wir wollen jedoch den Begriff der Savannen im Sinne von Schimper, Drude und Walter gebrauchen und darunter nur die natürliche, homogene, zonale Vegetation der tropischen Sommerregenzone mit einer geschlossenen Grasschicht und darin gleichmäßig verteilten Holzpflanzen verstehen.

b) Den mittleren Vegetationsgürtel. Er wird von laubwerfenden Trockenwäldern, von sukkulentenarmen Dornwäldern und Savannen mit mittelhohen bis niedrigen Gräsern ohne immergrüne Galeriewälder gebildet. Er entspricht dem Bereich der Trockensavannen in der geographischen Literatur.

c) Den trockensten Gürtel (Dornsavanne der Geographen). Dieser weist Dorngehölz- und Sukkulentenstrauchformationen sowie dornstrauchreiche Savannen auf.

Als Folge kultur- und wirtschaftsgeschichtlicher Faktoren entspricht das Verhältnis Wald – Savanne in den periodisch trockenen Tropen oft nicht mehr den gegebenen klimatischen und edaphischen Voraussetzungen. Besonderen Einfluß übte z. B. die ehemalige Verbreitung des Brandfeldbaues aus. Fehlt dieser, so bleibt wie z. B. im alten Pflugbaugebiet Südasiens der Wald trotz hoher Bevölkerungsdichte erhalten. Ging dagegen dem Pflugbau, wie es in China der Fall war, Hackbau voraus, so ist die Entwaldung wesentlich stärker. Das Gleiche gilt für die Gebiete des Wanderhackbaues in Afrika nördlich des Regenwaldgürtels.

1. Halbimmergrüne und regengrüne tropische Wälder und tropische Trockenwälder

Sind die ökologischen Bedingungen für das Wachstum der Gehölze gegeben, so entwickeln sich im Bereich der periodisch trockenen Tropen je nach dem Feuchtigkeitsgrad des Standortes verschiedene Waldtypen.

Der tropische, immergrüne Regenwald zeigt bei Jahresniederschlägen von über 2500 mm und einer Dürrezeit von 1 bis $2^1/_2$ Monaten bereits deutliche Saisonerscheinungen, indem bestimmte Baumarten gleichzeitig ihr Laub abwerfen oder wieder austreiben. Während jedoch die Übergänge vom typischen tropischen, immergrünen Regenwald zu diesem Waldtyp gleitend sind, tritt bei geringeren Niederschlägen oder länger währenden Dürreperioden ein deutlicher Wechsel im Charakter des Waldes ein. Die oberste Baumschicht wirft fast gleichzeitig ihr Laub ab, so daß sie eine gewisse Zeit des Jahres kahl dasteht. Dabei ist zu bemerken, daß anscheinend nicht nur der Niederschlagsfaktor, sondern auch der Temperaturfaktor bei dem Laubwechsel eine gewisse Rolle spielt, denn die Wiederbelaubung setzt bereits mit dem Ansteigen der Temperaturen vor dem Beginn der Regenzeit ein. Die untere Baumschicht bleibt in diesen an die immergrünen tropischen Wälder mit Saisonerscheinungen anschließenden Waldtypen oft immergrün, weshalb sie auch meist als halbimmergrüne, tropische Wälder bezeichnet werden.

Werden die Feuchtigkeitsverhältnisse noch ungünstiger, so greift der Laubfall auch auf die tieferen Vegetationsschichten der Wälder über, und xerophytische Wuchstypen beginnen aufzutreten. Es wird dann von feuchten, regengrünen Wäldern und regengrünen Trokkenwäldern gesprochen. Wird der Wechsel zwischen Regen- und Trockenzeit, wie in Indien durch das Wirken der Monsune bedingt, so spricht man von feuchten oder trockenen Monsunwäldern, obwohl es für die Vegetation gleichgültig ist, ob die Niederschläge als Zenital- oder Monsunregen fallen. Dabei ist im Bereich der periodisch trockenen Tropen gleichfalls für die Ausbildung der einzelnen Waldtypen nicht nur von Bedeutung, wie lange die Trockenzeit währt, sondern auch wie hoch die Niederschläge während der Regenzeit sind. So kommt es in Indien z. B. selbst bei einer Dürreperiode von 4 bis 7 Monaten noch zur Entwicklung eines feuchten Monsunwaldes, wenn die Niederschläge 800 bis 1700 mm erreichen.

Die halbimmergrünen, tropischen Wälder, die räumlich an die immergrünen tropischen Regenwälder mit Saisonerscheinungen anschließen, sind in Gebieten entwickelt, deren Jahresniederschläge meist noch über 1500 mm betragen. In seiner Struktur unterscheidet sich dieser Waldtyp nur wenig vom typischen Regenwald. Der Hauptunterschied liegt in der gleichzeitigen Entlaubung der höheren Baumschicht. Allerdings ist die Artenanzahl geringer, und gewisse Baumarten neigen zur Bestandsbildung. Brettwurzeln und Kauliflorie sind seltener, und die Blattgröße der Baumarten ist meist etwas geringer.

Am besten ist der halbimmergrüne tropische Wald im Monsungebiet von Vorderindien, Burma, Thailand und Malaysia entwickelt, wo er oft direkt an die immergrünen Regenwälder anschließt. Dabei ist er in Indien am Fuße der West-Ghats zu finden und wird in größeren Höhen mit Zunahme der Niederschläge (bis 5000 mm) von immergrünen Wäldern abgelöst.

In Südamerika finden sich ähnliche halbimmergrüne, tropische Wälder im Anschluß an die immergrünen Regenwaldgebiete.

Halbimmergrüne, tropische Wälder finden sich schließlich auch in Afrika in der Guinea-Region, auch hier im Kontakt mit immergrünen, tropischen Wäldern. In Afrika scheinen aber weite Flächen der halbimmergrünen, tropischen Wälder durch anthropogene Savannen eingenommen zu werden.

In Australien fehlen halbimmergrüne, tropische Wälder weitgehend, da hier auch die trockeneren Waldtypen von immergrünen Eucalypten und phyllodientragenden *Acacia*-Arten beherrscht werden. Nur südlich von Darwin ist ein Gebiet mit laubwerfenden Eucalypten (*Eucalyptus alba*, *E. grandiflora* u. a.) entdeckt worden.

Bei den regengrünen, tropischen Wäldern (Monsunwälder) greift der Laubfall zu Beginn der Dürreperiode auch auf die tieferen Vegetationsschichten über, so daß alle Baumarten, wenngleich oft nur kurze Zeit, völlig blattlos sind. Der Artenreichtum dieser Wälder ist noch geringer als bei dem vorhergenannten Waldtyp, und eine Baumart herrscht oft vor. Da die Wälder meist etwas lichter sind als die immergrünen oder halbimmergrünen Wälder, kann sich eine geschlossene Krautschicht entwickeln. Die meisten Pflanzen blühen während der Trockenzeit, Lianen und Epiphyten sind noch häufig anzutreffen. Während der Regenzeit macht dieser Waldtyp einen hygrophytischen Eindruck.

Am besten sind regengrüne, tropische Wälder im Monsungebiet von Asien entwickelt, wo sie unter dem Namen Monsunwälder bekannt sind. Zu ihnen gehören die forstwirtschaftlich wichtigen Teakwälder (*Tectona grandis*) und Salwälder (*Shorea robusta*) Indiens. Auch in Hinterindien nehmen diese regengrünen Wälder weite Flächen ein. Hier sind sie vor allem an den der Küste zugewandten Gebirgshängen zu finden.

Der gleiche Waldtyp erscheint auch auf Djawa (Djatiwald) (mit Ausnahme der westlichen Teils der Insel), auf den Kleinen Sundainseln und im Süden von Sulawesi und Neuguinea.

Eine gewisse physiognomische Ähnlichkeit zu den regengrünen, tropischen Wäldern weisen auch die trockeneren, von immergrünen Eucalypten beherrschten Waldtypen Australiens auf und zwar besonders in Nordaustralien und im Inneren von Queensland. Die meist geradstämmigen Bäume lassen so viel Licht zum Boden durch, daß sich dort eine reiche Feldschicht entwickelt, in der Gräser dominieren können.

In den amerikanischen Tropen kommen regengrüne Wälder am Ostfuß der Anden zwischen den südlichsten Ausläufern des Gran Chaco sowie im westlichen Bergland von Guayana, in Venezuela und Kolumbien, auf Kuba und auf der pazifischen Seite von Mittelamerika vor.

In Afrika sind die regengrünen, tropischen Wälder durch den hier verbreiteten Brandfeld-Hackbau stark zurückgedrängt worden. Am Südrande des Sudan, am unteren Kongo in Äthiopien, Somalia, Kenia, Tansania, Mocambique und im Inneren von Madagaskar sind jedoch noch Wälder des geschilderten Typs zu finden.

Die Verwitterungsbedingungen für die Böden im Bereich der regengrünen, tropischen Wälder sind während der Regenzeit ähnlich wie im immergrünen, tropischen Regenwald. In der Trockenzeit können jedoch das Bodenwasser und damit die in ihm gelösten Stoffe wieder aufsteigen. Die Böden unterliegen deshalb weniger der Auswaschung und bleiben länger basenhaltig. Als tropische Roterden, Grauerden oder Gelbliche Böden bezeichnet, sind sie humusärmer und meist weniger plastisch als die Rotlehme der Regenwälder und werden von der Landwirtschaft diesen vorgezogen.

Tropische Trockenwälder sind unter den verschiedensten Namen vor allem aus Südamerika und Afrika beschrieben worden. Sie entwickeln sich in Gebieten mit einer über 5 Monate währenden Trockenzeit und mit meistens weniger als 1000 mm Jahresniederschlägen. Solche Gebiete finden sich in den äußeren Tropen, in innertropischen Trockengebieten an den Ostseiten der Kontinente oder örtlich in Becken und Tallagen und schließlich in den äquatorseitigen Rändern der subtropischen Winterregengebiete.

Die Bäume der tropischen Trockenwälder sind meistens niedriger als 20 m oder bleiben strauchartig, so daß dieser Waldtyp vielfach an unsere heimischen Niederwälder erinnert. In der Trockenzeit sind alle Bäume entlaubt, ihre blattlosen Zweige schirmen die Sonnenstrahlen nicht ab, so daß auch die Pflanzen der Feldschicht in dieser Zeit meist verdorren und der Wald einen abgestorbenen Eindruck macht. Bereits vor Einsetzen der Regen ändert sich jedoch das Bild, da sich dann die Bäume zu belauben beginnen und viele von ihnen blühen. Die Holzarten dieser Trockenwälder sind durch eine dicke Borke und Knospenschutz gut an eine längerwährende Dürreperiode angepaßt. Die Beblätterung ist oft reduziert, und es tritt eine starke Sklerenchymbildung auf. Epiphyten sind nur noch selten in Form sehr dürreresistenter Arten, z. B. der Familien der *Bromeliaceae* und Kakteen zu finden. Auch die Lianen sind, wenn sie noch auftreten, dickstämmig und holzig. In den trockeneren Typen dieser tropischen Trockenwälder erscheinen schließlich auch sukkulente Pflanzen entweder in der Form der „Flaschenbäume" oder als bodenbewohnende Kakteen, Wolfsmilchgewächse (*Euphorbiaceae*) und *Bromeliaceae* (Abb. 61).

Tropische Trockenwälder und Dorngehölz-Sukkulentenformationen sind im südhemisphärischen Teil Afrikas in großer Ausdehnung vorhanden. Als Miombo-Wälder erstrecken sie sich über die ganze Lunda-Schwelle und über das nördliche Mocambique und andere Teile von

Ostafrika sowie auf den Westrand von Madagaskar. Im Sudan sind Trockenwälder nur in geringerem Umfang erhalten.

Abb. 61. Subtropischer Sukkulenten-Dornbusch mit *Euphorbia royleana* bei Udhampur (Indien).

Dornstrauchvegetation zieht sich in Afrika auch auf der Breite von Senegal und des Tschad-Sees am Südrande der Sahara quer durch den Kontinent bis nach Kordofan und Nordäthiopien.

In Australien umschließen die Vegetationstypen der Trockenwälder und Dornbüsche die inneren Halbwüsten und Wüstengebiete von allen Seiten. Während die lichten Eukalyptuswälder vor allem im Inneren des Nordterritoriums und im westlichen und mittleren Queensland zu finden sind, überziehen die Dornbüsche als akazienreiche Strauchformationen (Mulga- und Brigalow-Scrub) weite Flächen des Landes.

Im asiatischen Raum gehören Teile des Dekkanplateaus Indiens und Teile von Oberburma sowie des Menam-Beckens zu dem Bereich der tropischen Trockenwälder und Dornbüsche (Abb. 62).

Abb. 62. Dornbusch mit zahlreichen *Mimosaceae* bei Delhi (Indien).

In Amerika sind höherwüchsige, tropische Trockenwälder nur relativ wenig verbreitet. Als Mimosos oder Fiederblatt-Trockenwälder vom *Piptadenia*-Typ erstrekken sie sich in nordsüdlicher Richtung von Ceara bis Minas Gerais zwischen den trockeneren Dornbuschtypen der Campos cerrados und der nordostbrasilianischen Catinga. Ein zweiter Streifen mit laubabwerfenden Leguminosen-Gehölzen (Chapadas) umrahmt den Nordteil des Gran Chaco.

Dornbüsche finden sich schließlich auch im Hochland von Mexiko in Sonora und Niederkalifornien, an der pazifischen Küste von Südmexiko, auf Yukatán, auf den Antillen sowie an der Nordküste von Venezuela und den vorgelagerten Inseln.

Auch der sich nach Osten und Süden an den Gran Chaco anschließenden Monte- und Chanar-Gürtel wird zum großen Teil von Dorngehölzvegetation eingenommen, wie auch die trockensten Teile der in den östlichen Andenrand Boliviens eingeschnittenen Täler. Schließlich ist auch im Norden Chiles in einem Gebiet mit spärlichem Winterregen ein schmaler Gürtel von Dornstrauch-Vegetation vorhanden, der mit *Prosopis juliflora* und *Gourliera decorticans* seine Verwandschaft zu dem geschilderten Vegetationstyp bekundet.

2. *Savannen*

Die natürlichen Savannen sind homogene Pflanzenbestände, die durch einen dichten Wuchs von 1 bis 3 m hohen Gräsern der Hirseverwandtschaft und einzelne verstreut stehende Holzpflanzen ausgezeichnet sind. Sie bilden in der Regenzeit oft kornfeldähnliche Bestände. Die Gräser sterben in der Trockenzeit bis auf die jüngsten Sproß- und Blattanlagen ab, die von den Resten abgestorbener Blätter umhüllt werden. In dieser Zeit macht die Savanne einen abgestorbenen gelbbraunen Eindruck. Bemerkenswert ist die intensive Bewurzelung der Gräser. Diese führt zu einem dichten Wurzelfilz, der eine Ausnutzung aller Niederschläge ermöglicht und in der Trockenzeit ein restloses Ausschöpfen aller Wasserreserven im Boden gewährleistet. In den Dürreperioden selbst besitzen die Gräser, die während der Regenzeit eine sehr hohe Transpiration aufweisen, nur eine sehr geringe Wasserabgabe. In dieser Zeit stirbt oft die Wurzelrinde ab und umgibt als tote, äußere Schicht den lebenden Zentralzylinder.

Die Ausbildung eines dichten Wurzelfilzes bedingt, daß die Bodenhorizonte, in welche die Baumwurzeln dringen, nur äußerst wenig von dem Niederschlagswasser erhalten. Die Bäume ihrerseits beschatten mit ihren meist flachen, breiten Kronen (insbesondere

Acacia-Arten) wiederum die lichtliebenden Gräser und verdrängen sie, weshalb die Jungpflanzen der Bäume bevorzugt in der Nähe älterer Exemplare wachsen und woraus sich auch ihre Gruppenbildung erklärt. Gräser und Holzpflanzen befinden sich also in der Savanne in einem Wettbewerbsgleichgewicht (Abb. 63). Bei den Profilen ist ein ausgeglichenes Relief und ein Boden, der alles Niederschlagswasser aufnehmen kann, vorausgesetzt. Bei Abb. 63 a) betragen die Jahresniederschläge nur etwa 100 mm. Sie dringen nicht tief in den Boden ein, sondern werden von den Wurzeln kleiner Horstgräser in den oberen Horizonten zurückgehalten und aufgesogen. Ist der Wasservorrat erschöpft, sterben die Gräser bis auf die Erneuerungssprosse ab. Die geringen Mengen an verbleibendem Restwasser werden von den Gräsern in diesem Ruhezustand selbst noch verbraucht. Für Gehölze sind deshalb keine Entwicklungsmöglichkeiten gegeben. Steigen die Jahresniederschläge an, so können sich größere Gräser einstellen (Profil b), die aber auch noch das gesamte Bodenwasser verbrauchen und keine Gehölze aufkommen lassen. Erst wenn wie bei Profil c nicht das ganze Niederschlagswasser von den Gräsern aufgesogen wird und auch während der Trockenzeit noch etwas Restwasser im Boden verbleibt, ist die Möglichkeit des Gedeihens von Savannengehölzen gegeben; Holzpflanzen mit meist schirmförmiger Krone, die auch gegen Grasbrände sehr widerstandsfähig sind und selbst nach Verlust der Sproßteile von der Basis oder den Wurzeln her wieder auszutreiben vermögen. Je mehr Niederschläge fallen, desto dichter können die Gehölze wachsen (Profil d), die bestimmenden Vegetationspartner bleiben jedoch auch in diesem Fall die Gräser.

Neben den Gehölzen und Gräsern treten im Bereich der Savannen als weitere Lebensformen Stamm- und Blattsukkulente auf. Sie besitzen Wasserspeicher, die, in der Regenzeit aufgefüllt, in den Dürreperioden für lange Zeit den Wasserbedarf dieser Pflanzen decken.

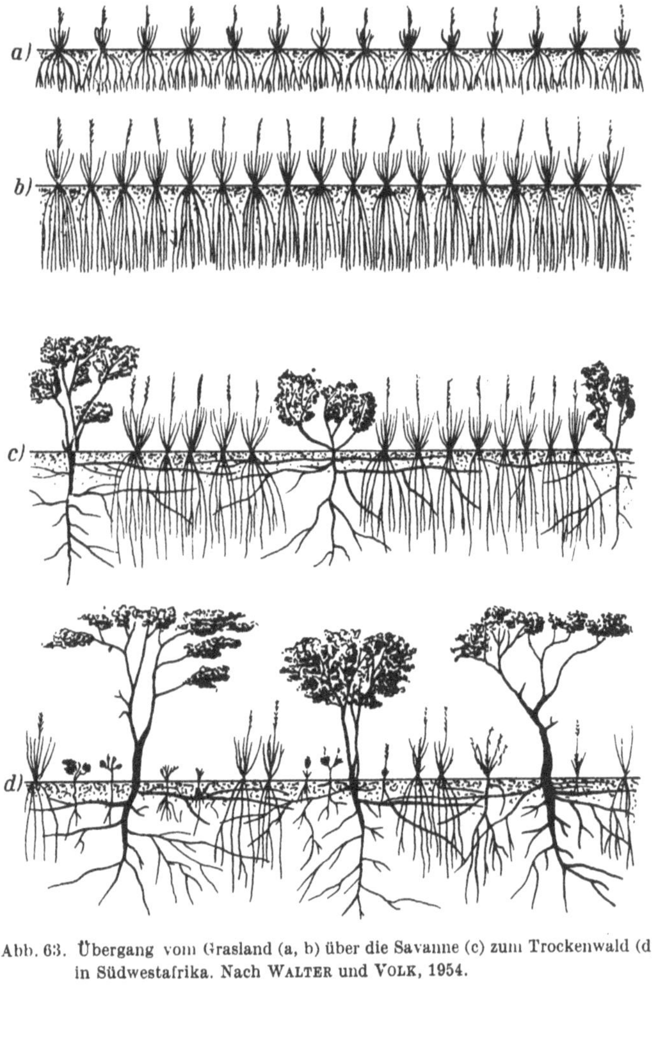

Abb. 63. Übergang vom Grasland (a, b) über die Savanne (c) zum Trockenwald (d) in Südwestafrika. Nach WALTER und VOLK, 1954.

Besonders an flachgründigen Standorten, an denen die anderen Lebensformen in ihrer Konkurrenzkraft herabgesetzt sind, können die langsam wachsenden Sukkulenten gedeihen.

An lokal feuchteren Standorten, wie in der Nähe von Flußläufen, entwickelten sich inmitten der Savanne größere Gehölzkomplexe. In diesem Fall spricht man oft von Galeriewaldsavanne, obwohl es sich hierbei um ein Nebeneinander von Savanne und Gehölzformation handelt. Dasselbe gilt für die Dammufersavanne, bei der die Gehölzformation auf den erhöhten Ufern eines Flusses stockt oder für die Schluchtwaldsavanne, bei der sich die Wälder in den die Savanne durchziehenden Schluchten entwickeln. Ähnlich ist auch die Struktur der Termitensavanne, wo auf tonreichen, oft während der Regenzeit überschwemmten Böden die Gehölze vorzugsweise auf den besser durchlüfteten alten Termitenhaufen siedeln. In anderen Fällen entwickelt sich eine Überschwemmungssavanne unter ähnlichen Bedingungen, wenn überschwemmungsresistente und Wechselfeuchtigkeit ertragende *Borassus*- oder *Hyphaene*-Palmen als Gehölz aufkommen können.

Obwohl die Savanne nicht viel weniger organische Substanz erzeugt als die regengrünen Wälder der periodisch trockenen Tropen, ist der Boden doch wesentlich humusärmer. Zersetzung und mineralische Verarmung gehen in ihm ungleich rascher vor sich. Wenn die Entbasung einen bestimmten Grad erreicht hat, setzt die Lateritisierung ein, bei der in Extremfällen vegetationsfeindliche Eisenverbindungen gebildet werden können.

Savannen sind in Amerika in größerer Ausdehnung im Süden des Berglandes von Brasilien verbreitet, wo sie als Campos bezeichnet werden und in der Regenzeit durch buntblühende Stauden (viele *Asteraceae*) auffallen. Auch im Gran Chaco kommen neben Gehölzformationen Savannen vor. Paraguay wird hauptsächlich von Überschwemmungssavannen eingenommen, in denen die Wachspalme (*Copernicia*) häufig ist. In dem an Endemiten reichen Bergland von Guayana und in den Llanos des Orinoko überwiegen die Savannen vom Typ der Campos, und schließlich sind Savannen auch auf einem Teil des Kalkplateaus von Yukatán und auf der Leeseite der westindischen Inseln zu finden.

In Afrika kommen im Sudan ausgedehnte Savannengebiete mit niedrigen, breitkronigen Bäumen (*Butyrospermum parkii*, *Boswellia*, *Gardenia*) vor, die den Beständen das Aussehen von Obstplantagen verleihen. Auch in Ostafrika und in Teilen Südafrikas haben sich Savannen entwickelt. Unter den Gräsern herrschen hohe xerophytische Elemente, die wie das Elefantengras (*Pennisetum benthami*) bis 5 m hoch werden können. Als charakteristische Bäume seien der Affenbrotbaum (*Adansonia digitata*), die Schirmakazie (*Acacia spirocarpa*) mit ihrer schirmförmigen Krone, die Tamarinde (*Tamarindus indica*), in den dornstrauchreichen Savannen des südlichen Afrikas auch die Schreckliche Akazie (*Acacia horrida*) und die Kaffernakazie (*Acacia caffra*) genannt. Nach der Kalahari zu treten bereits Zwiebelgeophyten und Sukkulente häufiger auf und leiten zur Flora des Kaplandes über.

In Asien und Australien sind natürliche Savannen nur kleinflächig verbreitet, hier herrschen in den periodisch trockenen Tropen vor allem die Gehölzformationen vor. In Indien hat sich auf der Gir-Halbinsel ein größeres Savannengebiet entwickelt, und in Australien finden sich im östlichen und im nördlichen Teil größere Dornbusch-Savannen.

Häufiges Abbrennen der Gräser in der Savanne führt bei gleichzeitiger starker Beweidung zu einer Verbuschung. Die Savanne wandelt sich in einen dichten Dornbusch um, der für die Farmwirtschaft wertlos ist.

IV. Tropische und subtropische Halbwüsten und Wüsten

1. Vegetation der Halbwüsten und Wüsten

Die semiaride Vegetation der Tropen wird in den Subtropen häufig von einer Halbwüsten- oder Wüstenvegetation abgelöst. Dabei verstehen wir unter Halbwüste offene Pflanzenbestände, bei denen sich die Vegetation so stark aufgelockert hat, daß der größte Teil der Bodenfläche nicht von Pflanzen bedeckt ist. Bei den eigentlichen Wüsten ist die Bodenoberfläche über längere Zeit des Jahres völlig oder fast vollständig von der Vegetation entblößt. Beide Vegetationstypen sind Ausdruck eines ausgesprochen ariden Klimas, wobei aride Gebiete mit Winterregen und einer Sommerdürrezeit, aride Gebiete mit Sommerregen und einer Winterdürrezeit, aride Gebiete mit zwei Regenzeiten oder ohne bestimmte Regenzeit und schließlich extrem aride Gebiete mit episodischem Regen oder völlig regenlose Gebiete unterschieden werden müssen.

Hinsichtlich des Zustandekommens der niederschlagsarmen Gebiete ist zwischen einer Passatwüste, einer Regenschattenwüste und einer Küstenwüste zu differenzieren.

Während bei einer Passatwüste die Niederschlagsarmut durch das Vorherrschen der trockenen Passate hervorgerufen wird, kommen die Regenschattenwüsten durch das Wirken der auf der Leeseite eines Gebirges absinkenden und dadurch wärmer und relativ trockener werdenden Luftmassen zustande. Diese Luftmassen haben ihre Feuchtigkeit beim Aufstieg an der Luvseite der Gebirge abgegeben. Bei den Küstenwüsten kommt die extreme Trockenheit dadurch zustande, daß sich die in das Land einströmenden Luftmassen über einem vor der Küste liegenden kalten Meeresstrom abkühlen, abregnen und als trockene Winde, die sich beim Auftreffen auf das Land erwärmen und dabei relativ trockener werden, über das Land wehen.

Die Niederschläge fallen im allgemeinen sehr unregelmäßig und erreichen im Jahr weniger als 200 mm. Sehr lange Trockenperioden werden von sehr heftigen Niederschlägen unterbrochen. Im Anschluß an solche Regengüsse ist die Wüste oft mit zahlreichen kurzlebigen Pflanzen überzogen. Die Luftfeuchtigkeit ist entsprechend den geringen Niederschlägen und der hohen Temperatur zumindest tagsüber sehr gering, die Luftbewegungen sind sehr heftig. Die Temperaturen schwanken sehr stark, weniger im Jahresverlauf als vielmehr innerhalb eines Tages. Während die Temperaturen in der Nacht oft den Nullpunkt erreichen, wodurch besonders bei Küstenwüsten häufig Frühnebel und Taubildung entstehen, steigen sie tagsüber sehr hoch an.

Von dem ariden Klima wird auch die Bodenbildung bestimmt. Die mechanische Verwitterung ist vorherrschend. Die Steine werden durch starke Temperaturschwankungen sowie durch Windwirkung zerkleinert und die feinkörnigen Verwitterungsprodukte in den Senken zusammengeweht. Hier finden sich dann sandige und feinerdereiche Böden, an den erhöhten Stellen dagegen oft Block- und Schotterfluren oder Felsböden. Durch die geringen Niederschläge und die hohen Temperaturen werden die bei der Verwitterung freiwerdenden Salze nicht ausgewaschen, sondern durch den aufsteigenden Bodenwasserstrom an der Bodenoberfläche angehäuft. Dabei ist naturgemäß die Versalzung in Gebieten mit Sedimentgesteinen marinen Ursprungs größer als bei solchen mit kristallinen Gesteinen. Die freiwerdenden Salze werden durch die gelegentlichen Regen in die tiefergelegenen Gebiete abgeschwemmt, so daß in Senken meist eine höhere Versalzung zu finden ist als in höhergelegenen Landteilen. Auch ein Salztransport durch den Wind von der Meeresküste ins Landinnere ist, wie Untersuchungen (Teakle, 1937) in der australischen Wüste gezeigt haben, möglich. Schließlich kommt es auch dort zu einer starken Salzanreicherung im Boden, wo große Wasserbecken austrocknen. Die Salzanreicherung in den Wüstenböden kann also die verschiedensten Ursachen haben. Durch den Salzreichtum entstehen hohe Saugkräfte in den Böden, was bedingt, daß die Pflanzen an diesen Standorten gleichfalls hohe Saugkräfte entwickeln müssen, damit das Bodenwasser durch die Pflanzenwurzeln aufgenommen werden kann.

An all diese geschilderten extremen Umweltbedingungen ist die Wüstenvegetation in verschiedener Weise angepaßt. Einmal wird die produzierte Pflanzenmasse um so geringer, je arider das Klima wird, so daß die Wasserversorgung der Blattflächeneinheit wie Untersuchungen von WALTER (1939) ergaben, in humiden und ariden Gebieten annähernd unverändert bleibt. Dabei wird allerdings vorausgesetzt, daß die Pflanze mit ihrem Wurzelsystem das notwendige Wasser aufzunehmen vermag. Im Gegensatz zu der diffus über das Gelände verstreuten Vegetation in regenreicheren Gebieten zieht sich die Vegetation im ariden Bereich auf begünstigte Standorte zurück; man spricht dann von einer kontrahierten Vegetation. Außerdem kann sich eine ephemere Vegetation entwickeln, die nur kurzfristig nach ergiebigeren Regenfällen auftritt.

Auch hinsichtlich der Wuchsformen sind die Wüstenpflanzen an die ariden Klimabedingungen angepaßt. Folgende Wuchsformen sind am häufigsten:

a) Ephemeren: Kurzlebige, hapaxanthe Pflanzen, die sich nur nach Regenperioden entwickeln und die trockenen Zeiten als Samen überdauern. Sie finden sich hauptsächlich in Gebieten, in denen Niederschläge wenigstens einmal im Jahr fallen. Sie bilden den Hauptbestandteil der ephemeren Vegetation. Die einzelnen Typen keimen meist nur innerhalb eines engen Temperaturbereiches, so daß es von den Temperaturverhältnissen nach dem Regen abhängt, welche Arten keimen. Außerdem finden sich bei ihnen alle Abstufungen in bezug auf Wasseransprüche und Raschwüchsigkeit. Es ist also für das Keimen der verschiedenen Arten auch bedeutsam, wie ergiebig die Regenfälle sind. Bei genügender Bodendurchfeuchtung keimen die raschwüchsigen, zarten Arten, während bei weniger starken Regenfällen, zwischen denen kurze Dürreperioden eingeschaltet sein können, die xeromorpheren, aber langsamer wachsenden Arten Entwicklungsmöglichkeiten finden. Die ephemere Vegetation der Wüstengebiete kann deshalb je nach den herrschenden Umweltfaktoren sehr verschieden gestaltet sein.

b) Knollen- und Zwiebelpflanzen: Sie finden sich fast nur in den niederschlagsreicheren Halbwüsten und überdauern die ungünstige Zeit im Boden. Wenn die Regenzeiten nicht günstig sind und der Boden nicht ausreichend durchfeuchtet wird, treiben diese Pflanzen mehrere Jahre überhaupt nicht aus.

c) Xerophytische Gräser: Sie treten gleichfalls meist nur in den Randgebieten der Wüsten und Halbwüsten auf und bevorzugen Gebiete, in denen Flugsand angereichert ist, der die Entwicklung eines intensiven Wurzelsystems ermöglicht.

d) Xerophytische Sträucher und Zwergsträucher: Sie sind Vorposten der Gehölze, der Dornbüsche und Savannen und zeichnen sich aus durch die reduzierte Beblätterung (Rutensträucher), oft durch starke Bedornung und Reduktion des Sproßsystems (Kugelbüsche) sowie durch ein stark ausgebildetes, weitreichendes Wurzelsystem. Charakteristische Vertreter dieser Wuchsformen finden wir in den Familien der Schmetterlingsblütler (*Fabaceae*), der *Zygophyllaceae*, der Tamariskengewächse (*Tamaricaceae*), der Kaperngewächse (*Capparidaceae*) der Meerträubelgewächse (*Ephedraceae*) und der Gänsefußgewächse (*Chenopodiaceae*).

Übergangsformen zu den typischen Sukkulenten stellen sukkulente Sträucher dar, deren Haupttrieb sukkulent sein kann und deren blättertragende Seitentriebe in ungünstigen Perioden absterben oder zu Dornen werden. Beispiele dafür sind das Medusenhaupt (*Euphorbia caput-medusae*) und die Gattung *Cissus*.

e) Die Sukkulenten besitzen Wasserspeicher im Stamm oder in den Blättern bzw. in beiden Organen. Sie vermögen diese Wasserspeicher während der Regenperioden rasch aufzufüllen und sich in den Trockenperioden weitgehend gegen den Boden und die Atmosphäre abzuschließen, so daß der vorhandene Wasservorrat nur langsam verbraucht wird. Dadurch ist naturgemäß ein gehemmter Gasaustausch und damit verbunden ein langsames Wachstum bedingt. Der CO_2-Stoffwechsel zeigt Abweichungen vom normalen Verhalten bei höheren Pflanzen wie Anreicherung organischer Säuren bei der Atmung und deren Abbau bei der Photosynthese. Das Wurzelsystem ist meist nur gering entwickelt. Entsprechend ihren ökologischen Besonderheiten sind die Sukkulenten in ariden Gebieten mit jährlich zwei kurzen Regenperioden am stärksten vertreten, sie fehlen bis auf die seltene *Sarcostemma australis* in Australien.

f) Poikilohydre niedere Pflanzen. Sie unterscheiden sich hinsichtlich ihrer Hydratur nicht wesentlich von ihrer Umgebung. Sobald die Feuchtigkeit der Umgebung stärker absinkt, gehen sie in den Zustand der Anabiose über. Zu dieser Gruppe zählen niedere Algen, vor allem *Cyanophyceae* und Flechten, seltener schon Moose wie z. B. xerophile *Ricciaceae*, einige Farne wie *Ceterach* und *Nothochlaena* sowie *Selaginella*-Arten. Poikilohydres Verhalten zeigt auch die Angiosperme *Myriothamnus flabellifolia*, (*Myriothamnaceae*). Diese poikilohydren Pflanzen kommen nur in Wüstengebieten vor, in denen eine, wenn auch kurze, humide Jahreszeit eintritt, während der sie wachsen und sich fortpflanzen. Ganz allgemein verbreitet sind in den ariden Gebieten bei den Pflanzen Einrichtungen zur oberflächlichen Aufnahme von Kondenswasser aus den Nebeln oder bei Taubildung, so wirken z. B. Stacheln oder Dornen als Kondensationspunkte. Bei Kakteen dienen Areolen mit kutikulafreien Stellen zur Wasseraufnahme.

2. *Verbreitung der Halbwüsten und Wüsten*

a) Nordafrikanisches, südwestasiatisches und indisches Wüstengebiet.

Dieser ausgedehnte Wüstengürtel reicht im Bereich der Wendekreise von den östlichen Kanaren über die Sahara, die Arabische Halbinsel und Südiran bis nach Nordwestindien mit einem nach Süden sich erstreckenden Ausläufer in Eritrea und Somalia. Das größte Wüstengebiet in diesem Gürtel ist die nordafrikanische Sahara mit 9 Millionen km² Ausdehnung. Sie ist ein arides Passatgebiet mit geringer Bewölkung und starker Sonneneinstrahlung. Dementsprechend weist sie große jahreszeitliche und tägliche Temperaturschwankungen auf. Die Jahresniederschläge liegen unter 50 mm. Sie fallen meist in Form von heftigen Güssen, im Süden im Sommer, im Norden im Winter, können aber auch jahrelang ausbleiben. Geomorphologisch besteht die Sahara aus einem System von Becken und Schollen, das von Gebirgen umgeben bzw. von ihnen durchzogen ist. Es ist deshalb zwischen Gebirgswüsten, Schichttafelwüsten und Flachlandwüsten zu unterscheiden. Die erstgenannten zeichnen sich oft durch etwas höhere Niederschläge aus, und sind meist noch von Halbwüsten- oder Wüstenvegetation bedeckt. So treten z. B. an der Steilstufe des südnubischen Küstengebirges kleinflächig Nebeloasen mit immergrünen Gebüschen (*Euphorbia*, *Acacia*, *Dracaena*) und stärkerem Bodenbewuchs auf. Weit verbreitet sind die Schichttafelwüsten mit den Hamadas, den Felswüsten auf den Hochflächen der Schichttafeln. Hier spielen ebenso wie in den ausgedehnten Becken der Flachlandwüsten, die mit diluvialen Kiesen (Serir) oder Sanden (Erg) ausgefüllt sind und an den tiefsten Stellen, vor allem im nördlichen Teil der Sahara, Salzausblühungen und Salzpfannen (Sebchas oder Schotts) aufweisen können, xerophytische Gehölze und die Anuellen die größte Rolle in der Vegetation. Sie übertreffen an Zahl die Zwiebel- und Knollenpflanzen sowie die Sukkulenten weit. Vegetationsreicher sind die Wadis, in die Schichttafellandschaft eingeschnittene Täler, die ihre Entstehung den pleistozänen Regenperioden (Pluvialzeiten) der Sahara verdanken. In diesen steilwandigen, mäanderartig verlaufenden Tälern, die eine mehr oder weniger breite, ebene Sohle besitzen, steht der Grundwasserspiegel meist etwas höher. Hier können *Acacia*-Arten, *Ziziphus* und *Maerua* als Gehölze auftreten oder Gräser (*Panicum turgidum* und *Pennisetum dichotomum*) gedeihen. An Orten mit hohem Grundwasserstand oder an Quellen findet man in der Wüste Oasen mit einer reichen, größtenteils vom Menschen angesiedelten Vegetation. Der wichtigste Baum der nordafrikanischen Oasen ist die Dattelpalme (*Phoenix dactylifera*), die in mannigfaltiger Weise genutzt wird.

Die Sahara ist Grenzsaum zwischen der Holarktis und der Palaeotropis. Sie hat in ihrem Südteil afrikanische Sippen mit Arten der Gattungen *Indigofera*, *Tephrosia*, *Hibiscus*, *Cleome* und *Acacia*, während im Norden eine verarmte mediterrane Flora weit nach Süden zu vordringt mit *Astragalus*, *Reseda*, *Plantago*, *Salsola* u. a. Eine bezeichnende, nur im Gebiet der Sahara südlich von Oran vorkommende endemische Art ist die Kissenpolsterpflanze *Fredolia* (*Anabasis*) *aretioides*. Endemiten höheren systematischen Ranges gibt es allerdings in der Sahara kaum.

Das pflanzenärmste Wüstengebiet im nordafrikanisch-indischen Wüstengürtel ist Lybien. Hier fehlen selbst die Ephemeren in weiten Gebieten. Nur stellenweise sind kümmerliche Dornsträucher der Gattungen *Tamarix*, *Passerina*, *Capparis* und *Fagonia* (*Zygophyllaceae*) zu finden.

An die Lybische Wüste schließt sich östlich die Ägyptisch-Nubische Wüste an, eine ausgesprochene Felswüste die außer den Sträuchern der bereits erwähnten Gattungen noch solche der Gattungen *Ziziphus*, *Prosopis*, *Acacia* und *Ephedra* aufweist.

Die Wüstengebiete Arabiens weisen sehr hohe Sommertemperaturen auf (42 °C), sind jedoch nur zu einem

Abb. 64. Fels-Halbwüste in der Wüste Tharr westlich von Jodpur (Indien)

Teil als Wüste anzusprechen. Sie besitzen meist Halbwüstenvegetation und zeigen Übergänge zur Savannenvegetation. So sind in Syrien an Flußläufen bereits Vorposten des Laubwaldes der gemäßigten Breiten mit *Populus euphratica*, *Salix babylonica* und *Fraxinus syriaca* anzutreffen. In Indien gibt es jenseits des Indus aride Landschaften (Rajputana, Sindh, Tharr) in denen Ausläufer der afrikanischen Floren mit *Capparis*, *Ziziphus*, sukkulenten Euphorbien, *Prosopis* und *Acacia* zu finden sind (Abb. 64 und 65).

Am Südrand des saharo-indischen Wüstengürtels bilden Halbwüsten eine fast geschlossene Zone. Es herrschen hier niedrige Strauch- und Zwergstrauchformationen. Dieser Halbwüstengürtel setzt sich im Westen an der Küste nach Norden fort und tritt dann auch am Nordrand des großen Wüstengürtels in Gebieten mit Winterregen

Abb. 65. Sand-Halbwüste in der Wüste Tharr westlich von Jodpur (Indien) mit *Capparis aphylla* und *Acacia jackmontii*.

auf. Hier kommt es zu wintergrünen Grasfluren, in denen Büschelgräser, besonders das Halfagras (*Stipa tenacissima*) vorherrschen. In Marokko und auf den Kanaren erscheinen jedoch auch sukkulente Strauchformationen wie auf der Somaliahalbinsel, auf der von endemischen Sippen interessante Stammsukkulente vorhanden sind.

b) Wüsten und Halbwüsten Südafrikas

Auch in Südafrika wird die Vegetation der periodisch trockenen Tropen im Bereich der Wendekreise von Wüsten und Halbwüsten abgelöst. Diese südafrikanischen Wüsten haben aber bei weitem nicht die Ausdehnung wie die Sahara. Sie sind nur in beschränkten Bereichen extrem arid und bilden an ihren Rändern Halbwüsten mit Übergängen zu Dornbusch, Savannen und Steppen.

Extrem arid ist nur die Küstenwüste Namib (15 bis 20 mm Jahresniederschlag), die ihre Ausbildung dem kalten Benguelastrom verdankt. Berühmt ist die Vegetation der grundwassernahen Böden der Namib durch das Vorkommen von *Acanthosicyos horrida*, eines Dornbusches aus der Familie der Kürbisgewächse (*Cucurbitaceae*), dessen Beblätterung reduziert ist und dessen armdicke Wurzeln eine Länge bis zu 15 m erreichen, sowie von *Welwitschia mirabilis*. Charakteristisch wie für alle südafrikanischen Wüsten ist der Reichtum an Sukkulenten aus den Familien der Wolfsmilchgewächse (*Euphorbiaceae*), der Kürbisgewächse (*Cucurbitaceae*), der stammsukkulenten *Asclepiadaceae* mit den *Stapelioideae*, den Aasblumen, der Mittagsblumengewächse (*Mesembrianthemaceae*) und der Korbblütler (*Asteraceae*), um nur einige Familien zu nennen.

An die Namib schließt sich östlich, durch die Stufen des afrikanischen Zentralsockels getrennt, die Kalahari an und an diese die Karroo, die bereits ein Übergangsklima und auch floristische Beziehungen zu dem Winterregengebiet des Kaplandes aufweist, was sich in der Vegetation im Auftreten kapländischer Elemente auf den Gipfeln der höheren Erhebungen bemerkbar macht. Die Wüsten- und Halbwüstenvegetation ist in der Karroo gleichfalls sehr sukkulentenreich und besonders durch das Auftreten der blattsukkulenten Fensterpflanzen (*Lithops*-Arten) ausgezeichnet. Außer diesen Blattsukkulenten, zu denen noch *Cotyledon* und *Crassula*-Arten (*Crassulaceae*), *Aloë*-, *Haworthia*- und *Gasteria*-Arten (*Liliaceae*) zu zählen sind, finden sich auch zahlreiche Stammsukkulente wie z. B. Arten der Gattung *Euphorbia*, *Stapelia* (*Asclepiadaceae*), *Kleinia* (*Asteraceae*) und *Pelargonium* (*Geraniaceae*), sowie Wurzelsukkulente der Gattungen *Pachypodium*, *Astragalus* und *Fockea*.

c) Die Wüsten und Halbwüsten Australiens

Da in Australien die Niederschläge im allgemeinen gegen das Innere und von Osten nach Westen abnehmen, findet man vor allem im Inneren West- und Südaustraliens Halbwüsten- und Wüstenvegetation. Diese als Eremaea bezeichneten Wüstengebiete haben das trokkenste Klima des Kontinents. Auf weiten Landstrecken ist der Boden mit einer Kruste von Eisenverbindungen bedeckt. Sie führt zu einer besseren Wasserhaltefähigkeit des Bodens und ermöglicht damit das Aufkommen einer Buschgesellschaft. Auf Salztonböden, die sich durch ihre karminrote Farbe auszeichnen, herrschen Gänsefußgewächse (*Chenopodiaceae*) vor. Auf reinen Sandböden findet sich die sogenannte *Spinifex*-Vegetation ein, deren Hauptbestandteil das Gras *Triodia basedowii* bildet. Flache Senken, in denen Feinerde zusammengespült wird, sind vor allem an der Grenze der Eremaea in der Regenzeit von Wasser bedeckt, wodurch eine Verdichtung des Bodens eintritt, der nach dem Austrocknen steinhart wird. Hier treten interessante Ephemeren der Compositengattung *Helipterum*, *Helichrysum*, *Waitzia* und *Schoenia* oder *Mesembrianthemaceae* der Gattung *Carpobrotus* auf.

d) Die nordamerikanischen Halbwüsten

In den nordamerikanischen Subtropen sind nur Halbwüsten weiträumiger verbreitet. Die aride Vegetation Amerikas erstreckt sich in nord-südlicher Richtung. Sie ist am westlichen Rand des Kontinents entwickelt und meist durch die Ausbildung regenarmer Beckenlandschaften zwischen den Gebirgszügen (Regenschattenwüsten) bedingt. Am reichsten ist sie im nordamerikanischen Hochland entfaltet, von wo sie sich nach Norden bis in die südwestlichen Teile der USA, nach Niederkalifornien, Südarizona, Südkalifornien, West- und Südtexas und Ostneumexiko fortsetzt. Nur an wenigen Orten dieses Bereiches sinken die Jahresniederschläge auf 80 mm, im größten Teil des Gebietes fallen 100 bis 300 mm Regen im Jahr. Für die Vegetation dieser Gebiete ist die große Mannigfaltigkeit an Sukkulenten, vor allem

Kakteen, bezeichnend, die in Säulenformen wie *Carnegiea-* oder *Lemaireocereus*-Arten, in Kugelform wie *Ferocactus*, in Polsterform wie *Echinocereus* und *Mammillaria* auftreten oder zu den Cylindroopuntien oder Flachopuntien zählen. Weiterhin ist das Auftreten von monokotylen Bäumen (*Yucca arborescens*, *Dasylirion* und *Fourcroya*) und xerophytischer bodenbewohnender Bromelien (*Hechtia*, *Tillandsia*) zu erwähnen, auch Dornbüsche, poikilohydre Pteridophyten und Annuelle sind in dieser Halbwüstenvegetation häufig zu finden.

e) Wüsten und Halbwüsten Südamerikas

Wie die Halbwüsten Nordamerikas, so erstrecken sich auch die Wüsten und Halbwüsten Südamerikas in Nord—Süd-Richtung. Sie sind im wesentlichen durch den an der Westküste Südamerikas entlangstreichenden kalten Peru-Meeresstrom bedingt und reichen von Nordchile bis Peru, fast an den Äquator (4° südlicher Breite) heran. Gegen den Ostpassat wird das Trockengebiet durch die im Hinterland der Küste aufragende hohe Andenkette abgeschirmt. Nahe an der Küste selbst liegt ein 500 bis 800 m hohes Küstengebirge. An diesem Küstengebirge kann sich von einer bestimmten Höhe an in den Wintermonaten inmitten der sonst fast regenlosen Wüsten durch die als Garuas bekannten Küstennebel eine Vegetation bilden, die als Loma-Vegetation bezeichnet wird und deren Pflanzen die mit dem Nebel herandriftende Feuchtigkeit auszunutzen vermögen. In den niedrigeren Höhenlagen entwickeln sich zunächst nur Kryptogamen (*Nostoc*, *Cladonia*), an sie schließen sich nach oben, sobald die Nebel stärker nässen, Ephemeren (*Nolana*) an, es folgen dann Gräser und Kräuter (*Loasa urens*, *Nicotiana paniculata*, *Chenopodium*). Auch europäische Ackerunkräuter (*Sonchus oleraceus*, *Stachys arvensis*, *Erodium cicutarium*, *Stellaria media*) und Geophyten (*Solanum*, *Oxalis*) sind hier vertreten. Von einheimischen Holzarten, die gegenwärtig aber stark zurückgedrängt sind, seien *Acacia macracantha*, *Carica candicans* und *Caesalpinia tinctoria* erwähnt. Auf ihren Zweigen siedeln epiphytische Moose, Flechten und die sukkulente *Peperomia crystallina*. Das dem Küstengebirge vorgelagerte Land ist meist völlig vegetationslos, nur in unmittelbarer Nachbarschaft des Meeres findet man auf Sandflächen *Tillandsia*-Arten, die dem Sand locker aufliegen und mit Hilfe ihrer Saugschuppen die geringe Feuchtigkeit der nebelreichen Nächte des Südwinters aufnehmen. Jenseits des Küstengebirges bis zur eigentlichen Andenkette erstreckt sich wiederum ein fast regenloses Gebiet, in dem nur alle 20 bis 50 Jahre einmal ein stärkerer Regen fällt. Ihre extreme Ausbildung findet diese aride Zone in der Atacama-Wüste. Hier ist die Vegetation auf die Erosionsrinnen beschränkt. In den höheren Lagen der Andenkette, wo orographisch der Vegetation wieder etwas mehr Feuchtigkeit zur Verfügung steht, stellt sich eine Wüstenvegetation ein, in der wiederum Kakteen (*Cephalocereus*, *Echinocactus*), xerophytische Bromelien und Annuelle eine Rolle spielen. Nach Osten zu schließen sich dann die Puna-Vegetation und im südlichen Teil Zwergstrauchformationen an.

Vegetationsgliederung der gemäßigten Breiten

Erfolgte die Vegetationsgliederung der Tropen und Subtropen in erster Linie nach der Verteilung und Menge des Niederschlages, so spielt bei der Vegetationsgliederung der gemäßigten Breiten die Temperatur zumindest eine ebenso große Rolle wie die Feuchtigkeit.

Die gemäßigten Breiten zeichnen sich durch große Temperaturextreme aus; einmal findet man in Sibirien den Kältepol der Erde, zum anderen können in den Wüsten der gemäßigten Breiten außerordentlich hohe Temperaturen vorkommen. Aber nicht nur in verschiedenen Gebieten, sondern auch innerhalb eines bestimmten Gebietes können die jährlichen Temperaturschwankungen beträchtlich sein. Die dadurch ausgelöste Jahresrhythmik in der Vegetationsentwicklung kann als charakteristisch für die Vegetation der gemäßigten Breiten bezeichnet werden. Im Jahresverlauf des Klimas ergeben sich naturgemäß erhebliche Unterschiede, einmal nach der geographischen Breite, zum anderen nach dem Einfluß der Landmassen oder des Meeres.

So findet sich im Bereich des warmen, sommertrockenen Cs-Klimas (vgl. Seite 176) Hartlaubvegetation. In den Bereichen der Cw- und Cf-Klimate, in denen der kälteste Monat zwischen +10 °C und −3 °C und der wärmste Monat bei über +10 °C liegt, entwickeln sich in den ozeanisch beeinflußten Gebieten sommergrüne Laubwälder in den von Monsunregen beeinflußten, warmgemäßigten Breiten sogar Lorbeerwälder, in den kontinentalen Gebieten Steppen und Halbwüsten. In den winterkalten D-Klimaten tritt an Stelle des Laubwaldes der Nadelwald, der im Bereich des E-Klimas, dessen wärmster Monat unter +10 °C im Mittel aufweist, von den Tundren abgelöst wird.

V. Lorbeerwälder

1. Vegetation der Lorbeerwälder

Es wäre falsch, die gesamten Subtropen als Trockengürtel zu bezeichnen, da auf Inseln und im Bereich der Monsune, besonders im Ostteil der Kontinente, Gebiete vorkommen, die mehr oder weniger gleichmäßig regenfeucht sind. Hier gedeihen Wälder, die zwischen den tropischen, immergrünen Regenwäldern und den sommergrünen Wäldern der gemäßigten Breiten vermitteln. Diese Wälder zeigen einen reichen Aufbau im Gehölz und ähneln darin den tropischen, immergrünen Bergwäldern, obwohl bei ihnen eine größere Verarmung an Lianen und Epiphyten unverkennbar ist. Die Gehölze setzen sich vorwiegend aus Immergrünen zusammen, deren Blätter aber bereits wesentlich kleiner sind als die der tropischen Regenwaldgehölze und meist dem Blatt des Lorbeers (*Laurus nobilis*) ähneln, weshalb diese Waldtypen auch als Lorbeerwälder bezeichnet werden.

Neben Vertretern tropischer Verwandtschaftskreise wie den Lorbeergewächsen (*Lauraceae*) und den Teegewächsen (*Theaceae*), finden sich in ihnen schon Elemente der gemäßigten Breiten ein, wie Eichenarten (*Quercus*), Magnolien (*Magnolia*), Roßkastanien (*Aesculus*) und Eßkastanien (*Castanea*). Auffällig ist auch das Auftreten von großblättrigen Nadelgehölzen, die besonders auf der Südhalbkugel häufiger Bestandteil dieser Waldtypen sind. In ihrem Auftreten können gewisse Beziehungen zu den tropischen Gebirgsregenwäldern gesehen werden, die weiterhin auch in der reichen Entwicklung von Farnen und Moosen in den Lorbeerwäldern zum Ausdruck kommen. Durch das Fehlen bzw. starke Zurücktreten der Palmen, Bananen, Ingwergewächse (*Zingiberaceae*) und Aronstabgewächse (*Araceae*) ergeben sich jedoch deutliche floristische Unterschiede, so daß die Lorbeerwälder eine deutliche Mittlerstellung zwischen den Waldformationen der tropischen und der gemäßigten Breiten einnehmen.

2. *Verbreitung der Lorbeerwälder*

Das große ostasiatische Verbreitungsgebiet der Lorbeerwälder ist durch intensive Kulturmaßnahmen fast völlig entwaldet, nur in den Gebirgen und in Tempelhainen sind Reste der ursprünglichen Waldvegetation vorhanden. Über die Gestalt und die flächenmäßige Verteilung der ursprünglichen Vegetation kann deshalb nicht viel Sicheres berichtet werden. Die Grenzen sowohl gegen die Monsun- und Regenwälder der Südküste, als auch gegen die nördlich des Jangtsekiang nach Norden anschließenden temperierten Laubwälder sind unklar, es kann jedoch ein etwa 1000 km breiter Streifen von den Gebirgen Yünnans bis zur Ostküste des südlichen

Chinas als Bereich des Lorbeerwaldes angenommen werden. Zu diesem Gebiet gehört gleichfalls der Südteil der japanischen Inseln und die Südspitze von Korea. Auch am Südostrand des Himalaya sind in Assam über den subtropischen Gebirgsregenwäldern in etwa 3000 bis 4000 m Höhe Lorbeerwälder entwickelt. Sie sind hier vor allem durch *Rhododendron*-Arten und Nadelgehölze ausgezeichnet. Im westlicheren Himalaya wird dieser Lorbeerwald von immergrünen Laub-Nadelmischwäldern abgelöst. Diese immergrünen Wälder, an deren Bildung vor allem immergrüne Eichen (*Quercus incana*, *Qu. dilatata*, *Qu. semecarpifolia*), Baum-Alpenrosen (*Rhododendron arboreum*) und lorbeerblättrige Pflanzen wie *Litsea* und *Machilus* neben den sommergrünen Roßkastanien (*Aesculus indica*), Kornelkirschen (*Cornus macrophylla*) und Hainbuchen (*Carpinus viminea*) beteiligt sind, stellen die Verbindung zu den ostasiatischen sommergrünen Laubwäldern und Lorbeerwäldern her, und zeigen eine Mischung von Elementen der Subtropen und der gemäßigten Breiten, wie sie für die Tertiärwälder Europas charakteristisch war.

Als tropisch-subtropische Elemente der ostasiatischen Lorbeerwälder seien *Cinnamomum camphora* und *Camellia japonica* sowie *Camellia sinensis*, die Palme *Livistona sinensis*, *Cycadaceae*, *Sterculiaceae*, *Meliaceae*, *Araliaceae* und Bambuseen genannt. Als Sippen der gemäßigten Breiten können immergrüne Eichen, sommergrüne *Magnolia*-, *Acer*- und *Aesculus*-Arten gelten. Als Koniferen treten Arten der Gattungen *Pinus*, *Cupressus*, *Podocarpus*, *Cephalotaxus*, *Cryptomeria* (Japan) und *Cunninghamia* auf.

Am Westrand Eurasiens finden sich Lorbeerwälder auf den atlantischen Inseln im Bereich der Passatwolken (zwischen 800 und 2000 m). Unter dieser Wolkenstufe ist eine xerophytische Vegetation mit afrikanischen Sukkulenten (*Euphorbia*, *Kleinia*), *Phoenix canariensis* und *Dracaena draco* entwickelt, über ihr eine Ginsterflora mit Rutensträuchern (*Retama*). Selbst in der Wolkenstufe ist der Lorbeerwald auf die geschützteren Lagen konzentriert, während die trockeneren Standorte von einer mehr mediterranen Macchienflora eingenommen werden. Der Lorbeerwald der atlantischen Inseln hat mit den Lauraceen *Persea indica* und *Laurus canariensis*, mit der Theacee *Visnea*, mit *Myrsinaceae* und den Lianengattungen *Semele* und *Smilax* wiederum tropisch-subtropische Elemente. An Elementen der gemäßigten Breiten sind *Urticaceae*, *Rubiaceae*, *Hedera*- und *Ilex*-Arten zu nennen; an Koniferen *Pinus canariensis*.

Ob die aus teils laubabwerfenden, teils immergrünen Baumarten aufgebauten Wäldern am Nordfuß des Pontischen Gebirges, der Kolchis und der Südküste des Kaspisees noch zu den Lorbeerwäldern zu rechnen sind, ist umstritten.

Auch in Südafrika gibt es am Ostabfall des Hochlandes zwischen 24° und 32° südlicher Breite subtropische Wälder. Isoliert davon finden sich an der Südküste des Kaplandes in einem kleinen Gebiet, das an die Winterregenzone anschließt, Wälder, die von einigen Pflanzengeographen (Schmithüsen, 1961) zu den Lorbeerwäldern gezählt werden.

Im südlichen Nordamerika und Mittelamerika finden sich Lorbeerwälder in den atlantischen Randgebieten wie Florida, der Golfküste, Georgia und Süd-Karolina. Landeinwärts gehen diese subtropischen Wälder in temperierte Wälder über. Am besten ist der Lorbeerwald im Süden Floridas entwickelt. Hier kommt es in einem frostfreien Klima zu epiphytenreichen, relativ großblättrigen, immergrünen Laubwäldern mit Palmen (*Sabal*), *Ficus aurea* und immergrünen Eichen. Als Liane ist besonders die Loganiacee *Gelsemium* zu nennen, von den Epiphyten *Tillandsia usneoides* und Orchideen der Gattung *Epidendron*. An Elementen der gemäßigten Breiten treten u. a. die Gattungen *Ulmus*, *Platanus*, *Juglans* und *Fraxinus* auf. Besonders bemerkenswert ist das häufige Vorkommen von Koniferen, die in diesem nordamerikanischen Lorbeerwaldgebiet besonders sandige oder versumpfte Standorte besiedeln. In Nordost-Florida kommen einförmige Wälder vor, die von *Pinus palustris* gebildet werden. Im Südteil von Florida wachsen auf den torffreien Schlammböden der Fluß-Lagunen (Glades) die bekannten Sumpfzypressen (*Taxodium distichum*).

Weite Flächen nehmen die Lorbeerwälder auch in Südamerika ein, wo sie in typischer Ausbildung im Norden Chiles und auf den Juan-Fernández-Inseln vorkommen. Aber auch die durch Küstennebel gedeihenden Lorbeerwälder von Fray Jorge und Talinay, sowie die teils von Lorbeergehölzen (*Ilex paraguayensis*) und Nadelhölzern (*Araucaria angustifolia*) bestimmten subtropischen Wälder des brasilianischen Berglandes, Ostparaguays und Uruguays gehören wohl zum Lorbeerwaldtyp. Zum subtropischen Waldgürtel muß nach SCHMITHÜSEN (1961) vielleicht sogar ein Teil der argentinisch-südparaguayischen Pampa gerechnet werden, die heute weitgehend von Gräsern bestimmt wird. In den Lorbeerwäldern Südamerikas findet man neben immergrünen *Nothofagus*-Arten *Drimys* (*Magnoliaceae*), *Persea* (*Lauraceae*) und als Coniferen *Podocarpus* und *Libocedrus*.

Ein weiteres Ausbreitungsgebiet des Lorbeerwaldes auf der Südhemisphäre liegt in Ostaustralien. Hier zieht sich dieser Waldtyp von 25° südlicher Breite an als geschlossener, aber schmaler Streifen am Ostabfall des Gebirges bis Neu-Süd-Wales entlang. Auch an der äußersten Ecke von Südwestaustralien sind in einem niederschlagsreichen Klima lorbeerwaldähnliche Pflanzengesellschaften (Karri-Wälder) entwickelt und schließlich können auch die subtropischen Wälder von Nord-Neuseeland zu den Lorbeerwäldern gerechnet werden, während die Waldtypen von Tasmanien und Süd-Neuseeland meist dem Gürtel der temperierten Wälder angeschlossen werden.

In den subtropischen Wäldern Australiens ist das Auftreten von Eukalypten, zahlreicher Baumfarne und *Nothofagus* im Unterwuchs bezeichnend. In den üppigen, an die tropischen Regenwälder erinnernden Waldbeständen Nord-Neuseelands sind als Lauracee *Beilschmiedia* und als Araliacee *Acanthopanax* anzutreffen; auch *Nothofagus* ist wiederum am Aufbau des Waldes beteiligt. Von den großblättrigen Koniferen sind *Agathis* und *Podocarpus* zu nennen. Im Unterwuchs gedeihen saftige *Urticaceae*, viele Farne, Baumfarne, Lycopodien und Moose.

VI. Hartlaubvegetation der gemäßigten Breiten

a) Allgemeine Charakteristik der Hartlaubvegetation

In den gemäßigten Breiten entwickeln sich in Gebieten mit sommertrockenem, wintermildem Klima, in den sogenannten Etesienklimaten, Hartlaubgehölze. In diesen Klimaten fallen die Niederschläge vorwiegend im Winter, der fast frostfrei ist. Der Sommer kann sehr heiß sein und zeichnet sich durch große Trockenheit aus. Wärme und Feuchtigkeit stehen also den Pflanzen zu verschiedenen Zeiten zur Verfügung, was eine Verarmung der Vegetation gegenüber der des Lorbeerwaldes bedingt. Zwischen beiden Formationen bestehen allerdings oft keine scharfen Grenzen, denn wo zu dem Winterregen sommerliche Nebelfeuchtigkeit kommt, wie im Luv des Passates in höheren Lagen (westliche Kanaren, Juan-Fernández-Inseln), stoßen beide Formationen aneinander.

Obwohl das Vorkommen der Hartlaubvegetation auf der Erde ziemlich zerstreut ist, ähneln sich doch die Umweltbedingungen sehr. Dies äußert sich nicht nur in der gleichen Bodenbildung („mediterrane“ Gelb- und Roterden) und in den Formen der durch menschlichen Einfluß ausgelösten Bodenzerstörung, sondern vor allem auch in dem Vorherrschen bestimmter Wuchsformen. Die Gehölze sind meist als niedrige Bäume oder Gebüsche entwickelt, was in vielen Fällen auf die Ungunst der Umweltfaktoren, oft aber auch auf den Einfluß des Menschen zurückzuführen ist. Es ist jedoch deutlich zu erkennen, daß in kontinentalen Gebieten Gebüsche, in ozeanischen Baumbestände vorherrschen. Die immergrünen Blätter der Gehölze sind meist nur mittelgroß bis klein, oft schmal und im Extremfall nadelförmig; schuppenförmige Beblätterung führt schließlich zur Ausbildung der Rutensträucher. Selbst die Anatomie des Blattes weist xeromorphe Strukturen auf, z. B. viel mechanisches Gewebe im Mesophyll, wodurch die Hartlaubigkeit zustande kommt. Charakteristisch ist auch die Bildung von aromatischen Stoffen, die mehr oder weniger starke Behaarung, die Einfaltung und die Profilstellung sowie der damit verbundene isolaterale Bau der Blätter. Die Hartlaubgehölze überdauern den Sommer ohne Schutzeinrichtungen, jedoch ist im Jahreszyklus meist eine deutliche Sommerruhe zu erkennen.

In den Hartlaubwäldern stehen die Gehölze meistens sehr dicht, so daß nur spärlicher Unterwuchs aufkommen kann. Lianen sind nur sehr wenig, Epiphyten meist gar nicht vorhanden. Diese geringe Gliederung des Hartlaubwaldes stellt einen wesentlichen Unterschied zu den Lorbeerwäldern dar. In hügeligem und bergigem Gelände werden an exponierten Standorten lokale Waldgrenzen ausgebildet, an denen die Hartlaubgehölze verzwergen, bis sie schließlich völlig fehlen. Ihre Stelle wird von Zwergsträuchern, Geophyten und vielen Annuellen, die den trockenen Sommer in Form der Samen überdauern, eingenommen. Diese offenen Gesellschaften enthalten den größten Teil der reichen Flora der Etesiengebiete.

Sehr häufig werden jedoch die gehölzarmen Pflanzengesellschaften durch die Tätigkeit des Menschen gefördert. Durch Abholzen, Beweiden und Abbrennen entsteht aus dem Hartlaubwald ein z. T. über mannshohes Gebüsch (Macchie, Chapparal). Wird auch diese Pflanzengemeinschaft zur Holzgewinnung genutzt oder periodisch abgebrannt und von Ziegen beweidet, so entsteht eine Zwergstrauchheide oder Rasengesellschaft (Garigue, Abb. 66). Selbst diese Vegetation kann noch weiter zu einer Pflanzengemeinschaft degradiert werden, in der

Flechten, Moose und Annuelle Hauptbestandsbildner sind. Wird auch diese kümmerliche Pflanzendecke noch geschädigt, so tritt schließlich das nackte anstehende Gestein zutage.

Abb. 66. Macchie und Garigue nordwestlich von Montpellier in Südfrankreich (Foto MAHN).

Physiognomisch stimmen alle diese Pflanzengemeinschaften in den Verbreitungsgebieten der Hartlaubvegetation überein, wenngleich infolge der Verteilung auf die einzelnen Kontinente gewisse floristische Unterschiede bestehen und das Ausmaß der Degradation der Vegetation aus historischen Gründen in den einzelnen Verbreitungsgebieten verschieden weit fortgeschritten ist.

b) Verbreitung der Hartlaubvegetation auf der Erde

Die Verbreitungsgebiete der Hartlaubvegetation liegen fast alle auf den Westseiten der Kontinente in ähnlicher geographischer Breite. Die Hauptverbreitung der nordhemisphärischen Vorkommen liegt jedoch mit 37 bis 38° nördlicher Breite um etwa drei Grad mehr polwärts als die Verbreitung in den südhemisphärischen Gebieten.

Das Mittelmeergebiet hat zwar für die Festlegung der Vegetationstypen der Hartlaubgehölze Pate gestanden, ist jedoch, was seine Ausdehnung und Gliederung betrifft, das ausgefallenste aller Etesiengebiete. Seine Ausdehnung entspricht etwa der Verbreitung des Ölbaumes, wenngleich dieser gelegentlich über das eigentliche mediterrane Gebiet hinaus angepflanzt wird. Sein Areal umfaßt die Inseln und Halbinseln des nördlichen Mittelmeeres, reicht im Norden bis an die südlichen Teile der Randgebirge, im Westen bis zu den Kanaren, im Süden bis zu den nördlichsten Randländern Afrikas. Im Osten sind mediterrane Vegetationstypen noch in den Randgebieten Syriens, Kleinasiens und in Resten sogar in Kashmir (West-Himalaya) zu finden. Die mediterrane Vegetation verzahnt oder überschichtet sich deshalb an ihren Grenzen nach Süden und Südosten mit Vegetationseinheiten der subtropischen Trockengebiete, nach Westen mit dem Lorbeerwald, nach Norden mit den sommergrünen Laubwäldern Mitteleuropas und nach Osten mit den Trockenwäldern und Trockensteppen des Anatolischen Hochlandes, die selbst bereits eine Mittelstellung zwischen der subtropischen und der Vegetation der gemäßigten Breiten einnehmen.

Die ursprüngliche Vegetation des Mittelmeergebietes ist ein immergrüner Eichenwald gewesen, dessen vorherrschende Arten die Steineiche (*Quercus ilex*) und im westlichsten Gebiet auch die Korkeiche (*Quercus suber*) waren. Am Rande des mediterranen Gebietes wird sich nach Norden oder in größeren Höhen in immer stärkerem Maße die Flaumeiche (*Quercus pubescens*) dazugesellt haben. Diese Wälder sind schon sehr frühzeitig vom Menschen vernichtet worden, so daß im Mittelmeergebiet gut erhaltene Hartlaubwälder zu den Seltenheiten gehören.

Wesentlich weiter verbreitet ist gegenwärtig ein immergrünes Gebüsch, das als Macchie bezeichnet wird. Neben den bereits erwähnten Eichen (*Qu. ilex* und *Qu. suber*) tritt hier vor allem die Kermeseiche (*Quercus coccifera*) auf. Mit ihnen vergesellschaftet sind der Erdbeerstrauch (*Arbutus unedo* im Westen und *Arbutus andrachne* im Osten), Pistazien (*Pistacia lentiscus*), Myrten (*Myrtus communis*), Mittelmeerginster (*Spartium junceum*), Baumheide (*Erica arborea*), Oleander (*Nerium oleander*) und Wachholder (*Juniperus oxycedrus, J. phoenicea*). Weite Flächen sind heute mit Nadelgehölzen wieder aufgeforstet. Es finden sich vor allem *Pinus pinea* auf sandigen Böden der Küste (Abb. 67), *Pinus pinaster* auf Urgesteins- und *Pinus halepensis* auf Kalkböden. In der natürlichen Vegetation werden diese Kiefern wohl auf die Extremstandorte beschränkt gewesen sein. Auch das Areal der Zypresse (*Cupressus sempervirens*) ist durch den Menschen stark vergrößert worden.

Abb. 67. Pinien (*Pinus pinea*) im Sandgebiet bei Palavas in Südfrankreich (Foto MAHN).

Bei weitergehender Degradation wird die Macchie durch die Formationen der Zwergstrauchheiden und Rasengesellschaften ersetzt, die in Italien und Frankreich als Garigue, auf dem Balkan als Phrygana und in Spanien als Tomillares bezeichnet werden. Ursprünglich auf Extremstandorte, an denen der Wald nicht mehr zu gedeihen vermochte, beschränkt, sind sie heute sehr weit verbreitet. Allerdings ist die natürliche Vegetation für manche trockene, kontinentale Gebiete im Bereich der Mediterranvegetation (z. B. Büschelgrassteppe von Südostspanien, Kugelbuschphrygana von Kleinasien) nicht sicher rekonstruierbar.

Je nach den Bodenverhältnissen differenziert erscheinen in der genannten Vegetation Lavendel (*Lavandula stoechas*), Rosmarin (*Rosmarinus officinalis*), Thymian (*Thymus vulgaris*), Steinsamen (*Lithospermum suffruticosum*), Cistrosen (*Cistus salviifolius*, *C. monspeliensis*), Geophyten wie Asphodill (*Asphodelus albus*), eine Pflanze, die durch Brand und Bodenerosion begünstigt wird, Tulpen (*Tulipa sylvestris*), Narzissen (*Narcissus poeticus*), Träubelhyazinthen (*Muscari neglectum*), Milchsterne (*Ornithogalum tenuifolium*) und Erdorchideen (*Serapias cordigera*, *Ophrys litigiosa*, *Aceras anthropophora*) sowie Annuelle, von denen nur die Gattungen der Ringelblumen (*Calendula*), der Leinkräuter (*Linaria*), der Schwarzkümmel (*Nigella*) genannt seien. Häufig sind in den Gariguen auch Gräser wie *Brachypodium ramosum*, die Verzweigte Fiederzwenke oder *Briza maxima*, das Große Zittergras. Wird auch die Vegetation der Gariguen noch vom Menschen vernichtet, so stellen sich Annuellenfluren ein, in denen neben Moosen und Flechten (*Hypnum cupressiforme*, *Cladonia foliacea*, *Cl. rangiformis*) Gräser wie *Aira capillaris* und kleine Annuelle wie *Tillaea muscosa* und *Helianthemum guttatum* eine Rolle spielen.

In den nördlich an das eigentliche Mediterangebiet angrenzenden Gebieten oder in größeren Höhenlagen wird der immergrüne Eichenwald von sommergrünen Flaumeichenwäldern (*Quercus pubescens*) abgelöst. Die

Flaumeiche wird in Spanien durch *Quercus tozza*, im Osten durch die Zerreiche (*Quercus cerris*) ersetzt. Mit ihnen sind Buchsstrauch (*Buxus sempervirens*), Blumenesche (*Fraxinus ornus*), Hopfenbuche (*Ostrya carpinifolia*), Zürgelbaum (*Celtis australis*) und die Silberlinde (*Tilia argentea*) vergesellschaftet. Von den Nadelhölzern ist die Schwarzkiefer (*Pinus nigra*) auf dieses submediterrane Florengebiet konzentriert.

Im Kapland, dem südwestlichen Zipfel von Afrika, befindet sich durch die Berge der Karroo gegen die Halbwüstenvegetation abgetrennt, gleichfalls ein Winterregengebiet. Hier sind hauptsächlich Heiden entwickelt, deren Böden eine mehr oder weniger deutliche Tendenz zur Versauerung aufweisen. Die Gehölze sind weitgehend gebüschartig, nur einige *Proteaceae* sind als Bäume entwickelt, wie der nach seiner silberglänzenden Rinde benannte Silberbaum (*Leucadendron argenteum*), der Charakterbaum des Kaplandes. Die *Proteaceae* sind eine typische Sippe der Etesienklimate, die das Kapland mit dem südwestlichen Australien verbindet.

Es bestehen aber auch floristische Beziehungen zur mediterranen Vegetation. Zwar weist das Kapland keine immergrünen Eichen auf, dafür aber Ölbäume (*Olea verrucosa*) und sehr viele *Ericaceae*, eine Familie, die durch die Standorte auf den ostafrikanischen Inseln und Gebirgen mit dem Mediterrangebiet arealmäßig verbunden ist.

An die Stelle der aromatischen Lippenblütler treten im Kapland viele Rautengewächse (*Rutaceae*: z. B. *Barosma*, *Agathosma*) mit charakteristischer Nadelbeblätterung, die auch *Rhamnaceae* (*Phylica*) und *Asteraceae* auszeichnet. Als Besonderheiten der Gebüsche sind strauchartige *Asteraceae* (*Osteospermum*, *Erythropappus rhinoceratis*) zu nennen. An offenen, aufgelichteten Stellen erscheinen neben den Gräsern der Gattung *Andropogon* und *Cynodon* die grasähnlichen *Restionaceae*, die für das Kapland und Südwest-Australien bezeichnend sind. Außerdem entwickeln sich hier viele Geophyten der

Gattungen *Gladiolus* und *Ornithogalum*, zwei Gattungen, die auch im Mediterrangebiet vorkommen, und die Gattung *Watsonia*. Auch viele Erdorchideen (*Disa*) und Annuelle (*Arctotis* und *Nemesia*) finden sich an solchen Standorten ein.

Im pazifischen Nordamerika ist die Hartlaubvegetation am reichsten und typischsten in Kalifornien im Bereich der Küste entwickelt. Gemeinsam mit dem Mittelmeergebiet hat die Hartlaubvegetation Kaliforniens die immergrünen Eichen, die den Hauptbestandsbildner der kalifornischen Hartlaubgebüsche, des Chapparals, darstellen.

Eine weitere Gemeinsamkeit besteht in dem Vorkommen der Gattung *Arbutus*, der *Rhamnaceae* und *Anacardiaceae* (*Rhus*), die auch im Kapland auftreten. An die Stelle der Gattung *Erica* tritt in Kalifornien die Bärentraube (*Arctostaphylos*). Die Nadelgehölze (*Pinus ponderosa* und *Juniperus californica*) sind wie im Mediterrangebiet von Natur aus meist an felsige Standorte gebunden.

Als Besonderheiten des Gebietes erscheinen strauchige Rosengewächse (*Adenostoma*) und Mohngewächse (*Dendromecon*). In den offenen Pflanzenbeständen fallen besonders die krautigen *Yucca*-Arten auf, die hier die Stelle des mediterranen Asphodills (*Asphodelus*) einnehmen. Von den Annuellen sind vor allem die Vertreter der Gattungen *Eschscholtzia*, *Gilia* und *Phacelia* zu nennen.

In Mittelchile ist eine Hartlaubvegetation in der Bergregion in einer Höhe von 1000 bis 2000 m über NN etwa von 30,5° bis 35° südlicher Breite ausgebildet. In ihrer Nachbarschaft finden sich nördlich anschließend Wüstengebiete und nach Süden als Besonderheit immergrüne Lorbeerwälder. Im mittelchilenischen Hartlaubgebiet kann man von Hartlaubwäldern ausgehend alle Degradationsstufen der Vegetation beobachten. Die Hartlaubelemente sind großenteils endemisch. Es fehlen die *Ericaceae*, die *Thymelaeaceae*, die *Myrtaceae* und *Rutaceae*. Die *Rhamnaceae* sind durch die Gattung

Colletia, die *Anacardiaceae* durch *Schinus*-Arten vertreten. Als Halbsträucher kommen *Quillaja saponaria* (*Rosaceae*), *Fabiana* (*Solanaceae*) und *Baccharis* (*Asteraceae*) vor. In der offeneren Heidevegetation erscheinen *Sisyrinchium* und *Oxalis* als Geophyten. *Puya* als Bromeliacee erinnert an die *Yucca*-Bestände Kaliforniens und an die Asphodillfluren des Mittelmeergebietes.

In Australien ist schließlich besonders der Südwestteil durch eine Hartlaubvegetation ausgezeichnet. Allerdings ist auch noch ein zweites Gebiet mit Hartlaubgehölzen in den küstennahen Teilen des westlichen Südost-Australiens etwa von der Eyre-Halbinsel bis an die Südspitze von Viktoria entwickelt. Die Hartlaubwälder Australiens sind nicht leicht von den landeinwärts anschließenden Trockenwäldern oder von dem Karri-Lorbeerwald abzutrennen, da auch sie vorwiegend von *Acacia*- und *Eucalyptus*-Arten aufgebaut werden.

Außer diesen beiden Hauptbestandsbildnern sind in der Hartlaubvegetation Australiens *Proteaceae* (*Banksia* und *Grevillea*) zu finden, die eine Verbindung zu der entsprechenden Vegetation des Kaplandes herstellen, die durch das Auftreten der grasartigen *Restionaceae* verstärkt wird. An Stelle der Gattung *Erica* kommt *Epacris* (*Epacridaceae*) vor und als Vertreter der *Thymelaeaceae* die Gattung *Pimela*. Gemeinsam mit dem Kapland und dem Mediterrangebiet ist die Rutacee *Barosma*. Als Annuelle sind besonders Arten der Gattung *Helichrysum* entwickelt.

VII. Sommergrüne Laubwälder der gemäßigten Breiten

a) Allgemeine Charakteristik der sommergrünen Laubwälder

An die bisher betrachteten immergrünen Laubwälder schließen sich polwärts sommergrüne Laubwälder an. Die Hauptverbreitungsgebiete dieser Formation liegen in den mehr oder weniger ozeanisch beeinflußten Randteilen des kühlgemäßigten Klimagürtels mit Niederschlägen zu allen Jahreszeiten. Entscheidend für die Vegetationsverhältnisse ist die jährliche Unterbrechung des Pflanzenwachstums durch die Winterkälte und der mehr oder weniger niederschlagsreiche, relativ warme Sommer. Es kommt so zu einer Vegetationsperiode von über fünf Monaten, während der sich die Laubgehölze entwickeln können. Die winterliche Frostperiode erstreckt sich dagegen meist nur über wenige (3 bis 4) Monate.

Die Südgrenze der sommergrünen Laubwälder gegen die innerkontinentalen Steppen wird vor allem durch Sommertrockenheit gezogen; die Grenze gegen die sich nördlich anschließenden Nadelwälder durch Spätfröste und die allgemeine Verkürzung der Vegetationsperiode.

Die ausgedehntesten Gebiete des sommergrünen Laubwaldes finden sich deshalb in Mitteleuropa, in Ostasien und im atlantischen Nordamerika. Im pazifischen Nordamerika kommt es infolge der in der Nähe der Küste aufsteigenden Gebirge zu keiner ausgedehnten zonalen Entwicklung des sommergrünen Laubwaldes. Die Laubwaldelemente treten hier in den vorwiegend von Nadelgehölzen aufgebauten Gebirgswäldern auf.

Auf der Südhalbkugel sind nur im südlichen Teil von Südamerika sommergrüne Laubwälder ausgebildet. Sie werden hauptsächlich von der Südbuche (*Nothofagus*) aufgebaut und stehen im engen Kontakt mit immergrünen, temperierten Regenwäldern.

Gegenüber den subtropischen, immergrünen Wäldern zeigt der sommergrüne Laubwald eine größere floristische Verarmung und auch einen einfacheren Vegetationsaufbau. Die Baumschicht, die sich meist aus nur wenigen Arten zusammensetzt, wird von mittelhohen Bäumen gebildet, deren verhältnismäßig große Blätter im Herbst abgeworfen werden. Im Winter kommt es durch die niedrigen Temperaturen und durch die Gefahr des Vertrocknens bei gefrorenem Boden zu einer Ruheperiode und zur Ausbildung der geschützten Winterknospen. In der Feldschicht zeigen die Stauden, vor allem die Geophyten, ein ausgesprochenes Entwicklungsoptimum im Frühjahr, da sie in dieser Zeit, in der die Laubgehölze noch nicht beblättert sind, genügend Licht zur Assimilation erhalten. In den Landschaften mit dem stärksten ozeanischen Einfluß tritt in milden Wintern und kühlen, langen Sommern bei den Pflanzen keine ausgesprochene Winterruhe ein. Auf Grund dieser Klimaverhältnisse können in diesen Bereichen noch verschiedene immergrüne Sträucher und Stauden als Ausläufer der immergrünen Wälder vorkommen z. B. Hülsen (*Ilex*), Efeu (*Hedera*), Nieswurz (*Helleborus*). Die meisten dieser Pflanzen werden polwärts durch die Abnahme der Sommerwärme in ihrer Verbreitung begrenzt.

Infolge der langsameren Zersetzung der organischen Substanzen im kühlgemäßigten Klima kommt es auf dem Boden zur Bildung einer Laubstreudecke. Unter dieser Laubstreu liegt die Verwitterungszone des Bodens, die im oberen Teil noch stark mit Humusstoffen angereichert sein kann. Da es unter den herrschenden Klimabedingungen im Bereich des sommergrünen Laubwaldes nur selten zu einer Auswaschung des Eisens kommt, dieses vielmehr als Eisenhydroxyd die Bodenteilchen gleichmäßig umschließt, ist meist der Bodentyp der Braunerde entwickelt. Diese Braunerden können natürlich je nach den örtlichen Bedingungen jeweils von mehr oder weniger lessivierten oder podsolierten Böden, Rendzinaböden, oder von Pseudogley- und Gleyböden abgelöst werden.

Die Gebiete des sommergrünen Laubwaldes sind sehr stark vom Menschen beeinflußt worden, so daß dieser gegenwärtig in den USA, in Mitteleuropa und in Ostasien, von einigen unzugänglichen Standorten abgesehen, weitgehend von landwirtschaftlichen, städtischen und industriellen Nutzflächen verdrängt worden ist.

b) Verbreitung der sommergrünen Laubwälder auf der Erde

Die sommergrünen Laubwälder Mitteleuropas werden in der Baumschicht in erster Linie von Buchen (*Fagus*), Hainbuchen (*Carpinus*) und Eichen (*Quercus*) aufgebaut. Diesen Hauptbestandsbildern sind beigemischt Ahorne (*Acer*), Linden (*Tilia*), Ulmen (*Ulmus*), Eschen (*Fraxinus*), Birken (*Betula*), Erlen (*Alnus*) und Pappeln (*Populus*). Dazu können sich in den Grenzgebieten gegen die borealen Nadelwälder die Kiefern (*Pinus*), Fichten (*Picea*) und in den Gebirgen der südlicheren Gebiete die Tanne (*Abies*) und Eibe (*Taxus baccata*) gesellen.

Bedingt durch die sich ändernden Standortfaktoren kommt es zur Ausbildung der verschiedensten Waldgesellschaften, die durch den Menschen jedoch wieder in verschieden starkem Maße forstlich beeinflußt bzw. umgewandelt sein können. Es ist unmöglich, auf alle Waldgesellschaften des mitteleuropäischen Raumes einzugehen (vgl. Ellenberg, 1963), es seien jedoch einige wenige größere Vegetationseinheiten der sommergrünen Wälder erwähnt: Stieleichen-Birkenwälder (auf ärmeren, sandigeren Böden), Traubeneichen-Buchenwälder (in Westeuropa nur in der submontanen Stufe der Bergländer), Rotbuchenwälder (atlantischeres Mitteleuropa und montane Stufe der Bergländer), anspruchsvollere Laubmischwälder (nährstoffreiche Standorte, besonders in Schluchten), Eichen-Hainbuchenwälder (niederschlagsärmere, kontinentalere Landschaften), wärmeliebende Eichen-Mischwälder (exponierte, wärmebegünstigte Standorte), Auenwälder (große Flußniederungen), Erlenbruchwälder (nasse, nährstoffreiche Standorte), Birken-Brüche (nasse, nährstoffarme Standorte). Unter besonders extremen Standortbedingungen oder bei Eingriff des Menschen werden die Wälder von baumarmen Pflanzengemeinschaften abgelöst. Es seien von ihnen gleichfall nur einige wichtige Gesellschaftsgruppen genannt: Hecken, Waldmantel- und Kahlschlagpflanzengesellschaften, Halbtrocken- und Trockenrasen, Heiden, Steinschutt- und Felsspaltengesellschaften, Hoch- und Flachmoore, Röhrichte und Großseggenbestände, Hochstauden-, Quellflur- und Teichbodengesellschaften, Strand-, Spülsaum-, Ufer-, Dünengesellschaften, Fett- und Magerwiesen und -weiden, Pflanzengemeinschaften stehender und fließender Gewässer, Ackerunkraut- und Ruderalpflanzengesellschaften.

Durch die in Mitteleuropa auftretenden Unterschiede im Großklima und in den Bodenzonen kommt eine deutliche West-Ost-Gliederung der sommergrünen Laubwälder zustande, die sich z. B. an dem Verhalten der Rotbuche (*Fagus sylvatica*) erkennen läßt. Während die Rotbuche als ein Baum des ozeanischeren Klimas am Rande der Karpaten, im Weichselgebiet und im westlichen Nordpolen ihre Kontinentalitätsgrenze findet, — ähnlich verhalten sich Traubeneiche (*Quercus petraea*), Bergahorn (*Acer pseudoplatanus*) und Sommerlinde (*Tilia platyphyllos*), — dringen Stieleiche (*Quercus robur*), Spitzahorn (*Acer platanoides*) und Wildobstarten weiter nach Osten bis etwa zum Ural vor. Es ist deshalb zwischen

Abb. 68. Rotbuchenwald bei Harzgerode (Unterharz).

Abb. 69. Winterlindenreicher Eichen-Hainbuchenwald bei Halle/Saale im Bereich des Mitteldeutschen Trockengebietes.

einer westlichen Buchenwaldzone und einer östlichen, sarmatischen Stieleichen-Winterlinden-Mischwaldzone zu unterscheiden (Abb. 68 und 69). Obwohl die Buche ein Baum des ozeanischen Klimas ist, weicht sie in Westeuropa doch in den der Küste am nächsten liegenden Gebieten ebenfalls zurück, da sie stark ausgelaugte Böden meidet. Die Buchenwälder werden hier abgelöst von Eichenmischwäldern, die viele immergrüne Pflanzen beherbergen, wie Hülsen (*Ilex aquifolium*), Nieswurz (*Helleborus*), Efeu (*Hedera helix*) und Wolfsmilcharten (*Euphorbia*). Sie haben also eine ganz andere floristische Zusammensetzung als die sarmatischen Eichen-Mischwälder. Durch die besondere klimatische Ausgestaltung einzelner Landschaften kann es auch zu einer Verzahnung dieser Zonen kommen, so daß z. B. Vorposten des sarmatischen Stieleichen-Winterlinden-Mischwaldes weit in die Buchenwaldzone vorgeschoben sind.

Dieser Ost-West-Differenzierung steht eine Nord-Süd-Gliederung gegenüber. Während sich der sommergrüne Laubwald im südlichen Skandinavien zu sogenannten Hainwäldern auflichtet, den Wiesenformationen

Platz machend, und die Laubwälder des nördlichen Flachlandes Mitteleuropas durch das Fehlen von Berg- und vielen Hügellandselementen eine gewisse Verarmung gegenüber den kollinen und montanen Laubwäldern aufweisen, zeichnen sich die südosteuropäischen Laubwälder (besonders Colchis, Talysch) durch einen größeren Artenreichtum aus. Hier kommen die Orientbuche (*Fagus orientalis*), die Hopfenbuche (*Ostrya carpinifolia*), Ost-Hainbuche (*Carpinus orientalis*), Silberlinde (*Tilia argentea*), Platane (*Platanus orientalis*), Walnuß (*Juglans regia*), Edelkastanie (*Castanea vesca*) und Roßkastanie (*Aesculus hippocastanum*) vor. Auch Lianen und immergrüne Gewächse sind häufiger anzutreffen, wobei einige Vertreter wie Kirschlorbeer (*Prunus laurocerasus*) und Buchsbaum (*Buxus sempervirens*) auch im Lorbeerwald vertreten sind, andere dagegen wie Weinrebe (*Vitis*), Schmerwurz (*Tamus*), Efeu (*Hedera*), Waldrebe (*Clematis*) doch mehr Elemente des sommergrünen Laubwaldes sind. Bezeichnend für diese artenreichen Wälder sind auch *Rhododendron ponticum* und *Ruscus hypoglossum*.

Ausläufer des mitteleuropäischen sommergrünen Laubwaldes, der im zentralen Teil Eurasiens im Norden von den Nadelwäldern und im Süden von den Steppen eingeengt wird und allmählich auskeilt, findet man in größeren Höhen an frischen, nordexponierten Standorten oder in Schluchten der Außenketten des Hindukusch-Himalaja-Gebirges mit sommergrünen Gehölzen wie *Aesculus indica*, *Juglans regia*, *Ulmus wallichiana*, *Acer cultratum*, *Fraxinus excelsior* und *Populus ciliata*, die sich hier zu prächtigen Baumgestalten entwickeln.

Sowohl in Japan als auch in China schließt sich der sommergrüne Laubwald an die subtropischen Lorbeerwälder an. So kann es nicht verwundern, daß viele immergrüne Arten weit in das Gebiet des sommergrünen Waldes übergreifen und dadurch ein Artenreichtum entsteht, der stark an die Wälder Südosteuropas erinnert. Viele Gattungen kommen, wenn auch mit verschiedenen Arten, in beiden Gebieten vor.

Charakteristisch für die sommergrünen Laubwälder Ostasiens ist das Vorkommen von Magnolien (*Magnolia*), Maulbeerbäumen (*Morus*), Zwergbambuseen (*Sasa*), Götterbaum (*Ailanthus*), Gleditschie (*Gleditschia*), Flieder (*Syringa*), Zaubernuß (*Hamamelis*), Ginkgo (*Ginkgo*) u. a. m. Außer diesen charakteristischen Elementen sind am Aufbau der Wälder auch die Buchen (*Fagus*), Eichen (*Quercus*), Ahorne (*Acer*), Ulmen (*Ulmus*), Linden (*Tilia*) und Hainbuchen (*Carpinus*) beteiligt, so daß in ähnlicher Weise wie in Mitteleuropa über den artenreicheren Laubwäldern der niedrigeren Höhenstufen einförmiger aufgebaute Buchenwälder folgen.

Am mittleren und unteren Amur, im südlichen Teil Sachalins und im Südwestzipfel von Kamtschatka lichten sich die Laubwälder zu parkähnlichen Beständen auf und ähneln in gewissem Sinne der Vegetation Südskandinaviens. Eichen, Ahorne, großblättrige Birken, Pappeln, Erlen und Weiden bilden in diesen Landschaften die Baumschicht der Wälder. Dazwischen wachsen üppige, übermannshohe Hochstauden wie Bärenklau (*Heracleum*), Brustwurz (*Angelica*) und Pestwurz (*Petasites*).

In Nordamerika findet man ausgedehntere Gebiete mit sommergrünem Laubwald nur in den atlantischen Provinzen. Im Süden schließt dieser Wald an die immergrüne Lorbeerwaldvegetation Floridas an, im Norden an das kanadische Nadelwaldgebiet. Nach Westen zu geht er in die Prärie, in die Steppenvegetation, über. Ähnlich wie in Mitteleuropa kann man auch im Gebiet des sommergrünen Laubwaldes Nordamerikas zwischen einer atlantischen Buchenzone mit Großblättriger Buche (*Fagus grandifolia*) und Zuckerahorn (*Acer saccharum*) und einer kontinentaleren Eichenzone mit Großfrüchtiger Eiche (*Quercus macrocarpa*) und Weißrindiger Eiche (*Qu. alba*) unterscheiden.

Im Bereich der nordamerikanischen Seen sind die Laubwälder bereits stärker mit Nadelgehölzen durchsetzt, von denen besonders die Weymouthskiefer (*Pinus strobus*), Lärchen, Fichten und die Hemlockstanne (*Tsuga canadensis*) genannt seien.

In den südlicheren Teilen des nordamerikanischen Laubwaldgebietes, in denen ein enger Kontakt zu den Lorbeerwäldern zustande kommt, ist das Übergreifen einer großen Zahl von subtropischen Arten bezeichnend. Durch diesen engen Anschluß an die subtropischen Lorbeerwälder gelangen auch die übrigen sommergrünen Laubwälder des atlantischen Nordamerika, die alle durch ihre prächtige Laubfärbung auffallen, zu einem großen Artenreichtum, der dem der ostasiatischen, sommergrünen Laubwälder vergleichbar ist. So sind z. B. außer Buche, Eiche, Hainbuche, Ahorn, Esche, Ulme und Linde auch Walnuß (*Juglans*), Hickorynuß (*Carya*), Eßkastanie (*Castanea*), Roßkastanie (*Aesculus*), Tulpenbaum (*Liriodendron*), Maulbeerbaum (*Morus*) und das Lorbeergewächs *Sassafras* vorhanden. An dem Lianenreichtum der Wälder sind vor allem die Gattungen *Vitis*, *Parthenocissus* und *Rhus* beteiligt, im Unterholz sind besonders häufig Alpenrosen (*Rhododendron*) zu finden.

Im pazifischen Nordamerika wachsen in den Gebirgen in den gemäßigten Breiten mehr oder weniger geschlossene Nadelwälder, in denen die Elemente des sommergrünen Laubwaldes nur vereinzelt eingestreut sind. In den südlicheren Breiten wird das tiefergelegene Gelände von Steppen oder Halbwüstenvegetation bedeckt und die Nadelwälder ziehen sich auf die höheren Gebirgszüge zurück.

An die sommergrünen Laubwäldern lassen sich schließlich auch die in der Hauptsache von den Südbuchen (*Nothofagus*) aufgebauten Wälder des südlichen Mittelchile, Feuerlands und der obersten Höhenstufe der südlichen Anden anschließen. Sie sind allerdings sehr stark mit immergrünen Holzarten durchsetzt. Physiognomisch sind sie am ehesten mit den Birkenwäldern Islands und Nordnorwegens vergleichbar.

VIII. Wüsten, Halbwüsten und Trockensteppen der gemäßigten Breiten

a) Allgemeine Charakteristik der Wüsten, Halbwüsten und Trockensteppen

In den kontinentalen Gebieten der südlichen gemäßigten Breiten weichen die Wälder in den Landschaften zurück und es entwickelt sich eine xerotherme Grasflur, die nach dem Namen dieser Formation im südlichen Teil der UdSSR als Steppe bezeichnet wird. Gelegentlich kommt es jedoch auch wie in der westlichen Gobi, im Tarimbecken, in Turkestan und Iran zu großräumigeren Vollwüsten. Im iranischen Hochland befindet sich der Übergang von den Trockenzonen der gemäßigten Breiten zu dem großen subtropischen Trockengürtel der Alten Welt. Auch in Nordamerika, wo es gleichfalls weitflächige Trockengebiete gibt, ist ein enger Kontakt der Halbwüsten der intermontanen semiariden Hochländer und Becken und der Trockensteppen der Ebenen am Ostfuße des Felsengebirges zu dem südlich anschließenden subtropischen Trockengürtel vorhanden.

Auf der Südhemisphäre haben sich in Ostpatagonien im Regenschatten der Anden Trockensteppen entwikkelt. Auch in Neuseeland kommt es auf der Leeseite der Südinsel zu halbwüstenartigen Pflanzenformationen.

Entscheidend für die Entwicklung aller Wüsten- und Halbwüstenvegetationstypen und der Trockensteppen der gemäßigten Breiten sind das kontinentale Klima und verhältnismäßig geringe Niederschläge (meist weniger als 500 mm im Jahr). Durch eine Trockenzeit im Sommer steht für eine Gehölzentwicklung nicht genügend Bodenfeuchtigkeit zur Verfügung. Der Boden wird nur oberflächig durchfeuchtet, wodurch der Graswuchs gefördert wird. Die kontinentale Wald-Steppen-Grenze ist also vor allem durch die geringen Sommerniederschläge bedingt.

Da im Sommer die Verdunstung den Niederschlag überwiegt, findet im Boden keine Auswaschung der Verwitterungsprodukte statt. Die absterbende organische Substanz bleibt in den oberen Bodenhorizonten erhalten. Ihr Abbau ist im Sommer durch die Trockenheit, im Winter durch die in diesen Trockengebieten oft anhaltenden strengen Fröste gehemmt. So kommt es unter Mitwirkung der Bodenfauna auf feinerdereichen Böden zur Ausbildung der fruchtbaren Schwarzerde (Tschernosjem).

Steppen treten aber nicht nur in den trockenwarmen Tieflandgebieten auf tiefgründigen Feinerdeböden, sondern oft auch auf den flachgründigen Verwitterungsböden im Hügel- und Bergland auf. Dort sind sie an sonnigen Hängen oftmals üppiger und artenreicher entwickelt als im Flachland.

b) Wüsten, Halbwüsten und Trockensteppen der gemäßigten Breiten Eurasiens

In den Landschaften Eurasiens, in denen der Jahresniederschlag nicht mehr als 450 mm beträgt, wird die Steppe mit dem Wald konkurrenzfähig, der Wald beginnt sich aufzulichten oder die Gehölze schließen sich zu kleineren Baumgruppen zusammen, zwischen denen sich die Gräser und Kräuter der Steppenvegetation ausbreiten können. Diese Zone des Überganges vom Wald zur Steppe wird als Waldsteppe bezeichnet. Als Gehölze dieser Zone können im westlichen Zentraleurasien die Stieleiche (*Quercus robur*), die Ulme (*Ulmus campestris*) und Wildobstarten, im östlichen Zentraleurasien *Pinus sylvestris*, *Pinus cembra* und *Larix sibirica* gelten. Waldinseln oder Waldstreifen finden sich in der Waldsteppenzone besonders längs der Flüsse. In diesen Gebieten sind die Wintertemperaturen sehr tief, die Schneedecke ist jedoch wegen der geringen Niederschläge nur 20 bis 30 cm hoch. Allerdings bleibt der Schnee verhältnismäßig lange liegen (80 bis 140 Tage). Im Frühjahr nach der Schneeschmelze ist der Boden gut durchfeuchtet.

Der regenreichste Monat ist meist der Juni, während Juli, August und September im allgemeinen sehr trocken sind. Die hohen Sommertemperaturen und heißen Staubstürme trocknen den Boden sehr stark aus, so daß nach dieser Zeit die Vegetation vertrocknet ist. Die Gras- und Krautflora vermag die günstige Frühjahrs- und Frühsommerzeit auszunutzen und hat dann im Sommer ihre Entwicklung bereits abgeschlossen. Die Gehölze dagegen sind auch im Sommer auf eine gewisse Bodenfeuchtigkeit angewiesen und den Gräsern und Kräutern bei zunehmender Trockenheit des Klimas immer mehr unterlegen. Besonders empfindlich ist in dieser Hinsicht der Baumjungwuchs, dessen Wurzeln noch nicht in tiefere Bodenhorizonte vorzudringen vermögen und die hinsichtlich der Wasserversorgung somit der Konkurrenz der anderen Pflanzen besonders stark ausgesetzt sind. Wird der Boden jedoch bearbeitet und werden die Jungbäume vor der Konkurrenz der anderen Pflanzen geschützt, so wachsen sie zu großen Bäumen heran, die dann jedoch mit zunehmender Höhe durch den höheren Wasserverbrauch immer mehr an Wassermangel und Dürreschäden leiden.

In Südsibirien etwa vom Ural bis zum Altai schiebt sich zwischen die Nadelwälder im Norden und die Steppen im Süden eine Zone der lichten Birkenwälder ein (vgl. Kleopow, 1941). Die Vegetation wird hier von lichten Birkenwäldern mit wiesenartiger Bodenvegetation gebildet. An feuchteren Stellen können sich Hochstauden entwickeln, an trockenen ist jedoch Trockenrasenvegetation vorhanden, in die vereinzelt stehende Kiefern eingestreut sind.

Nach Süden zu schließt sich an die Waldsteppe die Wiesensteppe an, die den Namen nach ihrem üppigen, wiesenartigen Aussehen im Frühjahr und Frühsommer erhalten hat. Die floristische Zusammensetzung einer Wiesensteppe ist jedoch eine ganz andere als die einer Wiese. In der Steppenvegetation erscheinen neben breitblättrigen Rasengräsern wie Aufrechte Trespe (*Bro-*

mus erectus), Flaumhafer (*Avena pubescens*) und Schmalblättriges Straußgras (*Agrostis tenuifolia*) schmalblättrige Horstgräser der Gattungen Federgras (*Stipa*), Hafer (*Avena*), Schillergras (*Koeleria*) und Schwingel (*Festuca*). Zwischen diesen lockerstehenden Gräsern wachsen zahlreiche Annuelle, deren Entwicklung während des Herbstes beginnt, z. B. Hungerblümchen (*Erophila*), Spurre (*Holosteum*) und Hornkraut (*Cerastium*). Außerdem kommen noch Zwiebel- und Knollengeophyten vor, wie Tulpe (*Tulipa*) und Goldstern (*Gagea*) und schließlich, in der Wiesensteppe besonders stark vertreten, Stauden wie Adonisröschen (*Adonis*), Kuhschelle (*Pulsatilla*) und Fingerkraut (*Potentilla*). Nach dem Aufblühen, Fruchten und Absterben der einzelnen Bestandsbildner lassen sich eine Reihe von Aspekten im Entwicklungsablauf der Steppenvegetation unterscheiden. Die Hauptblütezeit liegt im Frühsommer, im Hochsommer herrscht weitgehend Trockenruhe und im Herbst kann es zu einer Nachblüte kommen. Gehölze erscheinen im Bereich der Wiesensteppe nur vereinzelt als Gebüsche in Form der Steppenweichsel und Steppenmandel.

Die Schwarzerdebildung erstreckt sich bei tiefgründigen, feinerdereichen Böden unter der Wiesensteppe bis zu 1 m Tiefe, bis zu der auch die Wurzeln der meisten Gräser reichen.

Mit abnehmenden Niederschlägen geht nach Süden die Wiesensteppe in die Federgrassteppe über. Waren in der Wiesensteppe am Bestandesaufbau noch zahlreiche breitblättrige Rasengräser beteiligt, so herrschen in der Federgrassteppe die schmalblättrigen Horstgräser, vor allem die Federgräser (*Stipa*) vor. Da zwischen den lockerstehenden Grashorsten genügend freier Boden vorhanden ist, der im feuchteren Frühjahr Pflanzen, die ihren Entwicklungszyklus bis zum trockenen Hochsommer abzuschließen vermögen, Wuchsmöglichkeiten bietet, treten in dieser Vegetation zahlreiche Annuelle und Geophyten auf. Die Staudenflora ist im Gegensatz dazu nur schwach entwickelt.

Eine weitere floristische Verarmung tritt in der sich südlich anschließenden Kurzgrassteppe ein, die in der Hauptsache aus xerophytischen Schwingelarten (*Festuca*) aufgebaut wird. Diese niedrigwüchsigen Gräser stehen weit voneinander entfernt. Zwischen ihnen wachsen viele Annuelle, xerophile Moose und Flechten (*Diploschistes*). Im Sommer kommen auch wenige sparrige Korbblütler und Doldengewächse zur Blüte, die sich im Winter als Steppenläufer verbreiten, z. B. Mannstreudistel (*Eryngium*) und Sichelmöhre (*Falcaria rivini*). Infolge der ärmeren Vegetation ist die Schwarzerdebildung nicht mehr so intensiv; sie erreicht nur noch eine Mächtigkeit von 0,50 m.

An der unteren Wolga und am Südural sinken die Jahresniederschläge unter 250 mm. In diesen Gebieten kommt es deshalb nicht mehr zur Ausbildung von Trockensteppen, sondern es entwickeln sich Halbwüsten, die vorwiegend von Zwergsträuchern und Halbsträuchern aufgebaut werden. Solche, an das extrem aride Klima mit hohen Sommertemperaturen und starken Winterfrösten sowie schwankenden Niederschlägen angepaßte Pflanzen sind *Artemisia maritima*, *Kochia prostrata* und *Pyrethrum achilleifolium*. Da diese verholzenden Gewächse jedoch nur einen kleinen Teil der Bodenoberfläche bedecken, entwickeln sich zwischen ihnen im niederschlagsreicheren Frühjahr Therophyten wie *Erophila verna* und *Veronica verna*, oder Geophyten wie *Poa bulbosa*. Auf dem bloßen Boden siedeln zahlreiche Blaualgen (*Nostoc commune* und *Scytonema* spec.), Krustenflechten (*Aspicilia*, *Dermatocarpon*, *Parmelia* und *Psora*) sowie Moose (*Riccia*, *Grimmia pulvinata* und *Tortula ruralis*).

Die Böden unter den Halbwüsten sind infolge der dürftigen Vegetation humusarm und haben eine kastanienbraune, graue oder gelbliche Farbe. Vielfach kommt es durch aufsteigenden Grundwasserstrom zur Salzanreicherung an der Bodenoberfläche, zu sogenannten Solonezböden auf trockenen und Solontschakböden auf feuchten Standorten. Auf diesen salzreichen Böden gelangen Halophyten (vor allem Gänsefußgewächse) zur Vorherrschaft, wobei *Salicornia europaea*, *Halocnemum strobilaceum* und *Petrosimonia crassifolia* weitgehend auf die Solontschakböden beschränkt sind und *Nanophytum erinaceum*, *Artemisia pauciflora* und *Camphorosma monspeliacum* die Solonezböden bevorzugen.

Einige dieser Arten haben weit in den Bereich des atlantischen Klimas vorgeschobene Vorposten, da auch in Westeuropa an salzreichen Stellen des Binnenlandes und der Küste konkurrenzschwache Standorte diesen Pflanzen ein Gedeihen ermöglichen.

Anschließend an diese Halbwüsten und inmitten dieser gibt es aber auch Wüsten (Kara-Kum, Kisil-Kum) mit weiten Sandflächen, mit Dünen und einer typischen Wüstenflora. Elemente dieser Wüstengebiete sind *Anabasis aphylla*, eine Pflanze, die streng an Wüstenvegetation gebunden ist und Ölweide (*Elaeagnus angustifolia*), Schmalblättrige Weide (*Salix angustifolia*), Sanddorn (*Hippophaë rhamnoides*) und Salzkraut (*Salsola kali*), die z. T. kultiviert oder auch wild auf trockenen Standorten längs der Meeresküste weit verbreitet sind.

Ebenfalls äußerst vegetationsarme Gebiete mit einigen wenigen xerophytischen Kugelbuschpflanzen, wie der Fabacee *Caragana pygmaea* und Gänsefußgewächsen (*Chenopodiaceae*), sind die zentral-asiatischen Wüstengebiete des Tarimbeckens und der Gobi in 1000 bis 1500 m über NN (Abb. 70 u. 71). Stachlige Kugelbüsche zeichnen auch die Hochgebirgssteppen von Vorder- und Zentralasien aus, die in einer Höhe von 1500 bis 3000 m über NN anzutreffen sind. Hier sind als typische Elemente vor allem Arten der Gattungen Tragant (*Astragalus*) und *Acantholimon* (*Plumbaginaceae*) zu nennen. Sie werden begleitet von xerophytischen Gräsern wie *Stipa* und *Elymus*, xerophytischen Hochstauden der Gattung *Verbascum* und Sträuchern der Gattungen *Ephedra* und *Zygophyllum*. Auf Salzböden finden sich auch in diesen Gebieten wieder *Chenopodium*- und

Abb. 70. Caragana-Steppe im Westen der Mongolischen Volksrepublik.

Abb. 71. Wüstengebiet im Westen der Mongolischen Volksrepublik.

Artemisia-Arten ein. In Persien, Armenien und im Pamirgebiet treten Schutt- und Sandfluren bewohnende Stauden wie *Ferula* und *Dorema* sowie *Eremurus* und *Rheum* stärker in Erscheinung. Die genannten vorder- und zentralasiatischen Hochgebirgssteppen, die durch die Kugelbüsche etwas an die ostmediterrane Kugelbusch-garigue erinnern, gehen in größerer Höhe in alpine Matten über, die aber in ihrer floristischen Zusammensetzung auch noch steppenartig sind.

c) Halbwüsten und Trockensteppen der gemäßigten Breiten Amerikas

Waren die nach dem Feuchtigkeitsgrad des Klimas abgestuften Vegetationstypen von der Waldsteppe zur Wüste in Eurasien im wesentlichen von Norden nach Süden zu gegliedert, verliefen die einzelnen Zonen in west-östlicher Richtung, so sind die Vegetationszonen in Amerika vor allem nord-südlich gerichtet. Zu weitflächiger Ausdehnung der Trockenvegetation kommt es dabei nur in Nordamerika. Hier können entsprechend der Abnahme der Jahresniederschläge nach Westen folgende Zonen unterschieden werden:

Die Waldsteppe des Hickory-Gürtels: In ihrem Bereich findet ein örtlicher Wechsel von Wald und Trockensteppe auf degradierten Schwarzerden oder verwandten Bodentypen statt. Sie ist nur in wenigen Gebieten erhalten, da ihr Areal die Gebiete mit fruchtbarem Ackerland umfaßt. Charakteristische Vorpostengehölze des sommergrünen Laubwaldes sind Großfrüchtige Eiche (*Quercus macrocarpa*), Robinie (*Robinia pseudacacia*) und in Galeriewäldern in den Steppenbereich vordringend Balsampappel (*Populus balsamifera*) und Eschenahorn (*Acer negundo*).

Die echte Prärie: Sie entspricht der Wiesensteppe des eurasiatischen Bereiches und stockt auf tiefgründigen Schwarzerden. Ihr Areal wird gegenwärtig weitgehend landwirtschaftlich genutzt. Hohe Gräser der echten Prärie sind *Andropogon scoparius*, *Stipa sparta*, *Panicum virgatum*, Wiesenrispengras (*Poa pratensis*) und Pyramiden-Schillergras (*Koeleria pyramidata*). Diesen hohen Gräsern sind zahlreiche Stauden wie Tragant (*Astragalus*), Schafgarbe (*Achillea*), Sonnenblume (*Helianthus*), Goldrute (*Solidago*) und Aster (*Aster*) beigesellt.

Die Mischgrasprärie: Sie enthält sowohl hohe als auch niedrige Präriegräser und stellt einen Übergang zur Kurzgrasprärie dar.

Die Kurzgrasprärie ist hauptsächlich in den sich an das Felsengebirge östlich anschließenden Trockengebieten entwickelt, in denen die Jahresniederschläge unter 500 mm im Jahr bleiben. Die Vegetation dieser Zone stirbt schon im Juni ab, den Pflanzen stehen also nur 60 Tage für ihr Wachstum zur Verfügung. Als herrschende Gräser können die niedrigwüchsigen *Bouteloua gracilis* und *Buchloë dactylodes* genannt werden. Stauden sind nur wenige vorhanden und gelegentlich finden sich schon Opuntien als Vorposten der Kakteenvegetation der sich westlich anschließenden Halbwüsten ein. In diesen treten wie in den entsprechenden Formationen Eurasiens wiederum die Beifußarten (*Artemisia*) und Gänsefußgewächse (*Chenopodiaceae*) stärker auf.

In Südamerika kommt es lediglich in Ostpatagonien im Regenschatten der Anden zu einer steppenartigen Vegetation mit horstförmig wachsenden Hartgräsern, Zwergsträuchern und Polsterpflanzen, Wuchsformen, die auch die Vegetation auf der Leeseite der Südinsel Neuseelands bestimmen. Die früher der Steppenzone zugerechneten Pampas von Argentinien werden jetzt, zumindest in deren östlichen Teilen, meistens (vgl. Schmithüsen, 1961) als ursprüngliches Waldland angenommen.

IX. Nadelwälder der nördlichen gemäßigten Breiten

An den sommergrünen Laubwald der ozeanischen und an die Steppen der kontinentalen Klimagebiete der Nordhemisphäre schließt sich nach Norden der breite Gürtel des borealen Nadelwaldes an (Abb. 72). Er umfaßt die größten zusammenhängenden Waldgebiete der Erde, hat eine mittlere Breite von über 1500 km und erstreckt sich in Europa über 10 bis 12, in Asien und Amerika über 25 Längengrade.

Es lassen sich zwei Hauptverbreitungsgebiete unterscheiden, die jedoch floristisch und physiognomisch einander weitgehend entsprechen:

Abb. 72. Borealer Nadelwald südlich von Kiruna (Nordschweden) mit *Pinus sylvestris* und *Picea abies*.

1. Das nordosteuropäisch-sibirische Gebiet mit dem riesigen Waldgebiet der sibirischen Taiga. Die nord-südliche Ausdehnung nimmt hier in Eurasien von Westen nach Osten zu und erreicht die größten Ausmaße zwischen Jenissei und Lena. Die äußerste Polargrenze des Waldes liegt dabei im östlichen Sibirien bei 73° nördlicher Breite.

2. Das kanadische Nadelwaldgebiet: Es reicht vom südlichen Alaska bis Labrador. Am Mackenzie wird bei 69° nördlicher Breite die polare Waldgrenze erreicht. Die Ausdehung nimmt von Osten nach Westen bis zur

größten Breite an der pazifischen Westküste zu, wo der Nadelwald unmittelbar an die Hartlaubvegetation des Winterregengebietes angrenzt.

Beide Verbreitungsgebiete des borealen Nadelwaldes liegen weitgehend im Bereich kontinentaler, winterkalter Klimate mit sehr starken Frösten und langwährender Schneedecke. Die Temperaturen schwanken im Jahresverlauf beträchtlich. So beträgt die Jahresschwankung der mittleren Monatsmittel der Temperatur in der Regel 30 bis 50 °C, in Ostsibirien allerdings über 60 °C, in den ozeanischen Gebieten zum Teil unter 30 °C (15 °C in Nordskandinavien). Die Temperaturen des Sommers sind relativ hoch (mittlere Temperatur des wärmsten Monats +10 bis 20 °C), jedoch ist die Vegetationszeit sehr kurz (3 bis 5 Monate). Im nördlichen Felsengebirge in Nordamerika wächst der Nadelwald sogar noch in Gebieten, die weniger als 90 frostfreie Tage aufweisen. Die Wintertemperaturen sind sehr tief, die kältesten Punkte der Erde liegen im Bereich dieser Nadelwälder. Am unteren Mackenzie wurden beispielsweise Temperaturen von unter −60 °C und am Kältepol der Erde bei Oimekon in Ostsibirien von unter −70 °C gemessen.

Da in zwei Drittel des Nadelwaldbereiches die mittlere Jahrestemperatur unter 0°C liegt, nimmt es nicht wunder, daß sich in weiten Gebieten unter dieser Vegetation Dauerfrostböden vorfinden. Während es in Ostsibirien der weitaus größte Teil der Fläche ist, nimmt dieser Boden in Kanada nur die Hälfte, in Westsibirien etwas über ein Drittel des Gesamtbereiches ein, in Europa ist er auf einen schmalen Streifen am Nordrand von Skandinavien und den nördlichen Teilen der UdSSR beschränkt. Der im Sommer auftauende Oberboden ist ständig gut durchfeuchtet und trotz der geringen Niederschläge auf weite Strecken hin sumpfig.

Die Niederschlagsmengen betragen meist nicht mehr als 300 bis 700 mm im Jahr, sie sind also verhältnismäßig gering. In Ostsibirien sind sie etwas niedriger, in den Küstenbereichen dagegen z. T. erheblich höher (3000 mm an der pazifischen Küste von Nordamerika). Die Regen fallen zwar zu allen Jahreszeiten, haben aber oft eine gewisse Häufung im Sommer. Durch die tiefen Temperaturen reichen in allen Fällen die Niederschläge für die Vegetation voll aus, da die relative Luftfeuchtigkeit hoch und die Verdunstung stark herabgesetzt ist. Begrenzender Faktor für das Vorkommen des Nadelwaldes ist nur in Südsibirien an der Grenze zur Steppe der Wasserfaktor, sonst sind es im polaren Bereich die niedrigen Temperaturen, besonders die Extremtemperaturen, die Verkürzung der Vegetationszeit und die zum Teil sehr heftigen Winde.

Der Wärmemangel während des größten Teiles des Jahres und die langandauernden Fröste des Winterhalbjahres hemmen die Tätigkeit der Bodenlebewesen. Dadurch wird die dem Boden aufliegende Nadelstreu nur ungenügend und langsam zersetzt. Es entstehen ungesättigte Huminsäuren, die die oberen Schichten des Bodens im Zusammenwirken mit dem nach unten gerichteten Wasserstrom auslaugen. Die gelösten Eisenverbindungen sowie die Tonmineralien werden in tieferen Bodenschichten in Form von Ortstein abgelagert. Auf diesen Bleicherdeböden, denen eine Rohhumusdecke unterschiedlicher Stärke aufliegt, bilden die Nadelgehölze flache Wurzelteller aus, um aus den obersten Bodenhorizonten mit Hilfe von Mykorrhiza-Pilzen genügend Nährstoffe entnehmen zu können.

Auf Grund der gewaltigen Ausdehnung der Nadelwälder kommen in ihrem Bereich noch zahlreiche andere Böden wie Moorböden, Gesteinsböden, Grundwasserböden und alluviale Sumpfböden vor.

Unter den geschilderten Umweltbedingungen entwickeln sich die relativ artenarmen nördlichen Nadelwälder, deren Baumschicht fast ausschließlich von Nadelgehölzen aufgebaut wird. Diese sind durch ihre xeromorphen Nadelblätter sehr gut an die gegebenen klimatischen Bedingungen angepaßt; sie haben außerdem die Fähigkeit, im Winter, wenn der Boden gefroren und ein Wassernachschub fast unmöglich ist, ihre Transpiration auf etwa 1/300 derjenigen des Sommers einzuschränken. Die Blattform vermindert weiterhin, wie auch die meist sehr schmale Krone der Nadelgehölze dieser Region, die Schneebruchgefährdung. Durch die säulenförmigen Kronen wird gleichzeitig eine weitgehende Ausnutzung des Sonnenlichtes für die Assimilation bei tiefem Sonnenstand ermöglicht.

Die borealen Nadelwälder werden über weite Strecken hin in der Baumschicht oft nur von einer Sippe aufgebaut. Diese Entwicklung von Reinbeständen wird durch die geringe Zahl der beteiligten Gehölze und durch die spezifischen Boden- und Klimaansprüche der einzelnen Nadelgehölze gefördert. Es sind an Nadelbäumen vor allem Arten der Gattungen *Picea* (Fichte), *Larix* (Lärche), *Abies* (Tanne) und *Pinus* (Kiefer). Die Bäume der borealen Nadelwälder weisen einen sehr geringen Jahreszuwachs auf, sie wachsen sehr langsam, erreichen jedoch meist ein höheres Alter (300 bis 400 Jahre) als in südlicheren Breiten.

Laubhölzer sind in diese Nadelwälder nur sehr vereinzelt eingestreut, meist sind sie am Rand der Wälder, auf Brandstellen, in Frostlöchern, Flußauen und in Sumpfgebieten etwas häufiger anzutreffen; sie gehören im wesentlichen den Gattungen *Betula* (Birke), *Populus* (Pappel), *Alnus* (Erle) und *Salix* (Weide) an. Im Vorkommen der Nadelgehölze sind hinsichtlich der Standorte Unterschiede zu bemerken. Die Fichte kommt vor allem auf nicht zu trockenen, frischen und relativ nährstoffreichen Böden vor, während auf Hochmoorböden und trockenen Sanden die Kiefer dominiert.

Eine Strauchschicht ist in den borealen Nadelwäldern im allgemeinen nur schwach entwickelt. Neben dem Jungwuchs der Gehölze ist gelegentlich der Wachholder (*Juniperus*) als Strauch zu finden.

Die Arten der Feld- und Bodenschicht sind im besonderem Maße von der Bodenentwicklung abhängig.

Es sind meistens Pflanzen, die auf starken Rohhumusdecken durch ihre Symbiose mit den saprophytisch lebenden Pilzen gedeihen können. Wie den Nadelhölzern werden auch den Bodenpflanzen durch die symbiontischen Pilze die Nährstoffe, die im Rohhumus lagern, erst aufgeschlossen. So treten in der Bodenschicht vor allem mykotrophe *Ericaceae*, wie *Vaccinium* (Heidelbeere), *Arctostaphylos* (Bärentraube), *Gaultheria* (Scheinbeere) und stellenweise auch *Rhododendron* (Alpenrosen), *Pirolaceae* wie *Pirola* (Wintergrün) und *Monotropa* (Fichtenspargel) auf, weiterhin saprophytische *Orchidaceae*, *Empetrum* (Krähenbeere), *Linnaea* (Moosglöckchen), *Lycopodium* (Bärlapp), Moose und Flechten.

Die geschilderte Waldvegetation wird in unterschiedlichem Ausmaß von Sümpfen, Hochmooren und vor allem im nördlichen Teil von Vorposten der Tundrenvegetation durchsetzt. Auch baumfreie Gras- und Staudenbestände treten auf. Sie sind an den Standorten zu finden, an denen wie in den breiten Niederungen der Flüsse durch den Eisgang, die langandauernde Schneedecke und die Hochwässer bei Schneeschmelze sowie durch die mangelnde Durchlüftung der Gehölzwuchs behindert wird. Diese vor allem in nördlicheren Gebieten zu findenden natürlichen Wiesen haben ihr Gegenstück in den Grasbeständen der Waldsteppe am Südrand des Nadelwaldgürtels im Inneren der Kontinente.

Betrachtet man die floristische Zusammensetzung des borealen Nadelwaldes, so kann man leicht erkennen, daß außer der physiognomischen Ähnlichkeit die Nadelwälder der verschiedenen Gebiete auch große floristische Ähnlichkeit aufweisen.

In Skandinavien sind die Fichte (*Picea abies*) und die Waldkiefer (*Pinus sylvestris*) die Hauptbestandsbildner. Begleitet werden sie von den Laubhölzern Hängebirke (*Betula verrucosa*), Moorbirke (*B. pubescens*), Grauerle (*Alnus incana*), Zitterpappel (*Populus tremula*) und den Weidenarten *Salix caprea*, *S. viminalis* und *S. triandra*.

Die beiden letztgenannten Gehölze, die Grauerle, Zitterpappel, Moorbirke und Hängebirke treten auch in Rußland und Westsibirien auf, wo auch die Waldkiefer noch zu finden ist. Unsere Fichte wird dagegen von der Sibirischen Fichte abgelöst, die als var. *obovata* aber noch zur gleichen Art gerechnet wird. Als neue Kiefer erscheint die Zirbelkiefer (*Pinus cembra*), von den Tannen die Sibirische Tanne (*Abies sibirica*) und von den Lärchen die Sibirische Lärche (*Larix sibirica*). Als neues Laubgehölz ist die Sibirische Erle (*Alnus fruticosa*) zu nennen.

In Ostsibirien, wo die Sibirische Fichte, die Sibirische Tanne und die Zirbelkiefer gleichfalls verbreitet sind, ist von den Lärchen *Larix gmelini* und als neue Kiefer *Pinus pumila* zu finden. Während die Moorbirke, Zitterpappel, Grauerle, Grünerle und *Alnus fruticosa* als Laubgehölze von den westlicheren Bezirken des eurasischen Nadelwaldes bis nach Ostsibirien vorkommen, wird die Hängebirke durch *Betula exilis* abgelöst. Neue Laubgehölze sind hier *Populus suaveolens*, *Alnus sibirica*, *A. hirsuta* und *Salix sachalinensis*.

Selbst mit dem nordamerikanischen Nadelwaldgebiet hat der eurasische Nadelwaldkomplex gemeinsame Arten. Grauerle und Grünerle sind in beiden Gebieten verbreitet, sonst sind allerdings die Arten verschieden; die Gattungen bleiben jedoch die gleichen. Als spezifische nordamerikanische Nadelgehölze können gelten von den Fichten *Picea canadensis*, *P. mariana*, von den Lärchen *Larix laricina*, von den Tannen *Abies balsamea* und von den Kiefern *Pinus banksiana*. Typische Laubholzelemente für das nordamerikanische Nadelwaldgebiet sind schließlich von den Birken *Betula papyrifera*, *B. glandulosa*, von den Pappeln *Populus tremuloides*, *P. balsamifera*, von den Erlen *Alnus mitchelliana* und von den Weiden *Salix webbiana* und *S. interior*.

Die geschilderten ausgedehnten, verhältnismäßig artenarmen Nadelwälder der nördlichen Breiten lassen sich von den artenreicheren Nadelwäldern der sich südlich anschließenden Gebiete ableiten (Abb. 73). So findet sich der größte Teil der Pflanzen des kanadischen Nadelwaldgebietes auch in den üppigen Nadelwäldern des Kaskadengebirges. Das Waldgebiet der pazifischen Küstenregion wird im Norden von Hemlocktanne (*Tsuga heterophylla*) und Sitkafichte (*Picea sitchensis*)

Abb. 73. Nadelwald mit Tanne (*Abies pindrow*) und Fichte (*Picea morinda*) bei Yusmarg in Kaschmir (Indien).

beherrscht, zu denen in Britisch-Columbia *Thuja plicata*, Douglasie (*Pseudotsuga taxifolia*) und die auch in höhere Gebirgslagen aufsteigende Nootka-Zypresse (*Chamaecyparis nootkaënsis*) hinzutritt.

Die sibirische Taigavegetation findet sich in einer artenreicheren Ausbildung auch in den Nadelwäldern der ostasiatischen und der südsibirischen Gebirge. Die einzelnen Nadelgehölze sind allerdings hier auf eine bestimmte Etage beschränkt. In der untersten Stufe treten Waldkiefer und Wachholder bestandsbildend auf, ab 800 m Höhe Tanne, Fichte, Birke und Pappel und ab 1100 m Zirbelkiefer und Sibirische Lärche. Es besteht hier also eine ganz ähnliche Aufeinanderfolge der Vegetationstypen wie sie in der sibirischen Taiga von Süden nach Norden beobachtet werden kann, wo auch die Zirbelkiefer und vor allem die Lärche die Waldgrenze zur Tundrenvegetation bilden. An den Rändern

Abb. 74. Vermoorung im Bereich des Fichtenwaldes des Oberharzes.

der Kontinente, an denen der boreale Nadelwald nach Süden zu vom sommergrünen Laubwald abgelöst wird, ziehen sich die Nadelgehölze in die Berglagen zurück. Dort kann es wiederum über dem Bereich der Laubwälder zu Nadelwäldern kommen, die in ihrem Aufbau gewisse Ähnlichkeiten mit dem geschilderten Formationstyp haben (Abb. 74).

Die ursprünglichen Wirtschaftsformen im Bereich des borealen Nadelwaldes sind Jagd, Fischfang, Sammeln von Beeren, Pilzen und Kleintieren. Dazu kam in der Alten Welt die nomadische Rentier-Weidewirtschaft. Ackerbau kann durch die klimatische Ungunst im Verbreitungsgebiet des Nadelwaldes nur in sehr beschränktem Umfang und nur in den südlicheren Bereichen betrieben werden. Heute werden die riesigen Nadelwälder der nördlichen Breiten vor allem von der holzverarbeitenden Industrie genutzt. Diese Wälder sind eine große Rohstoffreserve. Erst an zweiter Stelle stehen Pelztierjagd, vor allem in unzugänglicheren Gebieten, und Rentierzucht.

Durch die holzverarbeitende Industrie werden größere Flächen entwaldet, jedoch bereitet die natürliche Verjüngung und die Wiederbesiedlung entblößter Flächen keine großen Schwierigkeiten. Allerdings tritt bei dieser Wiederbesiedlung oft ein Holzartenwechsel ein, wie er auch bei der z. B. in Südfinnland im vorigen Jahrhundert noch üblichen Brandfeldwirtschaft beobachtet werden konnte.

X. Tundrenvegetation der arktischen Zone

Im nördlichen Bereich des borealen Nadelwaldes sind baumarme bis baumfreie Flächen anzutreffen, deren Vegetation im wesentlichen von Gräsern und Zwergsträuchern gebildet wird, die dann in den sich nördlich anschließenden waldarmen Landschaften dominieren. In diesen Gebieten zieht sich der Wald auf lokalklimatisch begünstigte, windgeschützte Mulden, Täler und Hänge zurück. Dabei können es von Landschaft zu Landschaft verschiedene Gehölze sein, die am weitesten nach Norden vordringen und die Baumgrenze bilden. In Eurasien ist es im Westen *Betula tortuosa*, wohl eine Unterart von *Betula pubescens* (Abb. 75). Zwischen der Petschora und dem Ural ist es *Picea abies* und *Picea obovata*, in Westsibirien *Larix sibirica* und in Ostsibirien *Larix dahurica*.

Die polare Baumgrenze stimmt weitgehend mit dem Verlauf der +10 °C-Isotherme des wärmsten Monates überein, also mit der Grenze des Klimas, in dem ein Monat im Jahr noch eine mittlere Temperatur von +10 °C erreicht. Für die Baumgrenze ist demnach die Sommerwärme entscheidend. Bereits GRISEBACH (1872) hat jedoch betont, daß auch noch andere Faktoren wie die Dauer der Vegetationszeit und die Wirkung der Winde einen sehr großen Einfluß auf die Ausbildung

Abb. 75. Subarktischer Birkenwald bei Abisko in Schwedisch-Lappland. (Foto W. SCHUBERT).

der Baumgrenze haben. Finnische, sowjetische und schwedische Wissenschaftler konnten schließlich zeigen, daß besonders der Verjüngungsfähigkeit der Gehölze für das Aufkommen eines Baumwuchses eine große Bedeutung zukommt, d. h. es ist entscheidend für die Verjüngung eines Baumes an der Baumgrenze, ob seine Samen ausreifen, keimen und die Keimlinge aufwachsen können.

Neben den genannten Klimafaktoren spielen auch der schräge Einfall der Sonnenstrahlen und die Länge der Polarnacht eine gewisse Rolle bei der Differenzierung der Vegetation. Obwohl die Jahresniederschläge im Bereich der arktischen Vegetation meist gering sind, (300 mm), ist infolge der niedrigen Temperaturen, die dadurch mitbedingte geringe Verdunstung und dadurch, daß der bereits in geringer Tiefe ganzjährig gefrorene Boden das Niederschlagswasser nicht einsickern läßt, stets

Abb. 76. Vermoorung im Bereich des Birkenwaldes bei Abisko in Schwedisch-Lappland. (Foto W. SCHUBERT).

genügend Bodenfeuchtigkeit vorhanden, die zu Versumpfungen und in hängigem Gelände bei lehmigen Böden zu Bodenfließen Anlaß geben kann (Abb. 76). Durch das häufige Gefrieren und Auftauen des Bodens kommt es zu einer Sortierung des Gesteinsmaterials im Boden und zur Bildung von Strukturböden (Abb. 77). Einen sehr großen Einfluß auf die Ausbildung der Vegetation haben die oft sehr heftigen Winde, die nicht nur eine Herabsetzung der relativen Luftfeuchtigkeit zur Folge haben können, sondern vor allem auch die meistens nur wenig mächtige Schneedecke verwehen und die Pflanzen der freigewehten Stellen durch die scharfen Schnee- und

Eiskristalle verletzen können. Heftige Winde und die niedrigen Sommertemperaturen sind mit die entscheidenden Ursachen für die floristische Armut der Polarvegetation. Die niedrigen Temperaturen bedingen auch

Abb. 77. Strukturboden im Bereich der Tundrenvegetation bei Abisko in Schwedisch-Lappland. (Foto W. SCHUBERT).

einen geringen Abbau der organischen Substanz, so daß auf dem Boden schließlich eine dicke Schicht von torfigem Humus lagert.

Unter den geschilderten, für das Pflanzenwachstum ungünstigen Klimabedingungen wirken sich natürlich selbst geringe Geländeunterschiede stark auf die Vegetationszusammensetzung aus; so finden sich die Gehölze, wie bereits erwähnt, bevorzugt in windgeschützten Geländevertiefungen, wo sie allerdings oft zu Zwergformen verkrüppelt sind. Meist sind jedoch Gehölze nur als Spaliersträucher vorhanden. So sind z. B. die Zweige der Stumpfblättrigen Zwergweide (*Salix retusa*) und der Netzblättrigen Zwergweide (*Salix reticulata*) am Boden ausgebreitet; bei der Krautigen Zwergweide (*Salix her-*

bacea) und der Polar-Zwergweide (*Salix polaris*) kriechen die Seitenzweige dagegen im Boden und nur die Zweigspitzen ragen aus ihm hervor.

Dieser Zwerg- oder Spalierwuchs ist bei Fichte und Birke modifikativ; er ist dadurch entstanden, daß nur die untersten Äste zur Entwicklung gelangen, bei den Weiden ist er jedoch erblich fixiert.

Bei den Stauden sind in der Tundrenzone besonders die Polsterformen verbreitet, außerdem ist das Vorherrschen kleinblättriger Zwergsträucher auffallend. Therophyten und Geophyten treten dagegen im Vegetationsbild weitgehend zurück, nur in den ozeanischen Teilen des subarktischen Gürtels (Alëuten, nordatlantische Inseln), für die milde Winter und geringe Jahresschwankungen der Temperatur bezeichnend sind, ist ihr Anteil etwas größer. Vereinzelt sind auch Stauden mit großen saftigen Blättern zu finden, deren Anpassung an niedrige Temperaturen im Zellplasma liegen muß; als Beispiel sei die Gattung Löffelkraut (*Cochlearia*) genannt. Bezeichnend für die Tundrenvegetation ist das starke Vorkommen von Moosen und Flechten. Die Gräser treten gegenüber den horst- und rasenbildenden Seggen etwas zurück.

Zwischen der eigentlichen arktischen Tundrenzone und dem borealen Nadelwald vermittelt die Waldtundra. Hier treten noch vereinzelte, verkrüppelte Bäume auf, was bisweilen zu der Ausbildung einer subarktischen Strauchformation führen kann. Diese Formation besteht aus strauchartigen Nadelhölzern, aber auch aus Birken (*Betula tortuosa*) und aus Weiden (*Salix lapponum*, *S. phyllicifolia*).

In der eigentlichen arktischen Zone treten auch diese Sträucher zurück und es kommen nur noch Zwergsträucher, Kräuter, Flechten und Moose vor (Abb. 78).

In stark durchfeuchteten Senken bilden sich Moossümpfe, die in der Nachbarschaft des borealen Waldes von Torfmoosen (*Sphagnum*) gebildet werden, weiter nördlich dagegen vom Gabelzahnmoos (*Dicranum*) und vom Widertonmoos (*Polytrichum*), außerdem finden sich darin Seggen (*Carex pauciflora, C. juncella*), Wollgräser (*Eriophorum scheuchzeri*), Binsen (*Juncus stygius*) und verschiedene Stauden wie Sumpf-Blutauge (*Comarum palustre*), Moltebeere (*Rubus chamaemorus*) und Fieberklee (*Menyanthes trifoliata*).

Abb. 78. Zwergstrauchtundra bei Abisko in Schwedisch-Lappland. (Foto W. SCHUBERT).

Auf weniger vernäßten Standorten sind feuchte Wiesen anzutreffen, in denen die Gräser bereits stärker am Bestandesaufbau beteiligt sind. Sie leiten über zu den Wiesentundren auf frischen, nährstoffreicheren Böden. Neben Gräsern findet man hier auch viele Stauden mit z. T. auffallenden Blüten, z. B. Trollblume (*Trollius europaeus*), Tragant (*Astragalus frigidus*), Läusekraut (*Pedicularis*), Hahnenfuß (*Ranunculus*), Enzian (*Gentiana*) und Vergißmeinnicht (*Myosotis*). Auf nährstoffreichen, tiefgründigen Böden kann sich sogar eine Hochstaudenflur mit der Brustwurz (*Angelica*) als einer der charakteristischen Pflanzen entwickeln.

Auf trockenen, nährstoffärmeren Böden mit mehr oder weniger starker Rohhumusbildung existieren Zwergstrauchtundren mit immergrünen Heidekrautgewächsen wie Alpen-Bärentraube (*Arctostaphylos alpina*), Rauschebeere (*Vaccinium uliginosum*), Heidekraut (*Calluna vulgaris*) und Lappländischer Alpenrose (*Rhododendron lapponicum*). Dazu gesellen sich oft Zwittrige Krähenbeere (*Empetrum hermaphroditum*) und Zwergbirke (*Betula nana*). Bei stärkerer Degradation der Vegetation oder an lichteren Stellen siedeln dazwischen Rentierflechte (*Cladonia rangiferina*), Isländisches Moos (*Cetraria islandica*) und *Stereocaulon*-Flechten, Arten, die, wenn sie großflächig vorkommen, Hauptbestandsbildner der Flechtentundren sind.

Während an windgeschützten Standorten *Phyllodoce coerulea*, eine Ericacee, als schneeschutzbedürftige Pflanze gehäuft auftritt, sind an windexponierten Standorten *Diapensia lapponica* und die Alpenazalee (*Loiseleuria procumbens*) sowie windharte Flechten *Cetraria cucculata*, *C. nivalis* und *Thamnolia vermicularis* als charakteristische Elemente anzutreffen.

Auf nackten Felsen entwickelt sich eine Felstundra mit Spaliersträuchern und Polsterpflanzen. In ihrer Artenzusammensetzung ist auch sie je nach der Windbeeinflussung der Standorte sehr verschieden. An windgeschorenen Stellen sind vor allem die Alpenazalee (*Loiseleuria procumbens*) und die Kantenheiden (*Cassiope tetragona* und *C. hypnoides*) zu finden. Andere häufiger vorkommende Pflanzen der Felstundren sind Silberwurz (*Dryas octopetala*), Netzblättrige Zwergweide (*Salix reticulata*), Stengelloses Leimkraut (*Silene acaulis*) und verschiedene Steinbrecharten (*Saxifraga*).

In Geländemulden an Hängen, an denen der Schnee sehr spät im Jahr abtaut, entwickelt sich die Schneetälchenvegetation. An ihrem äußeren Bereich, der schon zeitiger im Jahr ausapert, kommen Kraut-Zwergweide (*Salix herbacea*) und Polar-Zwergweide (*Salix polaris*), in ihrem Zentrum, das nur kurzfristig ausapert, nur kleine Moose (*Polytrichum sexangulare*) vor.

Viele Pflanzen der arktischen Vegetation weisen einen zweiten Verbreitungsschwerpunkt in entsprechenden Vegetationstypen der höheren Gebirge der südlicheren Breiten auf. Diese Ähnlichkeit der arktischen und der Gebirgs-Vegetation hat ihren Grund in der Durchmischung, die beide während der Glazialzeiten erfahren haben.

Auf der Südhalbkugel verläuft die polare Waldgrenze in wesentlich niedrigeren Breiten als auf der Nordhalbkugel. Sowohl der Wärmemangel des gleichmäßig kühlen, nassen und schneearmen, hochozeanischen Klimas als auch die starke Windausgesetztheit der meist relativ kleinen Inseln mögen entscheidend für ihre Ausbildung sein. Sie verläuft von der Südspitze Südamerikas (56° südlicher Breite) nördlich der Falklandinseln, im Südatlantik etwa bis 40°, im Indischen Ozean bis 38°, geht hier etwa zwischen der St. Paul- und Neu-Amsterdam-Insel hindurch und zieht sich dann südlich der Auckland-Inseln und bei 49° südlicher Breite nördlich der Antipoden-Inseln wieder zur Südspitze Südamerikas hin.

Die Vegetation auf den Inseln jenseits der südlichen polaren Baumgrenze wird vorwiegend aus Hartpolsterformationen, subpolaren Heiden, Polstergras- und Staudenfloren gebildet, an deren Aufbau die zu den *Apiaceae* zu stellende Polsterpflanze *Azorella* und der Rosaceen-Halbstrauch *Acaena* stark beteiligt sind. Als großblättrige, saftige Staude sei der Kerguelenkohl (*Pringlea antiscorbutica*) hervorgehoben.

Auf dem antarktischen Kontinent kommen außer einigen niederen Pflanzen nur zwei Gräser vor, nämlich *Aira antarctica* und *Colobanthus crassifolius.*

Die geschilderte Südpolarvegetation hat floristische Beziehungen zur Gebirgsflora des südlichen Südamerikas und Neuseelands; in sehr beschränktem Umfang jedoch z. B. durch die Mehlprimel (*Primula farinosa*) und Krähenbeere (*Empetrum*) auch mit der arktischen Vegetation der Nordhemisphäre.

C. Literaturverzeichnis

Bock, H., 1539: New Kreutter Buch. Straßburg.

Braun-Blanquet, J., 1951: Pflanzensoziologie, 2. Aufl. Wien.

Brunfelsius, O., 1530: Herbarum vivae icones. Straßburg.

Darwin, Ch., 1859: The origin of species. London.

De Candolle, A., 1855: Géographie botanique raisonnée. Paris.

Diels, L., 1908: Pflanzengeographie. Sammlung Göschen. Leipzig. 5. Aufl., bearb. von F. Mattick. Berlin 1958.

Dodonaeus, R., 1608: Herbarium of Cruydt-Bock, Amsterdam. (Erstmals 1553).

Drude, O., 1876: Die Anwendung physiologischer Gesetze zur Erklärung der Vegetationslinien. Göttingen.

Drude, O., 1884: Die Florenreiche der Erde. P. M. 30.

Drude, O., 1902: Der Hercynische Florenbezirk. Leipzig.

Eklund, O., 1931: Über die Ursachen der regionalen Verteilung der Schärenflora Südwest-Finnlands. Acta Bot. Fennica 8, Helsingfors.

Ellenberg, H., 1956: Aufgaben und Methoden der Vegetationskunde. Walter, H.: Phytologie, 4, H. 1. Stuttgart.

Ellenberg, H., 1958: Wald oder Steppe? Die natürliche Pflanzendecke der Anden Perus I. u. II. Die Umschau in Wiss. u. Techn. S. 645–648 u. S. 679–681.

Ellenberg, H., 1963: Vegetation Mitteleuropas mit den Alpen. Einf. in die Phytologie, 4, Tl. 2, Stuttgart. Neuaufl. 1978.

Engler, A., 1879–82: Versuch einer Entwicklungsgeschichte der Pflanzenwelt. Leipzig.

Enquist, F., Studier över samtidiga växlingar i klimat och växtlighet. Medd. Lunds Univ. Geogr. Inst. C **47**.

Faber, F. C. v., 1915: Physiologische Fragmente aus einem tropischen Urwald, Jb. wiss. Bot. **56**, S. 197–220.

Firbas, F., 1949–52: Spät- und nacheiszeitliche Waldgeschichte Mitteleuropas nördlich der Alpen. Jena.

Fuchs, L., 1542: Historia stirpium. Basel.

GESNER, C., 1555: Descriptio Montis Fractis sive Montis Pilati. Zürich.

GINZBERGER, A., 1939: Pflanzengeographisches Hilfsbuch, Wien.

GMELIN, J. G., 1741–52: Reisen durch Sibirien. Göttingen.

GOOD, R., 1951: The geography of the flowering plants, 2. Aufl. London. 4. Aufl. 1974.

GRADMANN, R., 1909: Über Begriffsbildung in der Lehre von den Pflanzenformationen. Englers Bot. Jahrb. **43**.

GRISEBACH, A., 1938: Über den Einfluß des Klimas auf die Begrenzung der natürlichen Floren, Linnaea, **12**.

GRISEBACH, A., 1872: Die Vegetation der Erde nach ihrer klimatischen Anordnung. Leipzig.

GRUBOW, W. J., 1955: Konspekt der Flora der Mongolischen Volksrepublik. Trudy mongolskoj komissii, 67. Moskau–Leningrad.

GUTTENBERG, H. v., 1931: Beiträge zur Kenntnis der Laubblattassimilation in den Tropen. Ann. Jard. bot. Buitenzorg, **41**, H. 115.

HALLER, A. v., 1742: Enumeratio methodica stirpium Helvetiae indigenarum. Göttingen.

HALLER, A. v., 1768: Hist. stirpium indig. Helvetiae inchoata. Bernae.

HANELT, P., 1966: Polyploidie-Frequenz und geographische Verbreitung bei höheren Pflanzen. Biol. Rundschau, **4**, H. 4, S. 183–196.

HAYEK, A., 1926: Allgemeine Pflanzengeographie. Berlin.

HETTNER, A., 1935: Die Pflanzenwelt. Vergleichende Länderkunde, **4**. Leipzig.

HEER, O., 1835: Die Vegetationsverhältnisse des südöstlichen Teils des Kantons Glarus. Mitt. a. d. Gebiet d. theoret. Erdk. Zürich.

HULTÉN, E., 1950: Atlas of the distribution of vascular plants in NW-Europe. Stockholm. Neuaufl. 1971.

HULTÉN, E., 1958: The amphi-atlantic plants and their phytogeographical connections. Kungl. Svenska Vetensk. akad. handl. Ser. 4, **7**, H. 1, Stockholm.

HULTÉN, E., 1962: The circumpolar plants, 1. Vascular Cryptogams, Conifers. Monocotyledons. Stockholm. Neuaufl. 1971.

HUMBOLDT, A., 1807: Ideen zu einer Geographie der Pflanzen.

KERNER v. MARILAUN, A., 1863: Das Pflanzenleben der Donauländer. Innsbruck.

KLEOPOW, J. D., 1941: Florenanalyse der Laubwälder Osteuropas. Charkow.
KÖPPEN, W., 1931: Grundriß der Klimakunde. Berlin u. Leipzig.
LAMARCK, I. B. A. de, 1809: Philosophie Zoologique. Paris.
LAWRENKO, E. M. et SOCZAVA, V. B., 1956: Descriptio vegetationis URSS, Leningrad.
LÖTSCHERT, W., 1958: Die Übereinstimmung von geologischer Unterlage und Vegetation in der Sierra de los Organos (Westcuba). Ber. dtsch. bot. Ges. **71**, S. 55–70.
LUNDEGARDH, H., 1925: Klima und Boden in ihrer Wirkung auf das Pflanzenleben. Jena.
MALYSHEV, L. J., 1975: Die quantitative Analyse der Flora (russ.). Botani český Žurnal, T. 60, Nr. 11, 1537–1549, Leningrad.
MARTIUS, J. P. v., 1824: Die Physiognomie des Pflanzenreiches in Brasilien. München.
MATTIOLUS, P. A., 1554: Commentarii in libros sex Dioscoridis de med. materia. Venetiis, Valgrisi.
MEUSEL, H., 1943: Vergleichende Arealkunde. Berlin.
MEUSEL, H., 1959: Arealformen und Florenelemente als Grundlagen einer vergleichenden Phytochorologie. Forsch. Fortschr. **33**, H. 6. Berlin.
MEUSEL, H., 1962: Über Wuchsform, Verbreitung und Phylogenie mediterran-mitteleuropäischer Angiospermen-Gattungen. Flora, **139**.
MEUSEL, H., JÄGER, E., WEINERT, E., 1965: Vergleichende Chorologie der zentraleuropäischen Flora. Jena.
MILANKOWITSCH, M., 1930: Mathematische Klimalehre und astronomische Theorie der Klimaschwankungen. Handb. Klimatologie von W. KÖPPEN u. R. GEIGER. Berlin.
PALLAS, P. S., 1771–76: Reisen durch verschiedene Provinzen des russischen Reiches. Petersburg.
PERRING, F. H. and WALTERS, S. M. 1962: Atlas of the British Flora. Bot. Soc. Brit. Isl. London.
POST, L. v., 1916: Skogsträdpollen i. sydsvenska torvmosselagetföljder. Geol. Foren. Förk. Stockholm, **38**, S. 435–465.
PRISZTER, S., 1960: Megjeyzések adventiv növényeinkhez. 4–6. Botanikai Közlemények, **49**, H. 1–2, S. 115–121.
RAY, J., 1693: Historia plantarum generalis. London.
REESE, G., 1958: Polyploidie und Verbreitung. Zeitschrift für Botanik, **46**, H. 4, S. 339–354, Stuttgart.

REINIG, W. F., 1937: Die Holarktis. Jena.

REINIG, W. F., 1938: Elimination und Selektion. Eine Untersuchung über Merkmalsprogressionen bei Tieren und Pflanzen auf genetischer und historisch-chorologischer Grundlage. Jena.

RIKLI, M., 1913: Die Florenreiche. Hdwb. Naturwiss. **4**. Jena.

RODIN, L. E., BAZILEVICH, N. J., ROZOV, N. N., 1975: Productivity of the world's main ecosystems. In REICHLE, D. E., FRANKLIN, J. F., GOODALL (eds.) Productivity of world ecosystems. Nat. Acad. of Sciences, Washington.

ROTHMALER, W., 1950: Allgemeine Taxonomie und Chorologie der Pflanzen. Jena.

RÜBEL, E., 1922: Geobotanische Untersuchungsmethoden. Berlin.

SAINT-HILAIRE, A. de, 1831: Tableau de la végétation primitive dans la province de Minas Geraes. Ann. Sciences Naturelles **24**. Paris.

SAUSSURE, H. B. de, 1779–96: Voyage dans les Alpes. Genf.

SENDTNER, O., 1854: Die Vegetations-Verhältnisse Südbayerns. München.

SERNANDER, R., 1901: Zostera marina funen i Roslagen. Botaniska Notiser. Lund.

SPANNER, L., 1939: Untersuchungen über den Wärme- und Wasserhaushalt von Myrmecodia und Hydnophytum. Hb. wiss. Bot. **88**, S. 243–283.

SCHIMPER, A. F. W., 1898: Pflanzengeographie auf physiologischer Grundlage. Jena.

SCHINDEWOLF, O., 1955: Die Entfaltung des Lebens im Rahmen der geologischen Zeit. Stud. Gen. 8.

SCHMITHÜSEN, J., 1961: Allgemeine Vegetationsgeographie. Lehrbuch der Allgemeinen Geographie **4**, 2. Aufl. Berlin.

SCHNIZLEIN, A., FRICKHINGER, A., 1848: Die Vegetationsverhältnisse der Jura- und Keuperformation in den Flußgebieten der Wörnitz und Altmühl. Nördlingen.

SCHOUW, J. F., 1823: Grundträg til en almindelig Plantegeografie. Dt. Ausg. Berlin.

SCHUBERT, R., 1953: Die Schwermetallpflanzengesellschaften des östlichen Harzvorlandes. Wiss. Zeitschr. Univ. Halle, Math.-Nat. Reihe **3**, H. 1, S. 51–70.

SCHUBERT, R., 1954: Zur Systematik und Pflanzengeographie der Charakterpflanzen der Mitteldeutschen Schwermetallpflanzengesellschaften. Wiss. Zeitschr. Univ. Halle, Math.-Nat. Reihe **3**, H. 4, S. 863–882.

SCHUBERT, R., 1957: Einführung in die Pflanzengeographie. Ergänzungsh. z. Lb. 13, Berlin.

SCHUBERT, R., 1960: Die zwergstrauchreichen, azidiphilen Pflanzengesellschaften Mitteldeutschlands. Pflanzensoziologie 11. Jena.

SCHUBERT, R., KLEMENT, O., 1971: Beitrag zur Flechtenflora der Mongolischen Volksrepublik. Feddes Repertorium 82, H. 3 u. 4, S. 187–262.

SCHUBERT, R., WAGNER, G., 1975: Pflanzennamen und botanische Fachwörter. 6. Aufl. Radebeul.

SCHWARZ, O., 1936–39: Monographie der Eichen Europas und des Mittelmeergebietes. Rep. spec. nov. Sonderbeiheft D. Dahlem.

STOCKER, O., 1935: Assimilation und Atmung westjavanischer Tropenbäume. Planta 24, S. 402–445.

STOCKER, O., 1935: Ein Beitrag zur Transpirationsgröße im javanischen Regenwald. Jb. wiss. Bot. 81, S. 464–496.

TAKHTAJAN, A., 1959: Die Evolution der Angiospermen. Jena.

TEAKLE, L. J. H., 1937: The salt (sodium chloride) content of rainwater. J. Dep. Agric. West-Australia 14, S. 115–133.

THALIUS, J., 1588: Sylva Hercynia, sive Catalogus plantarum sponte nascentium in montibus et locis vicinis Hercyniae. Frankfurt a. M.

TOLMATSCHEW, A. J., 1962: Grundzüge der Arealkunde. Leningrad.

TOURNEFORT, J. P. de, 1717: Voyage au Levant. Paris.

TROLL, C., 1935: Gedanken und Bemerkungen zur ökologischen Pflanzengeographie. Geogr. Zeitschr. 14, S. 380.

TROLL, C., 1948: Der asymmetrische Aufbau der Vegetationszonen und Vegetationsstufen auf der Nord- und Südhalbkugel. Ber. Geobot. Forschungsinst. Rübel 1947, S. 46–83.

TROLL, C., 1959: Die tropischen Gebirge. Bonner Geogr. Abh. 25

UNGER, F., 1836: Über den Einfluß des Bodens auf die Verteilung der Gewächse. Wien.

UNGER, F., 1852: Versuch einer Geschichte der Pflanzenwelt. Wien.

WAHLENBERG, G., 1811: Kamtschadalische Laub- und Lebermoose. Ber. Ges. naturf. Freunde zu Berlin. Mag. f. d. neueste Entd. in der ges. Naturk. 5. Berlin.

WAHLENBERG, G., 1812: Flora lapponica. Berlin.

WAHLENBERG, G., 1814: Flora Carpatorum principalium. Göttingen.

WAHLENBERG, G., 1824–26: Flora suecica. Upsala.
WAIBEL, L., 1921: Urwald, Veld, Wüste. Breslau.
WALTER, H., 1939: Grasland, Savanne und Busch der arideren Teile Afrikas in ihrer ökologischen Bedingtheit. Jb. wiss. Bot. **87**, S. 750–860.
WALTER, H., 1949–56: Einführung in die Phytologie **1–4**. Stuttgart.
WALTER, H., 1960: Klimadiagramm-Weltatlas. Jena.
WALTER, H., 1973: Die Vegetation der Erde in ökologischer Betrachtung **1**, 2 (1968) Jena.
WANGERIN, W., 1932: Florenelemente und Arealtypen. Beih. Bot. Zentralbl. **48**, Drude-Festschr.
WARMING, E., 1896: Lehrbuch der ökologischen Pflanzengeographie. Berlin.
WEBER, C. A., 1893: Über die diluviale Vegetation von Klinge in Brandenburg und ihre Herkunft. Engl. Bot. Jb. **17**, Beih. 1
WEGENER, A., 1929: Die Entstehung der Kontinente und Ozeane 4. Aufl. Braunschweig.
WEIGELT, J., 1939: 10 Jahre geologisch-palaeontologisches Institut. Zeitschr. Naturwissensch. **39**.
WETTSTEIN, R. v., 1898: Grundzüge der geographisch-morphologischen Methode der Pflanzensystematik. Jena.
WILLDENOW, C. L., 1792: Grundriß der Kräuterkunde. Berlin.
WILLIS, J. CH., 1922: Age and area: a study in geographical distribution and origin of species. Cambridge.
ZIMMERMANN, W., 1930: Die Phylogenie der Pflanzen. Jena.

D. Register

Der Verfasser

- führt den Leser in die Grundlagen und Arbeitsmethoden der Pflanzengeographie ein

- behandelt die Verbreitungsgebiete der Pflanzen und berücksichtigt dabei die geschichtliche Entwicklung der Floren, die klimatischen und edaphischen Umweltfaktoren sowie den Einfluß des Menschen

- erläutert die charakteristischen Vegetationszonen und Pflanzengesellschaften aller geographischen Breiten

- vermittelt Studierenden und allen anderen an der Pflanzengeographie Interessierten umfangreiche Kenntnisse über dieses auch für die Praxis wichtige Fachgebiet

WISSENSCHAFTLICHE TASCHENBÜCHER

FSC
www.fsc.org
MIX
Papier | Fördert gute Waldnutzung
FSC® C083411

Zeitfracht Medien GmbH
Ferdinand-Jühlke-Straße 7
99095 Erfurt, Deutschland
produktsicherheit@kolibri360.de